全国计算机技术与软件专业技术资格（水平

数据库系统工程师
2012至2017年试题分析与解答

全国计算机专业技术资格考试办公室 主编

清华大学出版社
北京

内 容 简 介

　　数据库系统工程师级考试是全国计算机技术与软件专业技术资格（水平）考试的中级职称考试，是历年各级考试报名的热点之一。本书汇集了 2012 上半年至 2017 上半年的所有试题和权威解析，参加考试的考生认真读懂本书的内容后，将会更加了解考题的思路，对提升自己的考试通过率的信心会有极大的帮助。

本书扉页为防伪页，封面贴有清华大学出版社防伪标签，无上述标识者不得销售。
版权所有，侵权必究。侵权举报电话：**010-62782989　13701121933**

图书在版编目（CIP）数据

数据库系统工程师 2012 至 2017 年试题分析与解答/全国计算机专业技术资格考试办公室主编. —北京：清华大学出版社，2018（2020.3 重印）
　（全国计算机技术与软件专业技术资格（水平）考试指定用书）
　ISBN 978-7-302-50897-7

　Ⅰ. ①数… 　Ⅱ. ①全… 　Ⅲ. ①数据库系统–资格考试–题解 　Ⅳ. ①TP311.13-44

中国版本图书馆 CIP 数据核字（2018）第 190031 号

责任编辑：杨如林
封面设计：常雪影
责任校对：徐俊伟
责任印制：沈　露

出版发行：清华大学出版社
　　　　　网　　址：http://www.tup.com.cn, http://www.wqbook.com
　　　　　地　　址：北京清华大学学研大厦 A 座　　　　　邮　　编：100084
　　　　　社 总 机：010-62770175　　　　　　　　　　　邮　　购：010-62786544
　　　　　投稿与读者服务：010-62776969，c-service@tup.tsinghua.edu.cn
　　　　　质量反馈：010-62772015，zhiliang@tup.tsinghua.edu.cn
印 装 者：三河市君旺印务有限公司
经　　销：全国新华书店
开　　本：185mm×230mm　　印　张：17　　防伪页：1　　字　数：365 千字
版　　次：2018 年 10 月第 1 版　　　　　　　　　　　印　次：2020 年 3 月第 4 次印刷
定　　价：49.00 元

产品编号：080240-01

前　言

根据国家有关的政策性文件，全国计算机技术与软件专业技术资格（水平）考试（以下简称"计算机软件考试"）已经成为计算机软件、计算机网络、计算机应用、信息系统、信息服务领域高级工程师、工程师、助理工程师、技术员国家职称资格考试。而且，根据信息技术人才年轻化的特点和要求，报考这种资格考试不限学历与资历条件，以不拘一格选拔人才。现在，软件设计师、程序员、网络工程师、数据库系统工程师、系统分析师、系统架构设计师和信息系统项目管理师等资格的考试标准已经实现了中国与日本互认，程序员和软件设计师等资格的考试标准已经实现了中国和韩国互认。

计算机软件考试规模发展很快，年报考规模已超过 30 万人，二十多年来，累计报考人数约 500 万人。

计算机软件考试已经成为我国著名的 IT 考试品牌，其证书的含金量之高已得到社会的公认。计算机软件考试的有关信息见网站www.ruankao.gov.cn中的资格考试栏目。

对考生来说，学习历年试题分析与解答是理解考试大纲的最有效、最具体的途径。

为帮助考生复习备考，全国计算机专业技术资格考试办公室汇集了数据库系统工程师 2012 年至 2017 年的试题分析与解答，以便于考生测试自己的水平，发现自己的弱点，更有针对性、更系统地学习。

计算机软件考试的试题质量高，包括了职业岗位所需的各个方面的知识和技术，不但包括技术知识，还包括法律法规、标准、专业英语、管理等方面的知识；不但注重广度，而且还有一定的深度；不但要求考生具有扎实的基础知识，还要具有丰富的实践经验。

这些试题中，包含了一些富有创意的试题，一些与实践结合得很好的佳题，一些富有启发性的试题，具有较高的社会引用率，对学校教师、培训指导者、研究工作者都是很有帮助的。

由于作者水平有限，时间仓促，书中难免有错误和疏漏之处，诚恳地期望各位专家和读者批评指正，对此，我们将深表感激。

编　者

目　录

第1章　2012 上半年数据库系统工程师上午试题分析与解答 ……………………………… 1

第2章　2012 上半年数据库系统工程师下午试题分析与解答 ……………………………… 30

第3章　2013 上半年数据库系统工程师上午试题分析与解答 ……………………………… 46

第4章　2013 上半年数据库系统工程师下午试题分析与解答 ……………………………… 71

第5章　2014 上半年数据库系统工程师上午试题分析与解答 ……………………………… 87

第6章　2014 上半年数据库系统工程师下午试题分析与解答 ……………………………… 113

第7章　2015 上半年数据库系统工程师上午试题分析与解答 ……………………………… 129

第8章　2015 上半年数据库系统工程师下午试题分析与解答 ……………………………… 158

第9章　2016 上半年数据库系统工程师上午试题分析与解答 ……………………………… 175

第10章　2016 上半年数据库系统工程师下午试题分析与解答 ……………………………… 202

第11章　2017 上半年数据库系统工程师上午试题分析与解答 ……………………………… 220

第12章　2017 上半年数据库系统工程师下午试题分析与解答 ……………………………… 251

第1章　2012上半年数据库系统工程师上午试题分析与解答

试题（1）

位于 CPU 与主存之间的高速缓冲存储器（Cache）用于存放部分主存数据的备份，主存地址与 Cache 地址之间的转换工作由 __(1)__ 完成。

（1）A. 硬件　　　　　　B. 软件　　　　　　C. 用户　　　　　　D. 程序员

试题（1）分析

本题考查高速缓冲存储器（Cache）的工作特点。

提供"高速缓存"的目的是为了让数据存取的速度适应 CPU 的处理速度，其基于的原理是内存中"程序执行与数据访问的局域性行为"，即一定程序执行时间和空间内，被访问的代码集中于一部分。为了充分发挥高速缓存的作用，不仅依靠"暂存刚刚访问过的数据"，还要使用硬件实现的指令预测与数据预取技术，即尽可能把将要使用的数据预先从内存中取到高速缓存中。

一般而言，主存使用DRAM技术，而 Cache 使用昂贵但较快速的SRAM技术。

目前微型计算机上使用的AMD或Intel微处理器都在芯片内部集成了大小不等的数据高速缓存和指令高速缓存，通称为 L1 高速缓存（L1 Cache，即第一级片上高速缓冲存储器）；而比 L1 容量更大的 L2 高速缓存曾经被放在 CPU 外部（主板或者 CPU 接口卡上），但是现在已经成为 CPU 内部的标准组件；更昂贵的顶级家用和工作站CPU甚至会配备比 L2 高速缓存还要大的 L3 高速缓存。

参考答案

（1）A

试题（2）

内存单元按字节编址，地址 0000A000H～0000BFFFH 共有 __(2)__ 个存储单元。

（2）A. 8192K　　　　　B. 1024K　　　　　C. 13K　　　　　D. 8K

试题（2）分析

本题考查存储器的地址计算知识。

每个地址编号为一个存储单元（容量为 1 字节），地址区间 0000A000H～0000BFFFH 共有 1FFF+1 个地址编号（即 2^{13}），1K=1024，因此该地址区间的存储单元数也就是 8K。

参考答案

（2）D

试题（3）

相联存储器按 __(3)__ 访问。

(3) A. 地址　　　　　　　　　　　B. 先入后出的方式

　　 C. 内容　　　　　　　　　　　D. 先入先出的方式

试题（3）分析

本题考查相联存储器的概念。

相联存储器是一种按内容访问的存储器。其工作原理就是把数据或数据的某一部分作为关键字，将该关键字与存储器中的每一单元进行比较，找出存储器中所有与关键字相同的数据字。

相联存储器可用在高速缓冲存储器中；在虚拟存储器中用来作段表、页表或快表存储器；还用在数据库和知识库中。

参考答案

（3）C

试题（4）

若 CPU 要执行的指令为 MOV　R1,＃45（即将数值 45 传送到寄存器 R1 中），则该指令中采用的寻址方式为 __(4)__ 。

(4) A. 直接寻址和立即寻址　　　　B. 寄存器寻址和立即寻址

　　 C. 相对寻址和直接寻址　　　　D. 寄存器间接寻址和直接寻址

试题（4）分析

本题考查指令系统基础知识。

指令中的寻址方式就是如何对指令中的地址字段进行解释，以获得操作数的方法或获得程序转移地址的方法。常用的寻址方式有：

- 立即寻址。操作数就包含在指令中。
- 直接寻址。操作数存放在内存单元中，指令中直接给出操作数所在存储单元的地址。
- 寄存器寻址。操作数存放在某一寄存器中，指令中给出存放操作数的寄存器名。
- 寄存器间接寻址。操作数存放在内存单元中，操作数所在存储单元的地址在某个寄存器中。
- 间接寻址。指令中给出操作数地址的地址。
- 相对寻址。指令地址码给出的是一个偏移量（可正可负），操作数地址等于本条指令的地址加上该偏移量。
- 变址寻址。操作数地址等于变址寄存器的内容加偏移量。

题目给出的指令中，R1 是寄存器，属于寄存器寻址方式，45 是立即数，属于立即寻址方式。

参考答案

（4）B

试题（5）、（6）

一条指令的执行过程可以分解为取指、分析和执行三步，在取指时间 $t_{取指}=3\Delta t$、分析时间 $t_{分析}=2\Delta t$、执行时间 $t_{执行}=4\Delta t$ 的情况下，若按串行方式执行，则 10 条指令全部执行完需要　(5)　Δt。若按照流水方式执行，则执行完 10 条指令需要　(6)　Δt。

（5）A. 40　　　　　　B. 70　　　　　　C. 90　　　　　　D. 100

（6）A. 20　　　　　　B. 30　　　　　　C. 40　　　　　　D. 45

试题（5）、（6）分析

本题考查指令执行的流水化概念。

根据题目中给出的数据，每一条指令的执行过程需要 $9\Delta t$。在串行执行方式下，执行完一条指令后才开始执行下一条指令，10 条指令共耗时 $90\Delta t$。若按照流水方式执行，则在第 i+2 条指令处于执行阶段时，就可以分析第 i+1 条指令，同时取第 i 条指令。由于指令的执行阶段所需时间最长（为 $4\Delta t$），因此，指令开始流水执行后，每 $4\Delta t$ 将完成一条指令，所需时间为 $3\Delta t +2\Delta t +4\Delta t +4\Delta t\times9=45\Delta t$。

参考答案

（5）C　　（6）D

试题（7）

甲和乙要进行通信，甲对发送的消息附加了数字签名，乙收到该消息后利用　(7)　验证该消息的真实性。

（7）A. 甲的公钥　　　B. 甲的私钥　　　C. 乙的公钥　　　D. 乙的私钥

试题（7）分析

本题考查数字签名的概念。

数字签名（Digital Signature）技术是不对称加密算法的典型应用：数据源发送方使用自己的私钥对数据校验和或其他与数据内容有关的变量进行加密处理，完成对数据的合法"签名"，数据接收方则利用对方的公钥来解读收到的"数字签名"，并将解读结果用于对数据完整性的检验，以确认签名的合法性。数字签名主要的功能是：保证信息传输的完整性、发送者的身份认证、防止交易中的抵赖发生。

参考答案

（7）A

试题（8）

在 Windows 系统中，默认权限最低的用户组是　(8)　。

（8）A. everyone　　　B. administrators　　　C. power users　　　D. users

试题（8）分析

本题考查 Windows 用户权限方面的知识。

在以上 4 个选项中，用户组默认权限由高到低的顺序是 administrators→power users→ users→everyone。

参考答案

（8）A

试题（9）

IIS 6.0 支持的身份验证安全机制有 4 种验证方法，其中安全级别最高的验证方法是__(9)__。

（9）A. 匿名身份验证　　　　　　　　B. 集成 Windows 身份验证

　　　　C. 基本身份验证　　　　　　　　D. 摘要式身份验证

试题（9）分析

本题考查 Windows IIS 中身份认证的基础知识。

Windows IIS 支持的身份认证方式有 .NET Passport 身份验证、集成 Windows 身份验证、摘要式身份验证和基本身份验证。

- .NET Passport 身份验证：对 IIS 的请求必须在查询字符串或 Cookie 中包含有效的 .NET Passport 凭据，提供了单一登录安全性，为用户提供对 Internet 上各种服务的访问权限。

- 集成 Windows 身份验证：以 Kerberos 票证的形式通过网络向用户发送身份验证信息，并提供较高的安全级别。Windows 集成身份验证使用 Kerberos 版本 5 和 NTLM 身份验证。

- 摘要式身份验证：将用户凭据作为 MD5 哈希或消息摘要在网络中进行传输，这样就无法根据哈希对原始用户名和密码进行解码。

- 基本身份验证：用户凭据以明文形式在网络中发送。这种形式提供的安全级别很低，因为几乎所有协议分析程序都能读取密码。

参考答案

（9）B

试题（10）

软件著作权的客体不包括__(10)__。

（10）A. 源程序　　　　B. 目标程序　　　　C. 软件文档　　　　D. 软件开发思想

试题（10）分析

软件著作权的客体是指著作权法保护的计算机软件，包括计算机程序及其相关文档。

计算机程序通常包括源程序和目标程序。

源程序（又称为源代码、源码）是采用计算机程序设计语言（如 C、Java 语言）编写的程序，需要转换成机器能直接识别和执行的形式才能在计算机上运行并得出结果。它具有可操作性、间接应用性和技术性等特点。

目标程序以二进制编码形式表示，是计算机或具有信息处理能力的装置能够识别和执行的指令序列，能够直接指挥和控制计算机的各部件（如存储器、处理器、I/O 设备等）执行各项操作，从而实现一定的功能。它具有不可读性、不可修改性和面向机器性等特点。

源程序与目标程序就其逻辑功能而言不仅内容相同，而且表现形式相似，二者可以互相转换，最终结果一致。源程序是目标程序产生的基础和前提，目标程序是源程序编译的必然结果；源程序和目标程序具有独立的表现形式，但是目标程序的修改通常依赖于源程序。同一程序的源程序文本和目标程序文本应当视为同一程序。无论是用源程序形式还是目标程序形式体现，都可能得到著作权法保护。

计算机软件包含了计算机程序，并且不局限于计算机程序，还包括与之相关的程序描述和辅助资料。我国将计算机程序文档（软件文档）视为计算机软件的一个组成部分。计算机程序文档与计算机程序不同，计算机程序是用编程语言，如汇编语言、C 语言、Java 语言等编写而成，而计算机程序文档是由自然语言或由形式语言编写而成的。计算机程序文档是指用自然语言或者形式化语言所编写的文字资料和图表，用来描述程序的内容、组成、设计、功能、开发情况、测试结果及使用方法等。计算机程序文档一般以程序设计说明书、流程图、数据流图和用户手册等表现。

我国《计算机软件保护条例》第六条规定："本条例对软件著作权的保护不延及开发软件所用的思想、处理过程、操作方法或者数学概念等。"也就是说，软件开发的思想、处理过程、操作方法或者数学概念等与计算机软件分别属于主客观两个范畴。思想是开发软件的设计方案、构思技巧和功能，设计程序所实现的处理过程、操作方法、算法等，表现是完成某项功能的程序。

我国著作权法只保护作品的表达，不保护作品的思想、原理、概念、方法、公式、算法等，因此对计算机软件来说，只有程序的作品性能得到著作权法的保护，而体现其工具性的程序构思、程序技巧等却无法得到保护。实际上计算机程序的技术设计，如软件开发中对软件功能、结构的构思，往往是比程序代码更重要的技术成果，通常体现了软件开发中的主要创造性贡献。

参考答案

（10）D

试题（11）

中国企业 M 与美国公司 L 进行技术合作，合同约定 M 使用一项在有效期内的美国专利，但该项美国专利未在中国和其他国家提出申请。对于 M 销售依照该专利生产的产品，以下叙述中正确的是＿＿(11)＿。

(11) A. 在中国销售，M 需要向 L 支付专利许可使用费

　　　B. 返销美国，M 不需要向 L 支付专利许可使用费

　　　C. 在其他国家销售，M 需要向 L 支付专利许可使用费

　　　　　　D. 在中国销售，M 不需要向 L 支付专利许可使用费

试题（11）分析

　　本题考查知识产权知识，涉及专利权的相关概念。

　　知识产权受地域限制，只有在一定地域内知识产权才具有独占性。也就是说，各国依照其本国法律授予的知识产权，只能在其本国领域内受其法律保护，而其他国家对这种权利没有保护的义务，任何人均可在自己的国家内自由使用外国人的知识产品，既无需取得权利人的同意（授权），也不必向权利人支付报酬。例如，中国专利局授予的专利权或中国商标局核准的商标专用权，只能在中国领域内受保护，在其他国家则不给予保护。外国人在我国领域外使用中国专利局授权的发明专利不侵犯我国专利权，如美国人在美国使用我国专利局授权的发明专利不侵犯我国专利权。

　　通过缔结有关知识产权的国际公约或双边互惠协定的形式，某一国家的国民（自然人或法人）的知识产权在其他国家（缔约国）也能取得权益。参加知识产权国际公约的国家（或者签订双边互惠协定的国家）会相互给予成员国国民的知识产权保护。所以，我国公民、法人完成的发明创造要想在外国受保护，必须在外国申请专利。商标要想在外国受保护，必须在外国申请商标注册。著作权虽然自动产生，但它受地域限制，我国法律对外国人的作品并不是都给予保护，只保护共同参加国际条约国家的公民作品。同样，参加公约的其他成员国也按照公约规定，对我国公民和法人的作品给予保护。虽然众多知识产权国际条约等的订立使地域性有时会变得模糊，但地域性的特征不但是知识产权最"古老"的特征，也是最基础的特征之一。目前知识产权的地域性仍然存在，是否授予权利、如何保护权利仍须由各缔约国按照其国内法来决定。

　　本题涉及的依照该专利生产的产品在中国或其他国家销售，中国 M 企业不需要向美国 L 公司支付这件美国专利的许可使用费。这是因为 L 公司未在中国及其他国家申请该专利，不受中国及其他国家专利法的保护，因此依照该专利生产的产品在中国及其他国家销售，M 企业不需要向 L 公司支付这件专利的许可使用费。如果返销美国，需要向 L 公司支付这件专利的许可使用费。这是因为这件专利已在美国获得批准，因而受到美国专利法的保护，M 企业依照该专利生产的产品要在美国销售，则需要向 L 公司支付这件专利的许可使用费。

参考答案

　　（11）D

试题（12）

　　使用　（12）　dpi 的分辨率扫描一幅 2×4 英寸的照片，可以得到一幅 300×600 像素的图像。

　　（12）A. 100　　　　　　　B. 150　　　　　　　C. 300　　　　　　　D. 600

试题（12）分析

　　本题考查多媒体基础知识。

　　我们经常遇到的分辨率有两种，即显示分辨率和图像分辨率。显示分辨率是指显示屏上能够显示出的像素数目。例如，显示分辨率为 1024×768 像素表示显示屏分成 768 行（垂直分辨率），每行（水平分辨率）显示 1024 像素，整个显示屏就含有 796 432 个显像点。屏幕能够显示的像素越多，说明显示设备的分辨率越高，显示的图像质量越高。图像分辨率是指组成一幅图像的像素密度，也是用水平和垂直的像素表示，即用每英寸多少点（dpi）表示数字化图像的大小。例如，用 200dpi 来扫描一幅 2×2.5 平方英寸的彩色照片，那么得到一幅 400×500 像素点的图像。它实质上是图像数字化的采样间隔，由它确立组成一幅图像的像素数目。对同样大小的一幅图，如果组成该图的图像像素数目越多，则说明图像的分辨率越高，图像看起来就越逼真。相反，图像显得越粗糙。因此，不同的分辨率会造成不同的图像清晰度。

参考答案

（12）B

试题（13）、（14）

　　计算机数字音乐合成技术主要有　(13)　两种方式，其中使用　(14)　合成的音乐，其音质更好。

　　（13）A. FM 和 AM　　　B. AM 和 PM　　　C. FM 和 PM　　　D. FM 和 Wave Table

　　（14）A. FM　　　　　B. AM　　　　　C. PM　　　　　D. Wave Table

试题（13）、（14）分析

　　本题考查多媒体基础知识。

　　计算机和多媒体系统中的声音，除了数字波形声音之外，还有一类是使用符号表示的，由计算机合成的声音包括语音合成和音乐合成。音乐合成技术主要有调频（FM）音乐合成、波形表（Wave Table）音乐合成两种方式。调频音乐合成是使高频振荡波的频率按调制信号规律变化的一种调制方式。采用不同调制波频率和调制指数就可以方便地合成具有不同频谱分布的波形，再现某些乐器的音色。可以采用这种方法得到具有独特效果的"电子模拟声"，创造出丰富多彩的声音，是真实乐器所不具备的音色。波形表音乐合成是将各种真实乐器所能发出的所有声音（包括各个音域、声调）录制下来，存储为一个波表文件。播放时，根据 MIDI 文件记录的乐曲信息向波表发出指令，从"表格"中逐一找出对应的声音信息，经过合成、加工后回放出来。应用调频音乐合成技术的乐音已经很逼真，波形表音乐合成技术的乐音更真实。目前这两种音乐合成技术都应用于多媒体计算机的音频卡中。

参考答案

（13）D　　（14）D

试题（15）

　　数据流图（DFD）对系统的功能和功能之间的数据流进行建模，其中顶层数据流图描述了系统的　(15)　。

（15）A. 处理过程　　　　　　　　　　B. 输入与输出

　　　　C. 数据存储　　　　　　　　　　D. 数据实体

试题（15）分析

本题考查数据流图的基本概念。

数据流图从数据传递和加工的角度，以图形的方式刻画数据流从输入到输出的移动变换过程，其基础是功能分解。对于复杂一些的实际问题，在数据流图中常常出现许多加工，这样看起来不直观，也不易理解，因此用分层的数据流图来建模。按照系统的层次结构进行逐步分解，并以分层的数据流图反映这种结构关系。

在分层的数据流图中，各层数据流图之间应保持"平衡"关系，即输入和输出数据流在各层应该是一致的。

参考答案

（15）B

试题（16）

模块 A 执行几个逻辑上相似的功能，通过参数确定该模块完成哪一个功能，则该模块具有　（16）　内聚。

（16）A. 顺序　　　　　B. 过程　　　　　C. 逻辑　　　　D. 功能

试题（16）分析

本题考查软件设计的相关内容。

模块独立性是创建良好设计的一个重要原则，一般采用模块间的耦合和模块的内聚两个准则进行度量。内聚是指模块内部各元素之间联系的紧密程度，内聚度越高，则模块的独立性越好。内聚性一般有以下几种：

① 偶然内聚：指一个模块内的各个处理元素之间没有任何联系。

② 逻辑内聚：指模块内执行几个逻辑上相似的功能，通过参数确定该模块完成哪一个功能。

③ 时间内聚：把需要同时执行的动作组合在一起形成的模块。

④ 通信内聚：指模块内所有处理元素都在同一个数据结构上操作，或者指各处理使用相同的输入数据或者产生相同的输出数据。

⑤ 顺序内聚：指一个模块中各个处理元素都密切相关于同一功能且必须顺序执行，前一个功能元素的输出就是下一个功能元素的输入。

⑥ 功能内聚：是最强的内聚，指模块内所有元素共同完成一个功能，缺一不可。

参考答案

（16）C

试题（17）

下图是一个软件项目的活动图，其中顶点表示项目里程碑，连接顶点的边表示活动，边上的值表示完成活动所需要的时间，则　（17）　在关键路径上。

(17) A. B　　　　　　B. C　　　　　　C. D　　　　D. H

试题（17）分析

本题考查项目管理及工具技术。

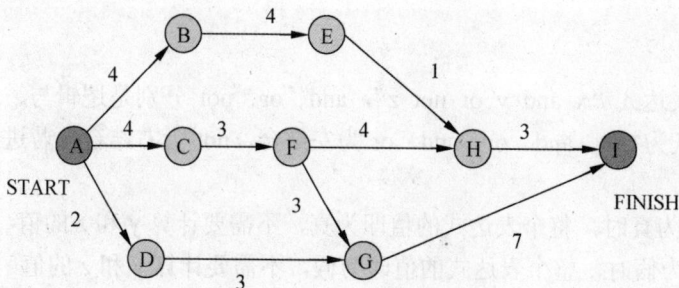

根据关键路径法，计算出关键路径为 A—C—F—G—I，关键路径长度为17。因此里程碑 C 在关键路径上，而里程碑 B、D 和 H 不在关键路径上。

参考答案

（17）B

试题（18）

　　(18)　最不适于采用无主程序员组的开发人员组织形式。

(18) A. 项目开发人数少（如 3~4 人）的项目

　　　B. 采用新技术的项目

　　　C. 大规模项目

　　　D. 确定性较小的项目

试题（18）分析

本题考查项目管理的人员管理。

程序设计小组的组织形式一般有主程序员组、无主程序员组和层次式程序员组。其中无主程序员组中的成员之间相互平等，工作目标和决策都由全体成员民主讨论。对于项目规模较小、开发人员少、采用新技术和确定性较小的项目比较合适，而对大规模项目不适宜采用。

参考答案

（18）C

试题（19）

若软件项目组对风险采用主动的控制方法，则　(19)　是最好的风险控制策略。

(19) A. 风险避免　　　　　　　　B. 风险监控

　　　C. 风险消除　　　　　　　　D. 风险管理及意外事件计划

试题（19）分析

本题考查项目管理的风险管理。

风险控制的目的是辅助项目组建立处理风险的策略。有效的策略必须考虑以下三个问题，即风险避免、风险监控和风险管理及意外事件计划，而其中风险避免是最好的风险控制策略。

参考答案

（19）A

试题（20）

对于逻辑表达式"x and y or not z"，and、or、not 分别是逻辑与、或、非运算，优先级从高到低为 not、and、or，and、or 为左结合，not 为右结合，若进行短路计算，则__（20）__。

　　（20）A. x 为真时，整个表达式的值即为真，不需要计算 y 和 z 的值

　　　　　 B. x 为假时，整个表达式的值即为假，不需要计算 y 和 z 的值

　　　　　 C. x 为真时，根据 y 的值决定是否需要计算 z 的值

　　　　　 D. x 为假时，根据 y 的值决定是否需要计算 z 的值

试题（20）分析

本题考查程序语言基础知识。

对逻辑表达式可以进行短路计算，其依据是：a and b 的含义是 a 和 b 同时为"真"，则 a and b 为"真"，因此，若 a 为"假"，则无论 b 的值为"真"或"假"， a and b 必然为"假"；a or b 的含义是 a 和 b 同时为"假"，则 a or b 为"假"，因此，若 a 为"真"，则无论 b 的值为"真"或"假"， a or b 必然为"真"。

在优先级和结合性规定下，对逻辑表达式"x and y or not z"求值时，应先计算"x and y"的值，若为"假"，才去计算"not z"的值。因此，若 x 的值为"假"，则"x and y"的值为"假"，需要计算"not z"来确定表达式的值而不管 y 是"真"是"假"。当 x 的值为"真"，则需要计算 y 的值：若 y 的值为"真"，则整个表达式的值为"真"（从而不需再计算"not z"）；若 y 的值为"假"，则需要计算"not z"来确定表达式的值。

参考答案

（20）C

试题（21）

对于二维数组 a[1..N, 1..N]中的一个元素 a[i,j]（1≤i,j≤N），存储在 a[i,j]之前的元素个数__（21）__。

　　（21）A. 与按行存储或按列存储方式无关

　　　　　 B. 在 i=j 时与按行存储或按列存储方式无关

　　　　　 C. 在按行存储方式下比按列存储方式下要多

　　　　　 D. 在按行存储方式下比按列存储方式下要少

试题（21）分析

本题考查数组元素的存储。

二维数组 a[1..N, 1..N]的元素布局如下：

$$a[1,1] \quad a[1,2] \quad \cdots \quad a[1,j] \quad \cdots \quad a[1,N]$$
$$a[2,1] \quad a[2,2] \quad \cdots \quad a[2,j] \quad \cdots \quad a[2,N]$$
$$\vdots \qquad \vdots \qquad \vdots \qquad \vdots \qquad \vdots \qquad \vdots$$
$$a[i,1] \quad a[i,2] \quad \cdots \quad a[i,j] \quad \cdots \quad a[i,N]$$
$$\vdots \qquad \vdots \qquad \vdots \qquad \vdots \qquad \vdots \qquad \vdots$$
$$a[N,1] \quad a[N,2] \quad \cdots \quad a[N,j] \quad \cdots \quad a[N,N]$$

在按行存储方式下，$a[i,j]$ 之前的元素个数为 $(i-1)*N+j-1$；在按列存储方式下，$a[i,j]$ 之前的元素个数为 $(j-1)*N+i-1$。若 $i=j$，则 $a[i,j]$ 是主对角线上的元素，显然 $(i-1)*N+j-1$ 与 $(j-1)*N+i-1$ 相等。若 $i<j$，则 $a[i,j]$ 是上三角区域的元素；若 $i>j$，则 $a[i,j]$ 是下三角区域的元素，这两种情况下，存储在 $a[i,j]$ 之前的元素个数分别为 $(i-1)*N+j-1$ 和 $(j-1)*N+i-1$，其大小关系依赖于 i 和 j 的具体取值。

参考答案

（21）B

试题（22）

算术表达式 $x-(y+c)*8$ 的后缀式是　__(22)__　（–、+、*表示算术的减、加、乘运算，运算符的优先级和结合性遵循惯例）。

（22）A. x y c 8 – + *　　B. x y – c + 8 *　　C. x y c 8 * + –　　D. x y c + 8 * –

试题（22）分析

本题考查程序语言基础知识。

后缀表达式（也叫逆波兰式，Reverse Polish Notation）是将运算符写在操作数之后的表达式表示方法。

表达式"$x-(y+c)*8$"的后缀式为"xyc+8*–"。

参考答案

（22）D

试题（23）～（25）

若某企业拥有的总资金数为 15，投资 4 个项目 P1、P2、P3、P4，各项目需要的最大资金数分别是 6、8、8、10，企业资金情况如图（a）所示。P1 新申请 2 个资金，P2 新申请 1 个资金，若企业资金管理处为项目 P1 和 P2 分配新申请的资金，则 P1、P2、P3、P4 尚需的资金数分别为　__(23)__；假设 P1 已经还清所有投资款，企业资金使用情况如图（b）所示，那么企业的可用资金数为 __(24)__。若在图（b）所示的情况下，企业资金管理处为 P2、P3、P4 各分配资金数 2、2、3，则分配后 P2、P3、P4 已用资金数分别为　__(25)__。

（23）A.　1、3、6、7，可用资金数为 0，故资金周转状态是不安全的

B. 2、5、6、7，可用资金数为 1，故资金周转状态是不安全的

C. 2、4、6、7，可用资金数为 2，故资金周转状态是安全的

D. 3、3、6、7，可用资金数为 2，故资金周转状态是安全的

项目	最大资金	已用资金	尚需资金
P1	6	2	4
P2	8	3	5
P3	8	2	6
P4	10	3	7

图（a）

项目	最大资金	已用资金	尚需资金
P1	—	—	—
P2	8	3	5
P3	8	2	6
P4	10	3	7

图（b）

(24) A. 4　　　　　B. 5　　　　　C. 6　　　　　D. 7

(25) A. 3、2、3，尚需资金数分别为 5、6、7，故资金周转状态是安全的

B. 5、4、6，尚需资金数分别为 3、4、4，故资金周转状态是安全的

C. 3、2、3，尚需资金数分别为 5、6、7，故资金周转状态是不安全的

D. 5、4、6，尚需资金数分别为 3、4、4，故资金周转状态是不安全的

试题（23）～（25）分析

本题考查操作系统进程管理方面的基础知识。

在图（a）的情况下，项目 P1 申请 2 个资金，P2 申请 1 个资金，则企业资金管理处分配资金后项目 P1、P2、P3、P4 已用的资金数分别为 4、4、2、3，可用资金数为 2，故尚需的资金数分别为 2、4、6、7。由于可用资金数为 2，能保证项目 P1 完成。假定项目 P1 完成释放资源后，可用资金数为 6，能保证项目 P2 或 P3 完成。同理，项目 P2 完成释放资源后，可用资金数为 10，能保证项目 P3 或 P4 完成，故资金周转状态是安全的。

对于图（b），因为企业的总资金数是 15，企业资金管理处为项目 P2、P3、P4 已分配资金数为 3、2、3，故可用资金数为 7。

在图（b）的情况下，企业资金管理处为项目 P2、P3、P4 已分配资金数为 3、2、3，若企业资金管理处又为项目 P2、P3、P4 分配资金数为 2、2、3，则企业分配后项目 P2、P3、P4 已用资金数分别为 5、4、6，可用资金为 0，尚需资金数分别为 3、4、4，故资金周转状态是不安全的。

参考答案

(23) C　　(24) D　　(25) D

试题（26）、（27）

假设一台按字节编址的 16 位计算机系统，采用虚拟页式存储管理方案，页面的大小为 2K，且系统中没有使用快表（或联想存储器）。某用户程序如图（a）所示，该程序的页面变换表如图（b）所示，表中状态位等于 1 和 0 分别表示页面在内存或不在内存。

图（a）中 MOVE Data1, Data2 是一个 4 字节的指令，Data1 和 Data2 表示该指令的

两个 32 位操作数。假设 MOVE 指令存放在 2047 地址开始的内存单元中，Data1 存放在 6143 地址开始的内存单元中，Data2 存放在 10239 地址开始的内存单元中，那么执行 MOVE 指令将产生 ___（26）___ 次缺页中断，其中：取指令产生 ___（27）___ 次缺页中断。

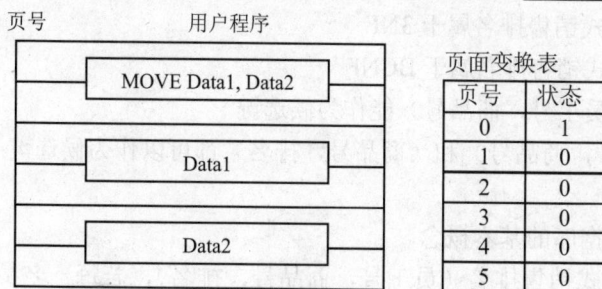

图（a）   图（b）

（26）A. 3   B. 4   C. 5   D. 6
（27）A. 0   B. 1   C. 2   D. 3

试题（26）、（27）分析

本题考查操作系统中系统内存管理方面的知识。

从题图中可见，程序的 MOVE 指令跨两个页面，且源地址 Data1 和目标地址 Data2 所涉及的区域也跨两个页面的页内地址，根据题意，页面 1、2、3、4 和 5 不在内存，系统取 MOVE Data1, Data2 指令时，由于该指令跨越页面 0、1，查页面变换表可以发现页面 1 不在内存，故需要产生一次缺页中断；取地址为 Data1 的操作数，由于该操作数不在内存且跨页面 2、3，需要将页面 2、3 装入内存，所以产生两次缺页中断；同理，取地址为 Data2 的操作数时，由于该操作数不在内存且跨页面 4、5，需要将页面 4、5 装入内存，所以产生两次缺页中断，共产生 5 次缺页中断。

参考答案

（26）C   （27）B

试题（28）

E-R 模型向关系模型转换时，三个实体之间多对多的联系 m:n:p 应该转换为一个独立的关系模式，且该关系模式的主键由 ___（28）___ 组成。

（28）A. 多对多联系的属性   B. 三个实体的主键
      C. 任意一个实体的主键   D. 任意两个实体的主键

试题（28）分析

本题考查数据库设计方面的基础知识。

E-R 模型向关系模型转换时，两个以上实体之间多对多的联系应该转换为一个独立的关系模式，且该关系模式的关键字由这些实体的关键字组成。

参考答案

（28）B

试题（29）

给定关系模式销售排名（员工号，商品号，排名），若每一名员工每种商品有一定的排名，每种商品每一排名只有一名员工，则以下叙述中错误的是 __(29)__ 。

(29) A. 关系模式销售排名属于 3NF

B. 关系模式销售排名属于 BCNF

C. 只有（员工号，商品号）能作为候选键

D. （员工号，商品号）和（商品号，排名）都可以作为候选键

试题（29）分析

本题考查关系数据库的基本概念。

试题给定关系模式销售排名（员工号，商品号，排名），若每一名员工每种商品有一定的排名，每种商品每一排名只有一名员工，根据语义可得到如下的函数依赖：

（员工号，商品号）→排名，（商品号，排名）→员工号

可见，（员工号，商品号）和（商品号，排名）都可以作为候选键，又由于在销售排名关系中无非主属性，且每一个决定因素都包含候选键，因此该销售排名关系属于BCNF，显然也属于 3NF。

参考答案

(29) C

试题（30）、（31）

在数据库系统中，__(30)__ 用于对数据库中全部数据的逻辑结构和特征进行描述。其中，外模式、模式和内模式分别描述 __(31)__ 层次上的数据特性。

(30) A. 外模式　　　　　　B. 模式　　　　　　C. 内模式　　　　　　D. 存储模式

(31) A. 概念视图、用户视图和内部视图　　　B. 用户视图、内部视图和概念视图

C. 概念视图、内部视图和用户视图　　　D. 用户视图、概念视图和内部视图

试题（30）、（31）分析

本题考查数据库系统基本概念方面的基础知识。

在数据库系统中，模式用于对数据库中全部数据的逻辑结构和特征进行描述，即模式用于描述概念视图层次上的数据特性。外模式也称为用户模式或子模式，是用户与数据库系统的接口，是用户用到的那部分数据的描述，即外模式用于描述用户视图层次上的数据特性。内模式也称为存储模式，是数据物理结构和存储方式的描述，即内模式用于描述内部视图层次上的数据特性，是数据在数据库内部的表示方式。

参考答案

(30) B　　(31) D

试题（32）、（33）

数据库应用系统的生命周期分为如下图所示的 6 个阶段，图中①、②、③、④分别表示 __(32)__ 阶段。__(33)__ 阶段是对用户数据的组织和存储设计，以及对数据操作及

业务实现的设计，包括事务设计和用户界面设计。

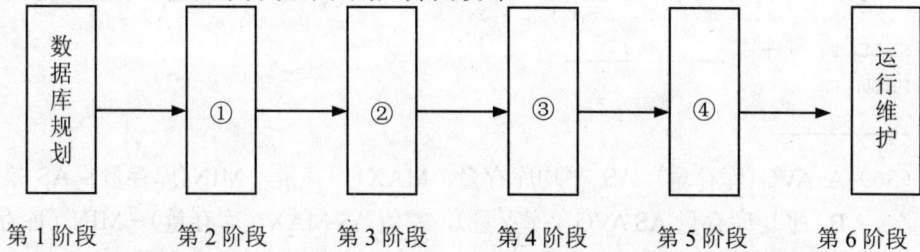

```
┌──────┐    ┌────┐    ┌────┐    ┌────┐    ┌────┐    ┌──────┐
│ 数据  │    │    │    │    │    │    │    │    │    │ 运行  │
│ 库规  │ → │ ① │ → │ ② │ → │ ③ │ → │ ④ │ → │ 维护  │
│ 划    │    │    │    │    │    │    │    │    │    │      │
└──────┘    └────┘    └────┘    └────┘    └────┘    └──────┘
 第1阶段     第2阶段    第3阶段   第4阶段    第5阶段    第6阶段
```

（32）A. 数据库与应用程序设计、需求描述与分析、实现、测试

　　　B. 数据库与应用程序设计、实现、测试、需求描述与分析

　　　C. 需求描述与分析、数据库与应用程序设计、实现、测试

　　　D. 需求描述与分析、实现、测试、数据库与应用程序设计

（33）A. 数据库与应用程序设计　　　　B. 需求描述与分析

　　　C. 实现　　　　　　　　　　　　D. 测试

试题（32）、（33）分析

本题考查数据库设计方面的基础知识。

数据库应用系统的生命周期分为数据库规划、需求描述与分析、数据库与应用程序设计、实现、测试和运行维护 6 个阶段，如下图所示：

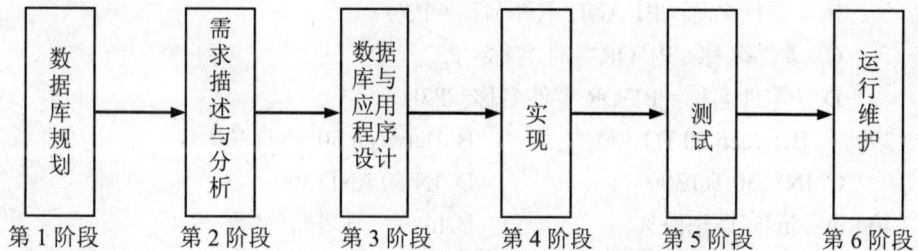

```
┌──────┐    ┌──────┐   ┌──────┐    ┌────┐    ┌────┐    ┌──────┐
│ 数据  │    │ 需求  │   │ 数据  │    │    │    │    │    │ 运行  │
│ 库规  │ → │ 描述  │ → │库与   │ → │ 实现│ → │ 测试│ → │ 维护  │
│ 划    │    │ 与    │   │应用   │    │    │    │    │    │      │
│      │    │ 分析  │   │程序   │    │    │    │    │    │      │
│      │    │      │   │设计   │    │    │    │    │    │      │
└──────┘    └──────┘   └──────┘    └────┘    └────┘    └──────┘
 第1阶段     第2阶段     第3阶段     第4阶段   第5阶段    第6阶段
```

其中，数据库与应用程序设计阶段是对用户数据的组织和存储设计，以及对数据操作及业务实现的设计，包括事务设计和用户界面设计。

参考答案

（32）C　（33）A

试题（34）～（40）

某销售公司数据库的零件关系 P（零件号，零件名称，供应商，供应商所在地，库存量），函数依赖集 F={零件号→零件名称，（零件号，供应商）→库存量，供应商→供应商所在地}。零件关系 P 的主键为___（34）___，该关系模式属于___（35）___。

（34）A. 零件号，零件名称　　　　　　B. 零件号，供应商所在地

　　　C. 零件号，供应商　　　　　　　D. 供应商，供应商所在地

（35）A. 1NF　　　　　B. 2NF　　　　　C. 3NF　　　　　D. 4NF

查询各种零件的平均库存量、最多库存量与最少库存量之间差值的 SQL 语句如下：

```
SELECT 零件号,_____(36)_____
FROM  P
_____(37)_____;
```

(36) A. AVG（库存量）AS 平均库存量，MAX（库存量）−MIN（库存量）AS 差值

　　 B. 平均库存量 AS AVG（库存量），差值 AS MAX（库存量）−MIN（库存量）

　　 C. AVG 库存量 AS 平均库存量，MAX 库存量 −MIN 库存量 AS 差值

　　 D. 平均库存量 AS AVG 库存量，差值 AS MAX 库存量 −MIN 库存量

(37) A. ORDER BY 供应商　　　　 B. ORDER BY 零件号

　　 C. GROUP BY 供应商　　　　 D. GROUP BY 零件号

查询供应商所供应的零件名称为 P1 或 P3，且 50≤库存量<300 以及供应商地址包含"雁塔路"的 SQL 语句如下：

```
SELECT 零件名称,供应商,库存量
FROM  P
WHERE  (38)  AND 库存量  (39)  AND 供应商所在地  (40) ;
```

(38) A. 零件名称='P1' AND 零件名称='P3'

　　 B.（零件名称='P1' AND 零件名称='P3'）

　　 C. 零件名称='P1' OR 零件名称='P3'

　　 D.（零件名称='P1' OR 零件名称='P3'）

(39) A. Between 50 TO 300　　　　 B. Between 50 AND 300

　　 C. IN（50 TO 300）　　　　 D. IN 50 AND 300

(40) A. in '%雁塔路%'　　　　 B. like '__雁塔路%'

　　 C. like '%雁塔路%'　　　　 D. like '雁塔路%'

试题（34）～（40）分析

本题考查关系数据库及 SQL 方面的基础知识。

根据题意，零件 P 关系中的（零件号，供应商）可决定零件 P 关系的所有属性，所以零件 P 关系的主键为（零件号，供应商）。另外，根据题意（零件号，供应商）→零件名称，而零件号→零件名称，供应商→供应商所在地，可以得出零件名称和供应商所在地都部分依赖于码，所以该关系模式属于 1NF。

查询各种零件的平均库存量、最高库存量与最低库存量之间差距时，首先需要在结果列中的空（36）处填写"AVG（库存量）AS 平均库存量，MAX（库存量）−MIN（库存量）AS 差值"。其次必须用分组语句按零件号分组，故空（37）应填写"GROUP BY 零件号"。

试题（38）的正确选项为 D。因为试题要求查询供应商所供应的零件名称为 P1 或 P3，

选项 A 和 B 显然是错误的；选项 C 也是错误的，因为只要零件名称为 P1 也会在结果集中，故不符合查询要求，所以正确的选项为（零件名称='P1' OR 零件名称='P3'）。

对于试题（39），要求查询 50≤库存量≤30，选项 A、C 和 D 的语法格式是错误的，正确的格式为 "Between 50 AND 300"。

试题（40）的正确选项为C。因为试题要求查询供应商地址包含"雁塔路"，选项 C 满足查询要求；选项 A 语法格式是错误的；选项 B 的含义是查询第二个字开始为"雁塔路"的供应商地址，故不符合题意；选项 D 的含义是查询以"雁塔路"打头的供应商地址，故不符合题意。

参考答案

（34）C　（35）A　（36）A　（37）D　（38）D　（39）B　（40）C

试题（41）～（44）

假设关系 R1、R2 和 R3 如下所示：

R1

A	B	C	D
1	5	3	6
3	2	1	6
5	6	3	6
6	7	5	1

R2

C	D	E
1	6	3
1	6	1
3	6	2

R3

D	E	F	G	H
6	1	1	2	8
6	1	6	3	5
6	2	3	6	2
6	2	7	5	3

若进行R1⋈R2运算，则结果集分别为 __(41)__ 元关系，共有 __(42)__ 个元组；若进行 R2×σ$_{F<4}$(R3) 运算，则结果集为 __(43)__ 元关系，共有 __(44)__ 个元组。

（41）A. 4　　　　　B. 5　　　　　C. 6　　　　　D. 7
（42）A. 4　　　　　B. 5　　　　　C. 6　　　　　D. 7
（43）A. 5　　　　　B. 6　　　　　C. 7　　　　　D. 8
（44）A. 9　　　　　B. 10　　　　　C. 11　　　　　D. 12

试题（41）～（44）分析

本题考查数据库系统中关系代数运算方面的基础知识。

试题（41）的正确选项为 B，试题（42）的正确选项为 A。根据题意，R1⋈R2为自然联接，自然联接是一种特殊的等值联接，它要求两个关系中进行比较的分量必须是相同的属性，并且在结果集中将重复属性列去掉。本题比较的条件为"R1.C=R2.C∧R1.D=R2.D"，故结果集共有 4 个元组满足条件，在结果集中将重复属性列 R2.C 和 R2.D 去掉，故结果集为 5 元关系。

试题（43）的正确选项为 D，试题（44）的正确选项为 A。根据题意，R2×σ$_{F<4}$(R3) 是先进行关系 R3 的选取运算，再进行与 R2 的笛卡儿积运算，而选取和笛卡儿积运算是对关系进行水平方向的运算，故结果集为 8 元关系。σ$_{F<4}$(R3) 运算的结果是选取 R3 关系中属性 F 分量值小于 4 的 3 个元组，故 R2×σ$_{F<4}$(R3) 结果集有 3×3=9 个元组。

参考答案

　　（41）B　（42）A　（43）D　（44）A

试题（45）、（46）

　　系统中有三个事务 T_1、T_2、T_3 分别对数据 R_1 和 R_2 进行操作，其中 R_1 和 R_2 的初值 $R_1=120$、$R_2=50$。假设事务 T_1、T_2、T_3 操作的情况如下表所示，图中 T_1 与 T_2 间并发操作 ___（45）___ 问题，T_2 与 T_3 间并发操作 ___（46）___ 问题。

时间	T_1	T_2	T_3
t1	Read(R_1);		
t2	Read(R_2);		
t3	X= R_1+ R_2;		
t4		Read(R_1);	
t5		Read(R_2);	
t6			Read(R_2);
t7		R2= R_1- R_2;	
t8		Write(R_2);	
t9	Read(R_1);		
t10	Read(R_2);		
t11	X= R_1+ R_2;		
t12	验算 X		R2= R_2+80;
t13			Write(R_2);

　　（45）A. 不存在任何　　　　　　　　　　B. 存在 T_1 不能重复读的

　　　　　 C. 存在 T_1 丢失修改的　　　　　　D. 存在 T_2 读"脏"数据的

　　（46）A. 不存在任何　　　　　　　　　　B. 存在 T_2 读"脏"数据的

　　　　　 C. 存在 T_2 丢失修改的　　　　　　D. 存在 T_3 丢失修改的

试题（45）、（46）分析

　　本题考查数据库并发控制方面的基础知识。

　　所谓并发操作是指在多用户共享的系统中，许多用户可能同时对同一数据进行操作。并发操作带来的问题是数据的不一致性，主要有三类：丢失更新、不可重复读和读脏数据。其主要原因是事务的并发操作破坏了事务的隔离性。

　　事务 T_1、T_2 分别对数据 R_1 和 R_2 进行读写操作，在 t3 时刻事务 T_1 将 R_1 和 R_2 相加存入 X，X=170。在 t7 时刻事务 T_2 将 R_1 减去 R_2 存入 R_2，$R_2=70$。在 t11 时刻事务 T_1 将 R_1 和 R_2 相加存入 X，X=190，验算结果不对。这种情况称为"不能重复读"。可见，试题（45）的正确答案是 B。

　　事务 T_2、T_3 分别对数据 R_1 和 R_2 进行读写操作，在 t7 时刻事务 T_2 将 R_1 减去 R_2 存入 R_2，$R_2=70$。在 t12 时刻事务 T_3 将 R_2 加 80 存入 R_2，$R_2=130$。可见，T_2 与 T_3 间并发操作丢失了事务 T_2 对 R_2 的修改，将这种情况称为"丢失修改"。

参考答案

（45）B　（46）C

试题（47）

以下属于 DBA 职责的是　(47)　。

（47）A. 开发应用程序　　　　　　B. 负责系统设计

　　　C. 系统故障恢复　　　　　　D. 负责调试安装

试题（47）分析

本题考查对数据库应用系统开发维护的掌握。

应用系统的分析设计由系统分析员和设计人员负责，DBA 也会参与分析和设计，程序的编写和调试安装由应用程序员负责。DBA 作为企业人员，负责系统的日常维护和故障恢复。

参考答案

（47）C

试题（48）

约束"主码中的属性不能取空值"，属于　(48)　。

（48）A. 实体完整性约束　　　　　B. 参照完整性约束

　　　C. 用户定义完整性约束　　　D. 函数依赖

试题（48）分析

本题考查对关系基本概念的理解。

关系的定义包含约束的定义，实体完整性约束指关系的主码中出现的任何属性都不能取空值。参照完整性指外码的取值要么取空值，要么取被参照关系的主码中已有的值。用户定义完整性约束通常指属性的值域限制，如性别只能取'男'或'女'，成绩只能取 $0\sim100$ 分。函数依赖指属性间的取值约束，如部门名称相同的员工记录，其部门经理的取值一定相同。

参考答案

（48）**A**

试题（49）

引入索引的目的是　(49)　。

（49）A. 提高查询语句执行效率　　B. 提高更新语句执行效率

　　　C. 实现数据的物理独立性　　D. 实现数据的逻辑独立性

试题（49）分析

本题考查对索引的掌握。

记录如果按某个字段的取值顺序存储或哈希存储，则对该字段查找时可以按照二分查找或哈希函数定位，而不用采取顺序查找的方式，可以大大提高查询效率。但记录只能以一种顺序进行物理存储，而不同的查询条件会使用不同的字段，因此引入索引表，包括索引项和指定项，索引项即为查询条件中的字段，指针项指向物理记录，索引项按顺序或哈希组织，查询时先查索引项（二分或哈希查找），根据对应的指针找到记录，从而提高查询效率。但更新数据项时索引表也要保持一致，相比无索引，更新语句执行效率会降低，因此要有选择性地建索引，即对作为查询项的字段考虑建立索引。索引与数据的独立性无关。

参考答案

（49）A

试题（50）

以下关于事务调度的叙述中，错误的是__（50）__。

（50）A. 串行调度是指一个事务执行完再执行下一个事务

B. 可串行化调度是正确的调度

C. 2PL 能够保证可串行化调度

D. 2PL 能够保证不产生死锁

试题（50）分析

本题考查对事务调度的掌握。

事务调度是指 DBMS 对事务指令的安排执行。串行调度是指一个事务执行完后才开始下一事务的执行，同一时刻不存在两个同时执行的事务，事务执行期间不会相互干扰，保证执行结果正确。若对多个事务的并发调度与这些事务的某一串行调度等价，则该并发调度为可串行化调度，是正确的调度。引入两段锁协议，可以保证可串行化调度，得到正确的执行结果。两段锁协议不能避免死锁，对死锁的处理由 DBMS 负责，主要采用检测和解除死锁的方案。

参考答案

（50）D

试题（51）、（52）

事务提交之后，其对数据库的修改还存留在缓冲区中，并未写入到硬盘，此时发生系统故障，则破坏了事务的__（51）__；系统重启后，由 DBMS 根据__（52）__对数据库进行恢复，将已提交的事务对数据库的修改写入硬盘。

（51）A. 原子性　　　　B. 一致性　　　　C. 隔离性　　　　D. 持久性

（52）A. 日志　　　　B. 数据库文件　　　　C. 索引记录　　　　D. 数据库副本

试题（51）、（52）分析

本题考查对事务ACID（原子性、一致性、隔离性、持久性）属性和故障恢复的理解和掌握。

一个事务对应了现实中的一项业务，会涉及多条对数据库的更新指令。事务的 ACID 属性中，原子性是指事务要么全部执行完，要么不被执行，与现实业务相对应；一致性指事务的执行结果要与现实业务产生的信息相一致，数据库也就处于一致性状态；隔离性指多个事务并发执行时不能相互干扰造成结果的错误；持久性指事务一旦提交，其执行结果应被存入数据库而不被丢失。题干所描述的情况，事务提交后执行结果未写入数据库，因系统重启而丢失，破坏了事务的持久性。系统故障由系统自动恢复，任何对数据库的修改都必须采取先写日志的方式，修改前的数据和修改后的数据都会写入到日志中，而且日志文件写入硬盘后才进行数据库的更新，所以在系统重启后，可以查看日志，对已提交的事务，将其更新结果写入到数据库，即保证了事务的持久性。

参考答案

（51）D　　（52）A

试题（53）

需求分析阶段，采用___（53）___对用户各项业务过程中使用的数据进行详细描述。

（53）A. 数据流图　　　　　B. 数据字典　　　　C. E-R 图　　　　D. 关系模式

试题（53）分析

本题考查对数据库设计各阶段的了解。

需求分析就是对企业应用的调查和分析，并进行规范的整理，以数据流图的形式描述企业各项业务的进行过程，以数据字典形式对业务过程中使用的数据进行详细的描述。E-R 图是概念设计的文档，关系模式属于逻辑设计的内容。

参考答案

（53）B

试题（54）

索引设计属于数据库设计的___（54）___阶段。

（54）A. 需求分析　　　　　B. 概念设计　　　　C. 逻辑设计　　　　D. 物理设计

试题（54）分析

本题考查对数据库设计各阶段的了解。

需求分析阶段完成数据流图和数据字典；概念设计阶段完成 E-R 图设计；逻辑设计阶段完成关系模式设计和视图设计；物理设计确定数据的存储结构，并设计索引，以提高查询效率。故答案选 D。

参考答案

（54）D

试题（55）、（56）

在定义课程实体时，具有属性：课程号、课程名、学分、任课教师，同时，教师又以实体形式出现在另一 E-R 图中，这种情况属于___（55）___，合并 E-R 图时，解决这一冲突的方法是___（56）___。

（55）A. 属性冲突　　　　B. 命名冲突　　　　C. 结构冲突　　　　D. 实体冲突

（56）A. 将课程实体中的任课教师作为派生属性

　　　B. 将课程实体中的任课教师属性去掉

C. 将课程实体中的任课教师属性去掉，在课程与教师实体间建立任课联系

D. 将教师实体删除

试题（55）、（56）分析

本题考查对概念设计的理解和掌握。

合并 E-R 图的主要目的是为了解决属性冲突、命名冲突和结构冲突。属性冲突是指同一属性在不同的分 E-R 图中存在属性域或取值单位的不同；命名冲突是指不同的分 E-R 图中存在同名异义、异名同义等冲突；结构冲突是指同一对象在不同 E-R 图中做了不同抽象或同一实体的属性不同，不同抽象是指同一对象在某一 E-R 图中做实体，而在另一 E-R 图中又作属性或联系，出现这种情况时，应将作为属性的对象改为实体，并与原所在属性间建立联系。

参考答案

（55）C　　（56）C

试题（57）～（59）

假设某企业职工实体有属性：职工号、职工姓名、性别、出生日期；部门实体有属性：部门号、部门名称、电话，一个部门可以有多部电话。一个部门有多个职工，职工可以在部门之间调动，要求记录职工每次调动时的调入时间和调出时间。则职工和部门之间的联系属于 （57） ，该联系具有的属性是 （58） ，设计的一组满足 4NF 的关系模式为 （59） 。

（57）A. 1 : 1 联系　　B. 1 : N 联系　　C. N : 1 联系　　D. M : N 联系

（58）A. 工作时间　　　　　　　　　B. 调入时间、调出时间

　　　C. 调出时间　　　　　　　　　D. 没有属性

（59）A. 职工（职工号，职工姓名，性别，出生日期）

　　　　部门（部门号，部门名称，电话）

　　　　工作（职工号，部门号，工作时间）

　　B. 职工（职工号，职工姓名，性别，出生日期）

　　　　部门（部门号，部门名称，电话）

　　　　工作（职工号，部门号，调入时间，调出时间）

　　C. 职工（职工号，职工姓名，性别，出生日期）

　　　　部门（部门号，部门名称）

　　　　部门电话（部门号，电话）

　　　　工作（职工号，部门号，调入时间，调出时间）

　　D. 职工（职工号，职工姓名，性别，出生日期）

　　　　部门（部门号，部门名称）

　　　　部门电话（部门号，电话）

　　　　工作（职工号，部门号，工作时间）

试题（57）～（59）分析

本题考查对概念设计的掌握和应用能力。

本题中，职工实体集中包含所有职工，部门实体集中包含所有部门，每一职工与现在和曾经工作过的部门都有联系，每一部门会与现有或曾经的职工有联系，故职工与部门间为多对多联系。如果某一职工与某一部门产生联系，必然是他在某一时间在该部门工作，调入时间和调出时间应作为联系的属性。一个部门有多部电话，则电话应作为部门的多值属性。根据由 E-R 图向关系模式的转换规则，将部门实体的标识符部门号和多值属性电话独立作一个关系模式，标识符部门号和其他属性另作一关系模式；职工实体作一个关系模式，职工与部门间的多对多联系独立作一个关系模式，包括双方的标识符和联系自有的属性调入时间和调出时间。

参考答案

（57）D　　（58）B　　（59）C

试题（60）、（61）

给定关系模式 R<U，F>，U ＝{A，B，C，D}，F ＝{A→B，BC→D}，则关系 R 的候选键为 __(60)__ 。对关系 R 分解为 R$_1$(A，B，C) 和 R$_2$(A，C，D)，则该分解 __(61)__ 。

（60）A. (AB)　　　B. (AC)　　　C. (BC)　　　　D. (BD)

（61）A. 有无损连接性，保持函数依赖

B. 不具有无损连接性，保持函数依赖

C. 具有无损连接性，不保持函数依赖

D. 不具有无损连接性，不保持函数依赖

试题（60）、（61）分析

本题考查对关系理论的理解和掌握。

根据候选码的定义和求解算法，(AC)$^+$ =ABCD 满足决定性，且 A 或 C 都不能决定全属性，故 AC 为候选码。根据无损连接性判定定理，R$_1$∩R$_2$ ＝AC，R$_1$-R$_2$ ＝B，计算(AC)$^+$ = ABCD，则 AC →B 成立，即 R$_1$∩R$_2$ → R$_1$-R$_2$ 成立，故分解具有无损连接性。分解之后 R$_1$ 的函数依赖集 F1= {A →B}，R$_2$ 的函数依赖集 F$_2$= {AC→D}，F$_1$∪F$_2$ = {A →B，AC→D}，BC$^+$ $_{(F_1∪F_2)}$ = BC，不包含 D，即 F 中的 BC→D 无法由分解之后各关系模式中的函数依赖集逻辑地推出，故不保持函数依赖。

参考答案

（60）B　　（61）C

试题（62）

通过对历史数据的分析，可以预测年收入超过 80 000 元的年轻女性最有可能购买小型运动汽车。这是通过数据挖掘的 __(62)__ 分析得到的。

（62）A. 分类　　　B. 关联规则　　　C. 聚类　　　D. 时序模式

试题（62）分析

本题考查的是数据挖掘的基础知识。

简单地说，数据挖掘是从海量数据中提取或"挖掘"知识。数据挖掘对数据进行描述和预测。分类、关联规则、聚类和时序分析是数据挖掘的重要分析方法。分类分析首先找出描述和区分数据类或概念的模型，以便能够使用模型来预测类标号未知的对象类。本题中，年收入超过 80 000 元的年轻妇女最有可能购买小型运动车是属于分类分析得到的一个预测结论。关联规则分析用于发现描述数据中强关联特征的模式。聚类旨在发现紧密相关的观测值组群，使得与不同组群的观察值相比，属于同一组群内的观测值尽量相似。而时序分析，也称为演变分析，描述行为随着时间变化的对象的规律或趋势，并对其建模。

参考答案

（62）A

试题（63）

（63） 不是数据仓库的特点。

（63）A. 面向功能　　　　　B. 集成　　　　C. 非易失　　　　D. 随时间变化

试题（63）分析

本题考查数据仓库的基础知识。

数据仓库是一个面向主题的、集成的、非易失的且随时间变化的数据集合，用来支持管理人员的决策。该定义中指明了数据仓库的几个重要特点。首先是面向主题的。与传统的面向应用不同，数据仓库是面向主题的，这些主题包括顾客、保险单、保险费和索赔等。其次是集成的。数据仓库的数据来源于多个或多类不同的数据源，在进入数据仓库之前，需要对数据进行抽取、转换和装载操作，将其集成到数据仓库中。再次是非易失的。数据仓库上的数据一般是载入和访问操作，而不是更新操作。最后是随时间变化的。数据仓库中的数据分析结果是某一时刻生成的复杂的快照，其对应的时间期限较长，且键码结构总是包含某时间元素。

参考答案

（63）A

试题（64）

以下关于面向对象数据模型的叙述中，错误的是　　（64）　。

（64）A. 一个对象对应着 E-R 模型中的一个实体

　　　　B. 对象类是一系列相似对象的集合

　　　　C. 对象中的属性和方法对外界是不可见的

　　　　D. 对象之间的相互作用通过消息来实现

试题（64）分析

本题考查面向对象数据库的基础知识。

面向对象数据库系统是以面向对象数据模型为基础的，一系列面向对象的概念构成了面向对象数据模型的基础。如一个对象对应着 E-R 模型中的一个实体。对象是由封装的属性和方法构成的，封装的属性和方法对外界是不可见的，但对象可以定义对外界可见的属性和方法。对象之间的相互作用要通过消息来实现。在面向对象数据库中，类是一系列对象的集合。

参考答案

（64）C

试题（65）

以下关于面向对象数据库系统的叙述中，错误的是___（65）___。

（65）A. 具有表达和管理对象的能力

　　　 B. 具有表达复杂对象结构的能力

　　　 C. 不具有表达对象嵌套的能力

　　　 D. 具有表达和管理数据库变化的能力

试题（65）分析

本题考查面向对象数据库的基础知识。

数据库的特征依赖于实际应用，所设计的数据库语言必须允许用户方便地使用这些特征，数据库的结构也应能有效地支持这些特征。作为一种新型的数据库系统，面向对象数据库应该具有如下特征：表达和管理对象的能力，面向对象数据库系统通过对象及其之间的相互联系来描述现实世界；表示复杂对象结构的能力，应该具有表达现实世界的复杂对象的能力；表达和管理数据库变化的能力，管理同一对象的多个版本的能力对于设计和工程应用是至关重要的；具有表达嵌套对象的能力，这是面向对象的一个重要特征。

参考答案

（65）C

试题（66）

网络中存在各种交换设备，下面的说法中错误的是___（66）___。

（66）A. 以太网交换机根据 MAC 地址进行交换

　　　 B. 帧中继交换机只能根据虚电路号 DLCI 进行交换

　　　 C. 三层交换机只能根据第三层协议进行交换

　　　 D. ATM 交换机根据虚电路标识进行信元交换

试题（66）分析

以太网交换机根据数据链路层 MAC 地址进行帧交换；帧中继网和 ATM 网都是面向连接的通信网，交换机根据预先建立的虚电路标识进行交换。帧中继的虚电路号是 DLCI，进行交换的协议数据单元为"帧"；而 ATM 网的虚电路号为 VPI 和 VCI，进行交换的协议数据单元为"信元"。

三层交换机是指因特网中使用的高档交换机，这种设备把 MAC 交换的高带宽和低延迟优势与网络层分组路由技术结合起来，其工作原理可以概括为：一次路由，多次交换。就是说，当三层交换机第一次收到一个数据包时必须通过路由功能寻找转发端口，同时记住目标 MAC 地址和源 MAC 地址，以及其他相关信息，当再次收到目标地址和源地址相同的帧时就直接进行交换了，不再调用路由功能。所以三层交换机不但具有路由功能，而且比通常的路由器转发得更快。

参考答案

（66）C

试题（67）

SMTP 传输的邮件报文采用 __（67）__ 格式表示。

（67）A．ASCII   B．ZIP   C．PNP   D．HTML

试题（67）分析

本题考查 SMTP 协议及相关服务。

SMTP 传输的邮件报文需采用 ASCII 进行编码。

参考答案

（67）A

试题（68）

网络的可用性是指 __（68）__ 。

（68）A．网络通信能力的大小   B．用户用于网络维修的时间

        C．网络的可靠性   D．用户可利用网络时间的百分比

试题（68）分析

可用性是指网络系统、网络元素或网络应用对用户可利用的时间的百分比。有些应用对可用性很敏感，例如，飞机订票系统若宕机一小时，就可能减少几十万元的票款；而股票交易系统如果中断运行一分钟，就可能造成几千万元的损失。实际上，可用性是网络元素可靠性的表现，而可靠性是指网络元素在具体条件下完成特定功能的概率。

如果用平均无故障时间（Mean Time Between Failure，MTBF）来度量网络元素的故障率，则可用性 A 可表示为 MTBF 的函数：

$$A = \frac{MTBF}{MTBF + MTTR}$$

其中，MTTR（Mean Time To Repair）为发生失效后的平均维修时间。由于网络系统由许多网络元素组成，因此系统的可靠性不但与各个元素的可靠性有关，而且还与网络元素的组织形式有关。根据可靠性理论，由元素串并联组成的系统的可用性与网络元素的可用性之间的关系如下图所示。从图（a）可以看出，若两个元素串联，则可用性减少。例如，两个 Modem 串联在链路的两端，若单个 Modem 的可用性 A=0.98，并假定链路

其他部分的可用性为 1，则整个链路的可用性 A=0.98×0.98=0.9604。从图（b）可以看出，若两个元素并联，则可用性增加。例如，终端通过两条链路连接到主机，若一条链路失效，另外一条链路自动备份。假定单个链路的可用性 A=0.98，则双链路的可用性 A= 2×0.98– 0.98×0.98=1.96–0.9604=0.9996。

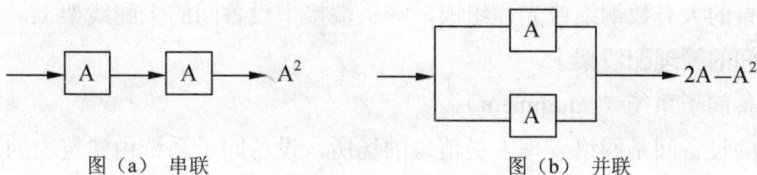

$$\rightarrow \boxed{A} \rightarrow \boxed{A} \rightarrow A^2 \qquad \rightarrow \begin{array}{c}\boxed{A}\\ \boxed{A}\end{array} \rightarrow 2A-A^2$$

图（a）串联　　　　　　　　　　　图（b）并联

参考答案

（68）D

试题（69）

建筑物综合布线系统中的园区子系统是指___（69）___。

（69）A. 由终端到信息插座之间的连线系统

　　　B. 楼层接线间到工作区的线缆系统

　　　C. 各楼层设备之间的互连系统

　　　D. 连接各个建筑物的通信系统

试题（69）分析

结构化综合布线系统（Structure Cabling System）是基于现代计算机技术的通信物理平台，集成了语音、数据、图像和视频的传输功能，消除了原有通信线路在传输介质上的差别。

结构化布线系统分为 6 个子系统：工作区子系统、水平布线子系统、管理子系统、干线子系统、设备间子系统和建筑群子系统。

（1）工作区子系统（Work Location）。

工作区子系统是由终端设备到信息插座的整个区域。一个独立的需要安装终端设备的区域划分为一个工作区。工作区应支持电话、数据终端、计算机、电视机、监视器以及传感器等多种终端设备。

（2）水平布线子系统（Horizontal）。

各个楼层接线间的配线架到工作区信息插座之间所安装的线缆属于水平子系统。水平子系统的作用是将干线子系统线路延伸到用户工作区。

（3）管理子系统（Administration）。

管理子系统设置在楼层的接线间内，由各种交连设备（双绞线跳线架、光纤跳线架）以及集线器和交换机等交换设备组成，交连方式取决于网络拓扑结构和工作区设备的要求。交连设备通过水平布线子系统连接到各个工作区的信息插座，集线器或交换机与交连设备之间通过短线缆互连，这些短线被称为跳线。通过跳线的调整，可以在工作区的信息插座和交换机端口之间进行连接切换。

（4）干线子系统（Backbone）。

干线子系统是建筑物的主干线缆，实现各楼层设备间子系统之间的互连。干线子系统通常由垂直的大对数铜缆或光缆组成，一头端接于设备间的主配线架上，另一头端接在楼层接线间的管理配线架上。

（5）设备间子系统（Equipment）。

建筑物的设备间是网络管理人员值班的场所，设备间子系统由建筑物的进户线、交换设备、电话、计算机、适配器以及保安设施组成，实现中央主配线架与各种不同设备（如 PBX、网络设备和监控设备等）之间的连接。

（6）建筑群子系统（Campus）。

建筑群子系统也叫园区子系统，它是连接各个建筑物的通信系统。大楼之间的布线方法有三种：一种是地下管道敷设方式，管道内敷设的铜缆或光缆应遵循电话管道和入孔的各种规定，安装时至少应预留 1～2 个备用管孔，以备扩充之用。第二种是直埋法，要在同一个沟内埋入通信和监控电缆，并应设立明显的地面标志。最后一种是架空明线，这种方法需要经常维护。

参考答案

（69）D

试题（70）

如果子网 172.6.32.0/20 被划分为子网 172.6.32.0/26，则下面的结论中正确的是 (70) 。

（70）A. 被划分为 62 个子网　　　　B. 每个子网有 64 个主机地址

　　　 C. 被划分为 32 个子网　　　　D. 每个子网有 62 个主机地址

试题（70）分析

子网 172.6.32.0/20 被划分为子网 172.6.32.0/26，网络掩码增加了 6 位，被划分成了 64 个子网，每个子网的主机 ID 部分为 6 位，可以提供主机地址个数为 62。

参考答案

（70）D

试题（71）～（75）

At a basic level, cloud computing is simply a means of delivering IT resources as (71) . Almost all IT resources can be delivered as a cloud service: applications, compute power, storage capacity, networking, programming tools, even communication services and collaboration (72) .

Cloud computing began as large-scale Internet service providers such as Google, Amazon, and others built out their infrastructure. An architecture emerged: massively scaled, ___(73)___ distributed system resources, abstracted as virtual IT services and managed as continuously configured, pooled resources. In this architecture, the data is mostly resident on ___(74)___ "somewhere on the Internet" and the application runs on both the "cloud servers" and the user's browser.

Both clouds and grids are built to scale horizontally very efficiently. Both are built to withstand failures of ___(75)___ elements or nodes. Both are charged on a per-use basis. But while grids typically process batch jobs, with a defined start and end point, cloud services can be continuous. What's more, clouds expand the types of resources available — file storage, databases, and Web services — and extend the applicability to Web and enterprise applications.

（71）A. hardware   B. computers   C. services   D. software
（72）A. computers   B. disks   C. machine   D. tools
（73）A. horizontally   B. vertically   C. inclined   D. decreasingly
（74）A. clients   B. middleware   C. servers   D. hard disks
（75）A. entire   B. individual   C. general   D. separate

试题（71）～（75）分析

本题考查对英语资料的阅读理解。

本段英文简要介绍云计算的概念。云计算主要是将资源看作云服务，包括应用程序、计算能力、存储容量、网络、编程工具，以及通信和协作工具。云计算最初由一些大的 Internet 服务提供商构建的基础设施而起步，其架构呈现出大规模、水平分布式系统资源、抽象的 IT 服务、管理持续配置、资源池等特性，数据大多存储于 Internet 上的某个地方的服务器上，应用程序运行于云服务器和用户浏览器中。

云和网格都针对有效的水平可扩展性，避免节点的单点失效对系统的影响，都按使用付费。它们的区别是网格通常是处理一批有明确定义起点和终点的作业，而云服务是可以连续不断的。另外，云扩展了资源的类型，包括文件存储、数据库和 Web 服务等，也将适用性扩展到 Web 和企业应用。

参考答案

（71）C （72）D （73）A （74）C （75）B

第2章　2012上半年数据库系统工程师下午试题分析与解答

试题一（共15分）

阅读下列说明和图，回答问题1至问题4，将解答填入答题纸的对应栏内。

【说明】

某学校欲开发图书管理系统，以记录图书馆所藏图书及其借出和归还情况，提供给借阅者借阅图书功能，提供给图书馆管理员管理和定期更新图书表功能。主要功能的具体描述如下：

（1）处理借阅。借阅者要借阅图书时，系统必须对其身份（借阅者ID）进行检查。通过与教务处维护的学生数据库、人事处维护的职工数据库中的数据进行比对，以验证借阅者ID是否合法。若合法，则检查借阅者在逾期未还图书表中是否有逾期未还图书，以及罚金表中的罚金是否超过限额。如果没有逾期未还图书并且罚金未超过限额，则允许借阅图书，更新图书表，并将借阅的图书存入借出图书表。借阅者归还所借图书时，先由图书馆管理员检查图书是否缺失或损坏，若是，则对借阅者处以相应罚金并存入罚金表；然后，检查所还图书是否逾期，若是，执行"处理逾期"操作；最后，更新图书表，删除借出图书表中的相应记录。

（2）维护图书。图书馆管理员查询图书信息；在新进图书时录入图书信息，存入图书表；在图书丢失或损坏严重时，从图书表中删除该图书记录。

（3）处理逾期。系统在每周一统计逾期未还图书，逾期未还的图书按规则计算罚金，并记入罚金表，并给有逾期未还图书的借阅者发送提醒消息。借阅者在借阅和归还图书时，若罚金超过限额，管理员收取罚金，并更新罚金表中的罚金额度。

现采用结构化方法对该图书管理系统进行分析与设计，获得如图1-1所示的顶层数据流图和如图1-2所示的0层数据流图。

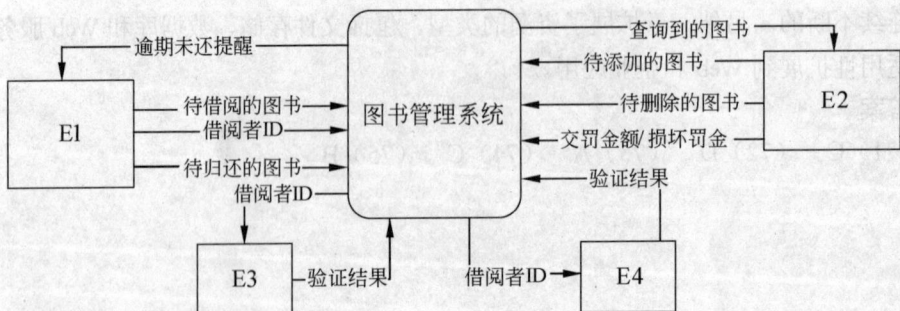

图1-1　顶层数据流图

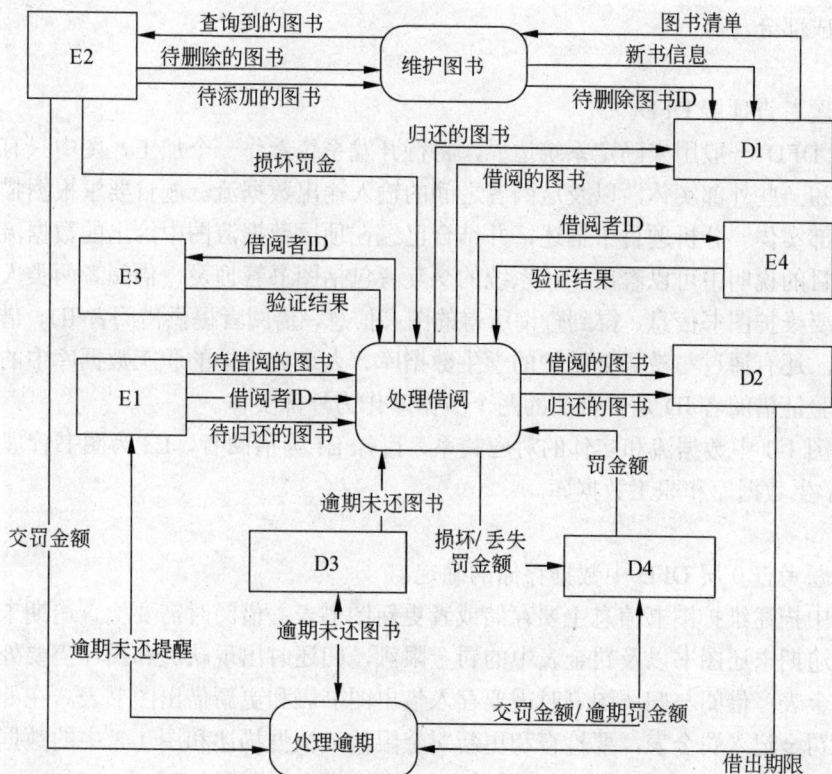

图 1-2　0 层数据流图

【问题 1】（4 分）

使用说明中的词语，给出图 1-1 中的实体 E1～E4 的名称。

【问题 2】（4 分）

使用说明中的词语，给出图 1-2 中的数据存储 D1～D4 的名称。

【问题 3】（5 分）

在 DFD 建模时，需要对有些复杂加工（处理）进行进一步精化，绘制下层数据流图。针对图 1-2 中的加工"处理借阅"，在 1 层数据流图中应分解为哪些加工？（使用说明中的术语）

【问题 4】（2 分）

说明问题 3 中绘制 1 层数据流图时要注意的问题。

试题一分析

本题考查采用结构化方法进行系统分析与设计，主要考查数据流图（DFD）的应用，是比较传统的题目，要求考生细心分析题目中所描述的内容。

DFD 是一种便于用户理解、分析系统数据流程的图形化建模工具，是系统逻辑模型的重要组成部分。

【问题 1】

本问题考查顶层 DFD。

顶层 DFD 一般用来确定系统边界，将待开发系统看作一个加工，图中只有唯一的一个处理和一些外部实体，以及这两者之间的输入输出数据流。题目要求根据描述确定图中的外部实体。分析题目中描述，并结合已经在顶层数据流图中给出的数据流进行分析。从题目的说明中可以看出：和系统的交互者包括图书管理员、借阅者两类人，图书管理员需要维护图书信息、得到查询所得的图书信息，借阅者提供借阅者 ID、借阅与归还的图书。还有通过与教务处维护的学生数据库、人事处维护的职工数据库中的数据进行比对以验证借阅者 ID 是否合法的两个数据库作为外部实体。

对应图 1-1 中数据流和实体的对应关系，可知 E1 为借阅者，E2 为图书管理员，E3 和 E4 为学生数据库和职工数据库。

【问题 2】

本问题考查 0 层 DFD 中数据存储的确定。

说明中描述维护图书信息主要存储或者更新图书表；借阅时需要检查逾期未还图书表是否有逾期未还图书以及罚金表中的罚金限额，归还时出现缺失和损坏需要处以罚金并存入罚金表；借阅与归还图书时需要存入借出图书表和更新借出图书表。在处理逾期时需要将罚金记入罚金表，要检查和更新罚金限额。根据描述和图 1-2 中的数据存储的输入输出数据流提示，可知：D1 为图书表，D2 为借出图书表，D3 为逾期未还图书表，D4 为罚金表。

【问题 3】

本问题对 0 层 DFD 中的处理进一步精化建模，绘制下层数据流图。

从说明中对"处理借阅"的描述和图 1-2 可知，处理借阅需要检查借阅者身份、检查逾期未还图书、检查罚金是否超过限额、借阅图书和归还图书。描述中：检查所还图书是否逾期，若是，执行"处理逾期"操作。这里处理逾期明确说明是一个操作，而且在描述（3）中单独描述，在图 1-2 已经建模为单独一个处理，所以在本问题中仍然不分解为一个处理。

【问题 4】

本问题考查在绘制下层数据流图时需要注意的问题。

问题 3 明确给出是对复杂处理进行进一步精化，绘制下层数据流图，因此需要注意的问题是绘制下层数据流图时要保持父图与子图平衡。父图中某加工的输入输出数据流必须与它的子图的输入输出数据流在数量和名字上相同。如果父图的一个输入（或输出）数据流对应于子图中几个输入（或输出）数据流，而子图中组成这些数据流的数据项全体正好是父图中的这一个数据流，那么它们仍然算是平衡的。

参考答案

【问题 1】

　　E1：借阅者　　　　　　E2：图书管理员　　　E3/E4：学生数据库/职工数据库

　　注：E3 和 E4 不分顺序，但必须不同。

【问题 2】

　　D1：图书表　　　　　D2：借出图书表　　　D3：逾期未还图书表　　D4：罚金表

【问题 3】

　　检查借阅者身份或检查借阅者 ID；检查逾期未还图书；检查罚金是否超过限额；借阅图书；归还图书。

【问题 4】

　　保持父图与子图平衡。父图中某加工的输入输出数据流必须与它的子图的输入输出数据流在数量和名字上相同。如果父图的一个输入（或输出）数据流对应于子图中几个输入（或输出）数据流，而子图中组成这些数据流的数据项全体正好是父图中的这一个数据流，那么它们仍然算是平衡的。

试题二（共 15 分）

　　阅读下列说明，回答问题 1 和问题 2，将解答填入答题纸的对应栏内。

【说明】

　　某企业信息系统的部分关系模式及属性说明如下：

　　（1）员工关系模式：员工（员工编号，姓名，部门，工资，职务，教育水平），其中员工编号是主键，部门是外键，参照部门关系模式的部门编号属性。

　　（2）部门关系模式：部门（部门编号，部门名称，经理），其中部门编号是主键，经理是外键，参照员工关系模式的员工编号属性。

　　（3）项目关系模式：项目（项目编号，项目名称，所属部门，负责人），其中项目编号是主键，所属部门和负责人是外键，分别参照部门关系模式和员工关系模式的部门编号和员工编号属性。

　　（4）员工项目关系模式：员工项目（员工编号，项目编号），其中员工编号和项目编号是主键，同时员工编号和项目编号也是外键，分别参照员工关系模式的员工编号和项目关系模式的项目编号。

【问题 1】（2 分）

　　假设定义员工关系模式时，没有定义主键和外键。请用 SQL 语句补充定义员工关系模式的实体完整性约束和参照完整性约束。

　　_____(a)_____；

　　_____(b)_____；

【问题 2】（13 分）

　　请将下列 SQL 查询语句补充完整。

（1）查询平均工资（不包含职务为经理的员工）超过 3000 的部门的编号，部门名称及其平均工资，并按平均工资从高到低排序。

```
SELECT 部门编号, 部门名称, _____(c)_____ AS 平均工资
FROM 员工, 部门
WHERE _____(d)_____
GROUP BY _____(e)_____
HAVING _____(f)_____
_____(g)_____;
```

（2）查询工资大于全体员工平均工资的员工编号，姓名和工资。

```
SELECT 员工编号, 姓名, 工资
FROM 员工
WHERE _____(h)_____;
```

（3）查询没有承担任何项目的部门编号和部门名称。

```
SELECT 部门编号, 部门名称
FROM 部门
WHERE _____(i)_____ (SELECT * FROM 项目 WHERE _____(j)_____);
```

（4）查询研发部所有员工的员工编号和教育水平，若教育水平大于 20，则输出研究生；若教育水平小于等于 20，并大于 16，则输出本科生；否则输出其他。

```
SELECT 员工编号,
    CASE
        WHEN 教育水平 > 20 THEN '研究生'
        _____(k)_____
        _____(l)_____
    END
FROM 员工, 部门
WHERE _____(m)_____;
```

（5）查询部门名称不以"处"结尾的部门编号和部门名称。

```
SELECT 部门编号, 部门名称
FROM 部门
WHERE 部门名称 _____(n)_____;
```

试题二分析

本题考查 SQL 的应用，属于比较传统的题目。

【问题 1】

考查 SQL 中的数据定义语言 DDL 和完整性约束。

根据题意，已经用 CREATE 语句来定义员工关系模式的基本结构，因此应该用 ALTER 来增加员工关系模式的实体完整性约束和参照完整性约束，对应的语法为：

```
ALTER TABLE <基本表名>
    ADD CONSTRAINT <完整性约束名>  <完整性约束>。
```

员工编号为员工关系模式的实体完整性约束，其语句为：

```
ALTER TABLE 员工
ADD CONSTRAINT PK_员工 PRIMARY KEY(员工编号);
```

部门为员工关系模式的参照完整性约束，参照部门关系模式的部门编号，其语句为：

```
ALTER TABLE 员工
ADD CONSTRAINT FK_员工 FOREIGN KEY(部门) REFERENCES 部门(部门编号);
```

【问题 2】

考查 SQL 中的数据操纵语言 DML。

（1）本问题考查一个较完整的查询语句，包括的知识点有多表查询、聚集函数、分组、分组条件和排序查询结果。查询涉及员工和部门关系模式，用聚集函数 AVG(工资) 求平均工资，若有 GROUP BY 子句，则聚集函数作用在每个分组上，且 GROUP BY 后应包含除了聚集函数之外的所有结果列。若 GROUP BY 子句后跟有 HAVING 短语，则只有满足条件的分组才会输出。"ORDER BY 列名[ASC|DESC]"对输出结果进行升序或降序排序，若不明确指定升序或降序，则默认升序排序。

（2）本问题考查子查询和聚集函数。聚集函数AVG 用于求均值，而聚集函数只能出现在 SELECT 和 HAVING 子句中，不能在其他地方出现，因此此处需要用子查询。

（3）本问题考查带有 EXISTS 谓词的子查询，该查询不返回任何数据，只有逻辑真"true"和逻辑假"false"。本题要查询没有承担任何项目的部门编号和部门名称，则可以在项目关系模式中查询到承担项目的部门编号，用 NOT EXISTS 关键字来获得要查询的信息。

（4）本问题考查用关键字 CASE…END 来根据条件进行搜索。WHEN 后面跟的是条件，THEN 是满足条件后对应该列的值，ELSE 是不满足上述所有条件对应该列的值。根据题意，若教育水平小于等于 20 且大于 16，则输出本科生，对应的 SQL 表示为"WHEN 教水平 <= 20 AND 教育水平 > 16,THEN'本科生'"；其他情况，即教育水平小于等于 16 的，输出其他，对应的 SQL 表示为"ELSE'其他'"。查询涉及员工和部门关系模式，查询条件为"员工.部门 = 部门.部门编号 AND 部门名称='研发部'"。

（5）本问题考查用关键字 LIKE 进行字符匹配。

LIKE 的语法为：

[NOT] LIKE '<匹配串>'

其中，匹配串可以是一个完整的字符串，也可以含有通配符%和_，其中%代表任意长度（包括 0 长度）的字符串，_代表任意单个字符。不以"处"结尾对应的表示为"NOT LIKE '%处'"。

参考答案

【问题 1】

（a）ALTER TABLE 员工 ADD CONSTRAINT PK_员工 PRIMARY KEY(员工编号)（其中 PK_员工可以为任何有效的命名）

（b）ALTER TABLE 员工 ADD CONSTRAINT FK_员工 FOREIGN KEY(部门) REFERENCES 部门(部门编号)（其中 FK_员工可以为任何有效的命名）

【问题 2】

（1）（c）AVG(工资)

（d）员工.部门 = 部门.部门编号 AND 职务 <> '经理'

（e）部门编号，部门名称

（f）AVG(工资) > 3000

（g）ORDER BY 3 DESC 或 ORDER BY 平均工资 DESC

（2）（h）工资 > (SELECT AVG(工资) FROM 员工)

（3）（i）NOT EXISTS

（j）部门编号 = 所属部门

（4）（k）WHEN 教育水平 <= 20 AND 教育水平 > 16 THEN '本科生'

（l）ELSE '其他'

（m）员工.部门 = 部门.部门编号 AND 部门名称 = '研发部'

（5）（n）NOT LIKE '%处'

试题三（共 15 分）

阅读下列说明，回答问题 1 至问题 3，将解答填入答题纸的对应栏内。

【说明】

某医院拟开发一套住院病人信息管理系统，以方便对住院病人、医生、护士和手术等信息进行管理。

【需求分析】

（1）系统登记每个病人的住院信息，包括：病案号、病人的姓名、性别、地址、身份证号、电话号码、入院时间及病床信息等，每个病床有唯一所属的病房及病区。如表 3-1 所示。其中病案号唯一标识病人本次住院的信息。

表 3-1　住院登记表

病案号	071002286	姓名	张三	性别	男
身份证号	0102196701011234	入院时间	2011-03-03	病床号	052401
病房	0524 室	病房类型	三人间	所属病区	05 Ⅱ区

（2）在一个病人的一次住院期间，由一名医生对该病人的病情进行诊断，并填写一份诊断书，如表 3-2 所示。对于需要进行一次或多次手术的病人，系统记录手术名称、手术室、手术日期、手术时间、主刀医生及多名协助医生，每名医生在手术中的责任不同，如表 3-3 所示，其中手术室包含手术室号、楼层、地点和类型等信息。

表 3-2　诊断书

诊断时间：2011 年 03 月

病案号	071002286	姓名	张三	性别	男	医生	李**
诊断							

表 3-3　手术安排表

手术名称	***手术	病案号	071002286	姓名	张三	性别	男
手术室	052501	手术日期	2011-03-15	手术时间	8:30~10:30	主刀医生	李**
协助医生	王**（协助），周**（协助），刘**（协助），高**（麻醉）						

（3）护士分为两类：病床护士和手术室护士。每个病床护士负责护理一个病区内的所有病人，每个病区由多名护士负责护理。手术室护士负责手术室的护理工作。每个手术室护士负责多个手术室，每个手术室由多名护士负责，每个护士在手术室中有不同的责任，并由系统记录其责任。

【概念模型设计】

根据需求阶段收集的信息，设计的实体联系图（不完整）如图 3-1 所示。

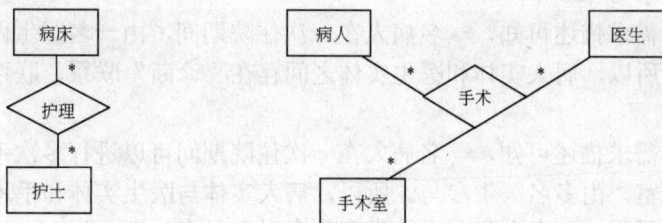

图 3-1　实体联系图

【逻辑结构设计】

根据概念模型设计阶段完成的实体联系图，得出如下关系模式（不完整）：

病床（<u>病床号</u>,病房,病房类型,所属病区）

护士（ <u>护士编号</u>,姓名,类型,性别,级别）

病床护士（ _____(1)_____ ）

手术室（ <u>手术室号</u>,楼层,地点,类型）

手术室护士（ _____(2)_____ ）

病人（ _____(3)_____ ,姓名,性别,地址,身份证号,电话号码,入院时间）

医生（ <u>医生编号</u>,姓名,性别,职称,所属科室）

诊断书（ _____(4)_____ ,诊断,诊断时间）

手术安排（ <u>病案号</u>,<u>手术室号</u>,<u>手术时间</u>,手术名称）

手术医生安排（ _____(5)_____ ,医生责任）

【问题 1】（7 分）

补充图 3-1 中的联系和联系的类型。

【问题 2】（5 分）

根据图 3-1，将逻辑结构设计阶段生成的关系模式中的空（1）～（5）补充完整，并用下画线指出主键。

【问题 3】（3 分）

如果系统还需要记录医生给病人的用药情况，即记录医生给病人所开处方中药品的名称、用量、价格、药品的生产厂家等信息。请根据该要求，对图 3-1 进行修改，画出补充后的实体、实体间联系和联系的类型。

试题三分析

本题考查数据库设计，属于比较传统的题目，考查点也与往年类似。

【问题 1】

本问题考查数据库的概念结构设计，题目要求补充完整实体联系图中的联系和联系的类型。

根据题目的需求描述可知，一名病人在一次住院期间对应一张病床，而一个病床可以有多名病人曾经住过。所以，病床实体和病人实体之间存在"住院"联系，联系的类型为多对一，表示为*:1。

根据题目的需求描述可知，一名病人在一次住院期间，由一名医生做出诊断，并给出一份诊断书。所以，病人实体和医生实体之间存在"诊断"联系，联系的类型为多对多，表示为*:1。

根据题目的需求描述可知，一名病人在一次住院期间可以进行多次手术，一次手术安排在一个手术室，由多名医生参与。所以，病人实体与医生实体和手术室实体三者之间存在"手术"联系，三者之间联系的类型为多对多对多，表示为*:*:*。

根据题目的需求描述可知，一名手术室护士负责多个手术室，每个手术室由多名护士负责。所以，护士实体和手术室实体之间存在"负责"联系，联系的类型为多对多，表示为*:*。

【问题 2】

本问题考查数据库的逻辑结构设计，题目要求补充完整各关系模式，并给出各关系模式的主键。

根据实体联系图和需求描述，每个病床护士负责护理一个病区内的所有病人，每个病区由多名护士负责护理。系统记录每个病床护士所负责护理的病区。所以，对于"病床护士"关系模式需填写的属性为：病区，护士号。

根据实体联系图和需求描述，每个手术室护士负责多个手术室，每个手术室由多名护士负责，每个护士在手术室中有不同的责任。因此，对于"手术室护士"关系模式，需填写的属性为：手术室号，护士号，责任。

根据实体联系图和需求描述，病案号唯一标识病人本次住院的信息。病人的住院信息包括病床信息。所以，对于"病人"关系模式需补充的属性为：病案号，病床号。

根据实体联系图和需求描述，一名病人在一次住院期间，由一名医生做出诊断，并给出一份诊断书。所以，对于"诊断"关系模式需补充的属性为：病案号，医生编号。

根据实体联系图和需求描述，一名病人在一次住院期间，可能需要进行一次或多次手术，每次手术安排在一间手术室，由多名医生(包括主刀医生)参与。所以，对于"手术医生安排"关系模式需补充的属性为：病案号，手术室号，手术时间，医生编号。

病床护士关系模式的主键：病区，护士号

手术室护士关系模式的主键：手术室号，护士号

病人关系模式的主键：病案号

诊断书关系模式的主键：病案号

采购订单关系模式的主键：订单编码

手术医生安排关系模式的主键：病案号，手术室号，手术时间，医生编号码

【问题 3】

本问题考查数据库的概念结构设计，根据新增的需求新增实体联系图中的实体及联系和联系的类型。

根据问题描述，系统需记录医生给病人开处方的药品信息，则需新增"药品"实体，并在病人实体与医生实体和药品实体三者之间存在"处方"联系，联系的类型是多对多对多(*:*:*)。

参考答案

【问题 1】

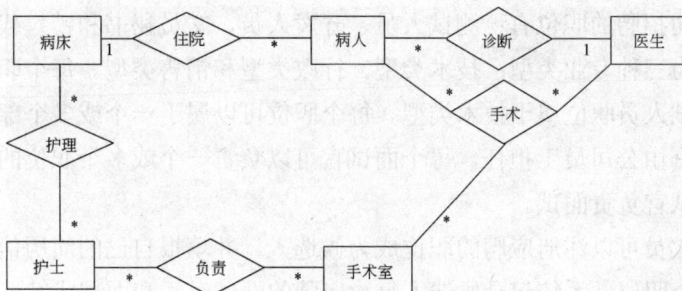

补充联系后的实体联系图

【问题 2】

　　（1）病区，护士号

　　（2）手术室号，护士号，责任

　　（3）病案号，病床号

　　（4）病案号，医生编号

　　（5）病案号，手术室号，手术时间，医生编号

【问题 3】

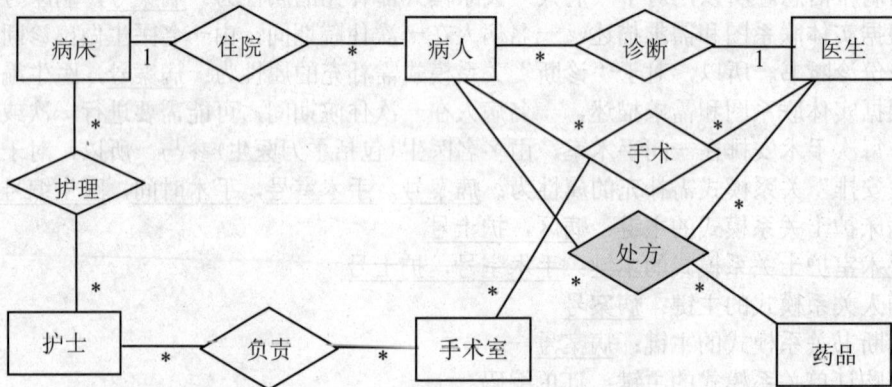

补充实体和联系后的实体联系图

试题四（共 15 分）

　　阅读下列说明，回答问题 1 至问题 3，将解答填入答题纸的对应栏内。

【说明】

　　某公司拟开发一套招聘信息管理系统，以便对整个公司的各个部门的招聘信息进行统一管理。

【需求分析】

　　（1）该公司招聘的职位有：测试人员、开发人员、文员秘书和销售代表等职位。公司将职位划分为三种专业类型：技术类型、行政类型和销售类型。每个职位对应一种专业类型，如测试人员职位属于技术类型。每个职位可以属于一个或多个部门。

　　（2）面试官由公司员工担任，每个面试官可以负责一个或多个职位的面试。一个职位可由多名面试官负责面试。

　　（3）应聘人员可以注册应聘的职位成为候选人，并填报自己的简历信息。一个候选人可以应聘多个职位。系统记录候选人每次应聘的面试时间和面试成绩。

　　初步设计的招聘信息数据库关系模式如图 4-1 所示。

> 职位（职位编码，职位名称，级别，专业类型，招聘条件，薪酬范围）
>
> 面试官（工号，姓名，专业类型，工作职务，工作部门，部门负责人，部门电话）
>
> 招聘安排（职位编码，所属部门，面试官工号）
>
> 候选人（身份证号，姓名，性别，联系电话，出生日期，简历信息，应聘的职位编码，面试成绩）

图 4-1 招聘信息数据库关系模式

关系模式的主要属性、含义及约束如表 4-1 所示。

表 4-1 主要属性、含义及约束

属 性	含义和约束条件
职位编码	唯一标识一种职位
专业类型	专业类别，分为：技术类型、行政类型、销售类型
工号	员工的工号作为面试官的唯一编号
工作职务	员工在部门中的职务
工作部门	部门名称，唯一标识一个部门
部门负责人	部门负责人的工号
所属部门	职位所属于的部门名称
面试官工号	负责招聘某职位的面试官的工号

【问题 1】（6 分）

对关系"候选人"，请回答以下问题：

（1）列举出所有不属于任何候选键的属性(非键属性)。

（2）关系"候选人"可达到第几范式，用 60 字以内文字简要叙述理由。

【问题 2】（5 分）

对关系"面试官"，请回答以下问题：

（1）针对"面试官"关系，用 60 字以内文字简要说明会产生什么问题。

（2）把"面试官"分解为第三范式，分解后的关系名依次为：面试官 1，面试官 2，……

（3）列出修正后的各关系模式的主键。

【问题 3】（4 分）

对关系"招聘安排"，请回答以下问题：

（1）关系"招聘安排"是不是第四范式，用 60 字以内文字叙述理由。

（2）把"招聘安排"分解为第四范式，分解后的关系名依次为：招聘安排 1，招聘安排 2，……

试题四分析

本题考查的是数据库理论的规范化，属于比较传统的题目，考查点也与往年类似。

【问题 1】

本问题考查非主属性和第二范式。

"候选人"关系的候选码为：身份证号、应聘的职位编码。"候选人"关系的函数依赖集 F 如下：

F={（身份证号，应聘的职位编码）→ 姓名，性别，联系电话，出生日期，简历信息，面试成绩；

身份证号 → 姓名，性别，联系电话，出生日期，简历信息}

显然，"候选人"关系非键属性为姓名、性别、联系电话、出生日期、简历信息和面试成绩，它们不完全函数依赖于码（身份证号，应聘的职位编码），而是部分依赖于码。根据第二范式的定义，每一个非主属性完全函数依赖于码，所以"候选人"关系模式不满足第二范式。

【问题 2】

本问题考查第三范式的概念和应用。

"面试官"关系的候选码为：工号。根据题目的需求描述可知，工号作为面试官的唯一编号，工作部门唯一标识一个部门。"面试官"关系的函数依赖 F 如下：

F={工号，姓名，专业类型，工作职务，工作部门，部门负责人，部门电话

工作部门→部门负责人，部门电话}

从 F 中可以得出：工号→工作部门，工作部门→部门负责人，部门电话。可见，"面试官"关系模式存在传递依赖，故"面试官"关系模式属于第三范式。

【问题 3】

本问题考查第四范式的概念和应用。

"招聘安排"关系的候选码为：职位编码、所属部门、面试官工号。根据题目的需求描述可知，每个职位可以属于一个或多个部门，一个职位可由多名面试官负责面试，可以得出"招聘安排"关系的函数依赖 F 如下：

F={职位编码→→所属部门，职位编码→→面试官工号}

根据第四范式的要求：不允许有非平凡且非函数依赖的多值依赖，而"招聘安排"关系模式存在多值依赖，故不属于第四范式。

参考答案

【问题 1】

（1）姓名，性别，联系电话，出生日期，简历信息，面试成绩。

（2）"候选人"关系模式不满足第二范式（或答：属于第一范式）。

由于"候选人"关系的候选码为：身份证号和应聘的职位编码，但又包含函数依赖：

身份证号→姓名，性别，联系电话，出生日期，简历信息。

不满足第二范式的要求，即：非主属性不完全依赖于码。

【问题 2】

（1）"面试官"关系不满足第三范式，即每一个非主属性既不部分依赖于码也不传递依赖于码。会造成：插入异常、删除异常和修改复杂（或修改异常）。

（2）分解后的关系模式如下：

面试官 1（工号，姓名，专业类型，工作职务，工作部门）

面试官 2（工作部门，部门负责人，部门电话）

（3）修正后关系模式的主键如下：

面试官 1（<u>工号</u>，姓名，专业类型，工作职务，工作部门）

面试官 2（<u>工作部门</u>，部门负责人，部门电话）

【问题 3】

（1）"招聘安排"关系模式，不满足第四范式。

职位编码　→→所属部门

职位编码　→→面试官工号

（2）分解后的关系模式如下：

招聘安排 1（职位编码，所属部门）

招聘安排 2（职位编码，面试官工号）

试题五（共 15 分）

阅读下列说明，回答问题 1 至问题 3，将解答填入答题纸的对应栏内。

【说明】

假设有两项业务对应的事务 T_1、T_2 与存款关系有关：

- 转账业务：T_1（A，B，50），从账户 A 向账户 B 转 50 元；
- 计息业务：T_2，对当前所有账户的余额计算利息，余额为 X*1.01。

针对上述业务流程，回答下列问题：

【问题 1】（3 分）

假设当前账户 A 余额为 100 元，账户 B 余额为 200 元。有两个事务分别为 T_1（A，B，50），T_2，一种可能的串行执行为：

T_1（A，B，50）→T_2. 结果：A = 50.5　　　B = 252.5　　A+B = 303

请给出其他的串行执行次序和结果。

【问题 2】（8 分）

若上述两个事务的一个并发调度结果如下：

（1）上述调度是否正确，为什么？（3 分）

（2）引入共享锁指令 Slock()、独占锁指令 Xlock() 和解锁指令 Unlock()，使上述调度满足两段锁协议，并要求先响应 T_1 的请求。请给出一个可能的并发调度结果。（5 分）

【问题 3】（4 分）

若将计息业务 T_2 改为对单个账户的余额计算利息，即 T_2（A）余额为 A*1.01，请

给出串行调度 T_1（A，B，50）$\rightarrow T_2$（A）$\rightarrow T_2$（B）和串行调度 T_2（A）$\rightarrow T_1$（A，B，50）$\rightarrow T_2$（B）的执行结果。

T_1（A，B，50）	T_2
Read(A) A := A − 50 Write(A)	
	Read(A) A := A * 1.01
	Write(A)
	Read(B) B := B * 1.01
	Write(B)
Read(B) B := B + 50 Write(B)	

若将计息业务设计为对单个账户的余额计算利息，这种方案是否正确，为什么？

试题五分析

本题考查对事务设计、并发控制的理解和掌握。

两个事务 T_1、T_2 的串行执行只有两种方式：T_1 执行完执行 T_2（记为：$T_1 \rightarrow T_2$）和 T_2 执行完执行 T_1（记为：$T_2 \rightarrow T_1$），结合 A、B 的初值，即可计算出 $T_2 \rightarrow T_1$ 的执行结果。

根据 A、B 的初值，按照给定的调度，获得执行结果为：A = 50.5，B = 252，与任何一个串行执行的结果都不同，为错误的调度，事实上会造成储户的无端损失。

引入两段锁协议后可保证调度的正确。根据锁类型和加解锁的要求，本题中所有的读取随后即要修改，对应了 SQL 中的 UPDATE 指令，可直接加 X 锁，具体参见参考答案。

若将计息业务 T_2 改为对单个账户的余额计算利息，根据提示的情况，调度结果可能存在不一定性，这样的事务设计是错误的。

参考答案

【问题 1】

    $T_2 \rightarrow T_1$（A，B，50）   结果：A = 51   B = 252   A+B = 303

【问题 2】

（1）调度不正确

    结果为：A = 50.5   B = 252

    原因：与任何一个串行结果都不同。

（2）满足两段锁协议的调度：

T₁（A，B，50）	T₂
Xlock(A)	
Read(A)	
A := A − 50	
Write(A)	
	Xlock(A)
Xlock(B)	等待
Read(B)	等待
B := B + 50	等待
Write(B)	等待
Unlock(A)	等待
Unlock(B)	等待
	Read(A)
	A := A * 1.01
	Write(A)
	Xlock(B)
	Read(B)
	B := B * 1.01
	Write(B)
	Unlock(A)
	Unlock(B)

【问题 3】

三个事务的串行：

（1）T₁（A，B，50）→T₂（A）→T₂（B）　　结果：A = 50.5　B = 252.5

（2）T₂（A）→T₁（A，B，50）→T₂（B）　　结果：A = 51　　B = 252.5

不正确。计息业务设计为对单个账户的余额计算利息，无法实现对所有账户的锁定和统一计息，其间的转账会产生数据错误，会造成银行或客户的损失。

第3章 2013上半年数据库系统工程师上午试题分析与解答

试题（1）

常用的虚拟存储器由__(1)__两级存储器组成。

（1）A．主存-辅存　　B．主存-网盘　　C．Cache-主存　　D．Cache-硬盘

试题（1）分析

本题考查计算机系统存储系统基础知识。

在具有层次结构存储器的计算机中，虚拟存储器是为用户提供一个比主存储器大得多的可随机访问的地址空间的技术。虚拟存储技术使辅助存储器和主存储器密切配合，对用户来说，好像计算机具有一个容量比实际主存大得多的主存可供使用，因此称为虚拟存储器。虚拟存储器的地址称为虚地址或逻辑地址。

参考答案

（1）A

试题（2）

中断向量可提供__(2)__。

（2）A．I/O 设备的端口地址　　　　　　B．所传送数据的起始地址

　　　C．中断服务程序的入口地址　　　　D．主程序的断点地址

试题（2）分析

本题考查计算机系统基础知识。

计算机在执行程序过程中，当遇到急需处理的事件时，暂停当前正在运行的程序，转去执行有关服务程序，处理完后自动返回源程序，这个过程称为中断。

中断是一种非常重要的技术，输入输出设备和主机交换数据、分时操作、实时系统、计算机网络和分布式计算机系统中都要用到这种技术。为了提高响应中断的速度，通常把所有中断服务程序的入口地址（或称为中断向量）汇集为中断向量表。

参考答案

（2）C

试题（3）

为了便于实现多级中断嵌套，使用__(3)__来保护断点和现场最有效。

（3）A．ROM　　　　　B．中断向量表　　　C．通用寄存器　　D．堆栈

试题（3）分析

本题考查计算机系统基础知识。

当系统中有多个中断请求时，中断系统按优先级进行排队。若在处理低级中断过程

中又有高级中断申请中断，则高级中断可以打断低级中断处理，转去处理高级中断，等处理完高级中断后再返回去处理原来的低级中断，称为中断嵌套。实现中断嵌套用后进先出的栈来保护断点和现场最有效。

参考答案

（3）D

试题（4）

DMA 工作方式下，在＿＿（4）＿＿之间建立了直接的数据通路。

（4）A．CPU 与外设　　　　B．CPU 与主存　　C．主存与外设　　D．外设与外设

试题（4）分析

本题考查计算机系统基础知识。

计算机系统中主机与外设间的输入输出控制方式有多种，在 DMA 方式下，输入输出设备与内存储器直接相连，数据传送由 DMA 控制器而不是主机 CPU 控制。CPU 除了传送开始和终了时进行必要的处理外，不参与数据传送的过程。

参考答案

（4）C

试题（5）、（6）

地址编号从 80000H 到 BFFFFH 且按字节编址的内存容量为＿＿（5）＿＿KB，若用 16K×4bit 的存储器芯片构成该内存，共需＿＿（6）＿＿片。

（5）A．128　　　　　　　B．256　　　　　　C．512　　　　　D．1024

（6）A．8　　　　　　　　B.16　　　　　　　C．32　　　　　D．64

试题（5）、（6）分析

本题考查计算机系统基础知识。

从 80000H 到 BFFFFH 的编址单元共 3FFFF（即 2^{18}）个，按字节编址的话，对应的容量为 2^8 KB，即 256KB。若用 16K×4bit 的芯片构成该内存，构成一个 16KB 存储器需要 2 片，256÷16=16，共需要 32 片。

参考答案

（5）B　　（6）C

试题（7）

利用报文摘要算法生成报文摘要的目的是（7）。

（7）A．验证通信对方的身份，防止假冒

　　　B．对传输数据进行加密，防止数据被窃听

　　　C．防止发送方否认发送过的数据

　　　D．防止发送的报文被篡改

试题（7）分析

本题考查报文摘要的知识。

　　报文摘要是指单向哈希函数算法将任意长度的输入报文经计算得出固定位的输出称为报文摘要。报文摘要是用来保证数据完整性的。传输的数据一旦被修改那么计算出的摘要就不同，只要对比两次摘要就可确定数据是否被修改过。

参考答案

（7）D

试题（8）

　　防火墙通常分为内网、外网和 DMZ 三个区域，按照受保护程度，从高到低正确的排列次序为　(8)　。

（8）A．内网、外网和 DMZ　　　　　　　　B．外网、内网和 DMZ

　　　　C．DMZ、内网和外网　　　　　　　　D．内网、DMZ 和外网

试题（8）分析

　　本题考查防火墙的基础知识。

　　通过防火墙我们可以将网络划分为三个区域：安全级别最高的 LAN Area（内网），安全级别中等的 DMZ 区域和安全级别最低的 Internet 区域（外网）。三个区域因担负不同的任务而拥有不同的访问策略。通常的规则如下：

　　① 内网可以访问外网：内网的用户需要自由地访问外网。在这一策略中，防火墙需要执行 NAT。

　　② 内网可以访问 DMZ：此策略使内网用户可以使用或者管理 DMZ 中的服务器。

　　③ 外网不能访问内网：这是防火墙的基本策略，内网中存放的是公司内部数据，显然这些数据是不允许外网的用户进行访问的。如果要访问，就要通过 VPN 方式来进行。

　　④ 外网可以访问 DMZ：DMZ 中的服务器需要为外界提供服务，所以外网必须可以访问 DMZ。同时，外网访问 DMZ 需要由防火墙完成对外地址到服务器实际地址的转换。

　　⑤ DMZ 不能访问内网：如不执行此策略，则当入侵者攻陷 DMZ 时，内部网络将不会受保护。

　　⑥ DMZ 不能访问外网：此条策略也有例外，可以根据需要设定某个特定的服务器可以访问外网，以保证该服务器可以正常工作。

　　综上所述，防火墙区域按照受保护程度从高到低正确的排列次序应为内网、DMZ 和外网。

参考答案

（8）D

试题（9）

　　近年来，在我国出现的各类病毒中，　(9)　病毒通过木马形式感染智能手机。

（9）A．欢乐时光　　　B．熊猫烧香　　　C．X 卧底　　　D．CIH

试题（9）分析

本题考查病毒及其危害。

欢乐时光及熊猫烧香均为蠕虫病毒，CIH 则为系统病毒，这 3 者均以感染台式机或服务器为主，且产生较早；X 卧底则是新近产生的、通过木马形式传播、目标为智能手机的病毒。

参考答案

（9）C

试题（10）

王某是一名软件设计师，按公司规定编写软件文档，并上交公司存档。这些软件文档属于职务作品，且＿＿（10）＿＿。

（10）A．其著作权由公司享有

　　　B．其著作权由软件设计师享有

　　　C．除其署名权以外，著作权的其他权利由软件设计师享有

　　　D．其著作权由公司和软件设计师共同享有

试题（10）分析

本题考查知识产权知识。

公民为完成法人或者其他组织工作任务所创作的作品是职务作品。职务作品可以是作品分类中的任何一种形式，如文字作品、电影作品、计算机软件等。职务作品的著作权归属分两种情形：

一般职务作品的著作权由作者享有。所谓一般职务作品是指虽是为完成工作任务而为，但非经法人或其他组织主持，不代表其意志创作，也不由其承担责任的职务作品。对于一般职务作品，法人或其他组织享有在其业务范围内优先使用的权利，期限为两年。优先使用权是专有的，未经单位同意，作者不得许可第三人以与法人或其他组织使用的相同方式使用该作品。在作品完成两年内，如单位在其业务范围内不使用，作者可以要求单位同意由第三人以与法人或其他组织使用的相同方式使用，所获报酬，由作者与单位按约定的比例分配。

特殊的职务作品，除署名权以外，著作权的其他权利由法人或者其他组织（单位）享有。所谓特殊职务作品是指著作权法第十六条第 2 款规定的两种情况：一是主要利用法人或者其他组织的物质技术条件创作，并由法人或者其他组织承担责任的工程设计、产品设计图、计算机软件、地图等科学技术作品；二是法律、法规规定或合同约定著作权由单位享有的职务作品。

参考答案：

（10）A

试题（11）

甲经销商擅自复制并销售乙公司开发的 OA 软件光盘已构成侵权。丙企业在未知的

情形下从甲经销商处购入 10 张并已安装使用。在丙企业知道了所使用的软件为侵权复制品的情形下，以下说法正确的是 __(11)__ 。

(11) A. 丙企业的使用行为侵权，须承担赔偿责任

B. 丙企业的使用行为不侵权，可以继续使用这 10 张软件光盘

C. 丙企业的使用行为侵权，支付合理费用后可以继续使用这 10 张软件光盘

D. 丙企业的使用行为不侵权，不需承担任何法律责任

试题（11）分析

本题考查知识产权知识。

我国《计算机软件保护条例》第三十条规定"软件的复制品持有人不知道也没有合理理由应当知道该软件是侵权复制品的，不承担赔偿责任；但是，应当停止使用、销毁该侵权复制品。如果停止使用并销毁该侵权复制品将给复制品使用人造成重大损失的，复制品使用人可以在向软件著作权人支付合理费用后继续使用。"丙企业在获得软件复制品的形式上是合法的（向经销商购买），但是由于其没有得到真正软件权利人的授权，其取得的复制品仍是非法的，所以丙企业的使用行为属于侵权行为。

丙企业应当承担的法律责任种类和划分根据主观状态来确定。首先，法律确立了软件著作权人的权利进行绝对的保护原则，即软件复制品持有人不知道也没有合理理由应当知道该软件是侵权复制品的，也必须承担停止侵害的法律责任，只是在停止使用并销毁该侵权复制品将给复制品使用人造成重大损失的情况下，软件复制品使用人可继续使用，但前提是必须向软件著作权人支付合理费用。其次，如果软件复制品持有人能够证明自己确实不知道并且也没有合理理由应当知道该软件是侵权复制品的，软件复制品持有人除承担停止侵害外，不承担赔偿责任。

软件复制品持有人一旦知道了所使用的软件为侵权复制品时，应当履行停止使用、销毁该软件的义务。不履行该义务，软件著作权人可以诉请法院判决停止使用并销毁侵权软件。如果软件复制品持有人在知道所持有软件是非法复制品后继续使用给权利人造成损失的，应该承担赔偿责任。

参考答案

(11) C

试题（12）

声音信号数字化过程中首先要进行 __(12)__ 。

(12) A. 解码　　　　B. D/A 转换　　　C. 编码　　　　D. A/D 转换

试题（12）分析

本题考查多媒体基础知识。

声音信号是一种模拟信号，计算机要对它进行处理，必须将它转换成为数字声音信号，即用二进制数字的编码形式来表示声音，通常将这一过程称为数字化过程。声音信

号数字化过程中首先是将模拟信号转换成离散数字信号，即 A/D 转换（模数转换）。

参考答案

（12）D

试题（13）

以下关于 dpi 的叙述中，正确的是　(13)　。

（13）A．每英寸的 bit 数　　　　　　　B．存储每个像素所用的位数

　　　C．每英寸像素点　　　　　　　　D．显示屏上能够显示出的像素数目

试题（13）分析

本题考查多媒体基础知识。

dpi 是描述图像分辨率的单位，表示每英寸多少像素点，即组成一幅图像的像素密度。它实质上是图像数字化的采样间隔，由它确立组成一幅图像的像素数目。对同样大小的一幅图，如果组成该图像的图像像素数目越多，则说明图像的分辨率越高，图像看起来就越逼真。相反，图像则显得越粗糙。因此，不同的分辨率会造成不同的图像清晰度。存储每个像素所用的位数是用来度量图像的分辨率的。像素深度确定彩色图像的每个像素可能有的颜色数，即确定彩色图像中可出现的最多颜色数。显示屏上能够显示出的像素数目是指显示分辨率。

参考答案

（13）C

试题（14）

媒体可以分为感觉媒体、表示媒体、表现媒体、存储媒体、传输媒体，　(14)　属于表现媒体。

（14）A．打印机　　　B．硬盘　　　　C．光缆　　　　D．图像

试题（14）分析

本题考查多媒体基础知识。

表现媒体指实现信息输入和输出的媒体，如键盘、鼠标、扫描仪、话筒、摄像机等为输入媒体；显示器、打印机、喇叭等为输出媒体。硬盘属于存储媒体；光缆属于传输媒体；图像属于感觉媒体。

参考答案

（14）A

试题（15）

"软件产品必须能够在 3 秒内对用户请求作出响应"属于软件需求中的　(15)　。

（15）A．功能需求　　B．非功能需求　　C．设计约束　　　D．逻辑需求

试题（15）分析

本题考查软件需求分类基础知识。

软件需求是软件系统必须完成的事以及必须具备的品质。软件需求包括功能需求、非功能需求和设计约束三个方面的内容。功能需求是所开发的软件必须具备什么样的功

能；非功能需求是指产品必须具备的属性或品质，如可靠性、性能、响应时间和扩展性等等；设计约束通常对解决方案的一些约束说明。"软件产品必须能够在 3 秒内对用户请求作出响应"主要表述软件的响应时间，属于非功能需求。

参考答案

（15）B

试题（16）

统一过程模型是一种"用例和风险驱动，以架构为中心，迭代并且增量"的开发过程，定义了不同阶段及其制品，其中精化阶段关注　（16）　。

（16）A．项目的初创活动

　　　B．需求分析和架构演进

　　　C．系统的构建，产生实现模型

　　　D．软件提交方面的工作，产生软件增量

试题（16）分析

本题考查软件开发过程模型的基本概念。

统一过程模型是一种"用例和风险驱动，以架构为中心，迭代并且增量"的开发过程，由 UML 方法和工具支持，定义了不同阶段及其制品。

起始阶段专注于项目的初创活动。精化阶段理解了最初的领域范围之后，进行需求分析和架构演进方面。构建阶段关注系统的构建，产生实现模型。移交阶段关注于软件提交方面的工作，产生软件增量。产生阶段运行软件并监控软件的持续使用，提供运行环境的支持，提交并评估缺陷报告和变更请求。

参考答案

（16）B

试题（17）、（18）

在进行进度安排时，PERT 图不能清晰地描述　（17）　，但可以给出哪些任务完成后才能开始另一些任务。某项目 X 包含任务 A、B、……、J，其 PERT 如下图所示（A=1表示任务 A 的持续时间是 1 天），则项目 X 的关键路径是　（18）　。

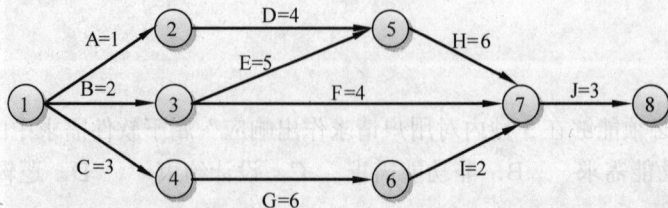

（17）A．每个任务从何时开始　　　　B．每个任务到何时结束

　　　C．各任务之间的并行情况　　　D．各任务之间的依赖关系

（18）A．A-D-H-J　　B．B-E-H-J　　C．B-F-J　　D．C-G-I-J

试题（17）、（18）分析

本题考查项目管理及工具技术。

PERT 图可以清晰地表示各任务的开始时间和结束时间以及各任务之间的依赖关系，但是无法很好地表示各任务之间的并行情况。

根据关键路径法，计算出项目 X 中的关键路径为 B-E-H-J，关键路径长度为 16。

参考答案

（17）C　　（18）B

试题（19）

某项目为了修正一个错误而进行了修改。错误修正后，还需要进行__（19）__以发现这一修正是否引起原本正确运行的代码出错。

（19）A．单元测试　　　　B．接受测试　　　C．安装测试　　　　D．回归测试

试题（19）分析

本题考查软件测试基础知识。

单元测试是在模块编写完成且无编译错误后进行，侧重于模块中的内部处理逻辑和数据结构；接受测试主要是用户为主的测试；安装测试是将软件系统安装在实际运行环境的测试；回归测试是在系统有任何修改的情况下，需要重新对整个软件系统进行的测试。

参考答案

（19）D

试题（20）

以下关于解释程序和编译程序的叙述中，正确的是__（20）__。

（20）A．编译程序和解释程序都生成源程序的目标程序

　　　　B．编译程序和解释程序都不生成源程序的目标程序

　　　　C．编译程序生成源程序的目标程序，解释程序则不然

　　　　D．编译程序不生成源程序的目标程序，而解释程序反之

试题（20）分析

本题考查程序语言翻译基础知识。

编译和解释方式是翻译高级程序设计语言的两种基本方式。

解释程序也称为解释器，它或者直接解释执行源程序，或者将源程序翻译成某种中间表示形式后再加以执行；而编译程序（编译器）则首先将源程序翻译成目标语言程序，然后在计算机上运行目标程序。这两种语言处理程序的根本区别是：在编译方式下，机器上运行的是与源程序等价的目标程序，源程序和编译程序都不再参与目标程序的执行过程；而在解释方式下，解释程序和源程序（或其某种等价表示）要参与到程序的运行过程中，运行程序的控制权在解释程序。解释器翻译源程序时不产生独立的目标程序，而编译器则需将源程序翻译成独立的目标程序。

参考答案

（20）C

试题（21）

以下关于传值调用与引用调用的叙述中，正确的是___(21)___。

① 在传值调用方式下，可以实现形参和实参间双向传递数据的效果

② 在传值调用方式下，实参可以是变量，也可以是常量和表达式

③ 在引用调用方式下，可以实现形参和实参间双向传递数据的效果

④ 在引用调用方式下，实参可以是变量，也可以是常量和表达式

（21）A．①③   B．①④   C．②③   D．②④

试题（21）分析

本题考查程序语言翻译知识。

调用函数和被调用函数之间交换信息的方法主要有两种：一种是由被调用函数把返回值返回给主调函数，另一种是通过参数带回信息。函数调用时实参与形参间交换信息的基本方法有传值调用和引用调用两种。

若实现函数调用时实参向形式参数传递相应类型的值，则称为是传值调用。这种方式下形式参数不能向实参传递信息。实参可以是变量，也可以是常量和表达式。

引用调用的实质是将实参变量的地址传递给形参，因此，形参是指针类型，而实参必须具有左值。变量具有左值，常量没有左值。被调用函数对形参的访问和修改实际上就是针对相应实际参数所作的访问和改变，从而实现形参和实参间双向传递数据的效果。

参考答案

（21）C

试题（22）

在对高级语言源程序进行编译的过程中，为源程序中变量所分配的存储单元的地址属于___(22)___。

（22）A．逻辑地址   B．物理地址   C．接口地址   D．线性地址

试题（22）分析

本题考查程序语言基础知识。

编译过程中为变量分配存储单元所用的地址是逻辑地址，程序运行时再映射为物理地址。

参考答案

（22）A

试题（23）

假设某分时系统采用简单时间片轮转法，当系统中的用户数为 n、时间片为 q 时，系统对每个用户的响应时间 T=___(23)___。

（23）A. n　　　　　　　　B. q　　　　　　　　C. n×q　　　　　　D. n+q

试题（23）分析

在分时系统中是将把 CPU 的时间分成很短的时间片轮流地分配给各个终端用户,当系统中的用户数为 n、时间片为 q 时,那么系统对每个用户的响应时间等于 n×q。

参考答案

（23）C

试题（24）

在支持多线程的操作系统中,假设进程 P 创建了若干个线程,那么　(24)　是不能被这些线程共享的。

（24）A. 该进程的代码段　　　　　　B. 该进程中打开的文件

　　　 C. 该进程的全局变量　　　　　D. 该进程中某线程的栈指针

试题（24）分析

试题（24）的正确选项为 D。因为,在同一进程中的各个线程都可以共享该进程所拥有的资源,如访问进程地址空间中的每一个虚地址;访问进程拥有已打开文件、定时器、信号量机构等,但是不能共享进程中某线程的栈指针。

参考答案

（24）D

试题（25）、（26）

进程资源图如图（a）和（b）所示,其中:图（a）中　(25)　;图（b）中　(26)　。

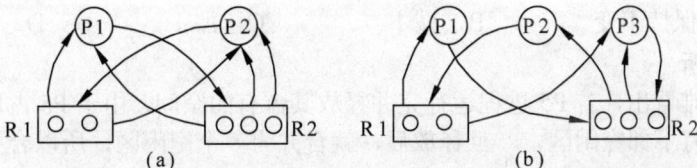

（25）A. P1 是非阻塞节点,P2 是阻塞节点,所以该图不可以化简、是死锁的

　　　 B. P1、P2 都是阻塞节点,所以该图不可以化简、是死锁的

　　　 C. P1、P2 都是非阻塞节点,所以该图可以化简、是非死锁的

　　　 D. P1 是阻塞节点、P2 是非阻塞节点,所以该图不可以化简、是死锁的

（26）A. P1、P2、P3 都是非阻塞节点,该图可以化简、是非死锁的

　　　 B. P1、P2、P3 都是阻塞节点,该图不可以化简、是死锁的

　　　 C. P2 是阻塞节点,P1、P3 是非阻塞节点,该图可以化简、是非死锁的

　　　 D. P1、P2 是非阻塞节点,P3 是阻塞节点,该图不可以化简、是死锁的

试题（25）、（26）分析

R1 资源只有 2 个,P2 申请该资源得不到满足,故进程 P2 是阻塞节点;同样 R2 资源只有 3 个,P1 申请该资源得不到满足,故进程 P1 也是阻塞节点。可见进程资源图（a）

是死锁的，该图不可以化简。

R2 资源有 3 个，已分配 2 个，P3 申请 1 个 R2 资源可以得到满足，故进程 P3 可以运行完毕释放其占有的资源。这样可以使得 P1、P2 都变为非阻塞节点，得到所需资源运行完毕，因此，进程资源图（b）是可化简的。

参考答案

（25）B　（26）C

试题（27）

假设内存管理采用可变式分区分配方案，系统中有五个进程 P1～P5，且某一时刻内存使用情况如下图所示（图中空白处表示未使用分区）。此时，若 P5 进程运行完并释放其占有的空间，则释放后系统的空闲区数应　(27)　。

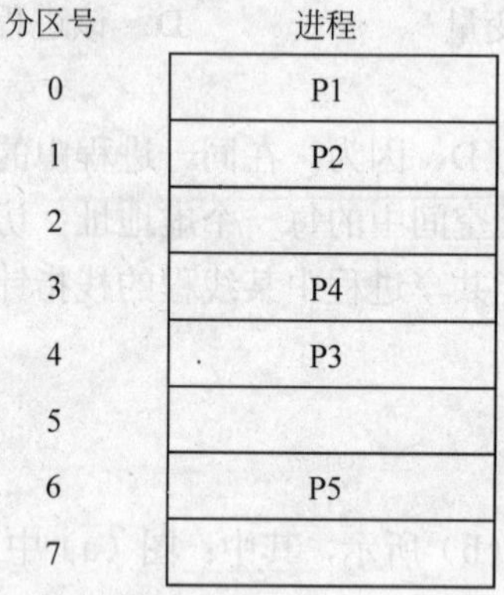

分区号	进程
0	P1
1	P2
2	
3	P4
4	P3
5	
6	P5
7	

（27）A. 保持不变　　　　B. 减 1　　　　C. 加 1　　　　D. 置零

试题（27）分析

从图中不难看出，若 P5 进程运行完并释放其占有的空间，由于 P5 占用的分区有上邻空闲区，也有下邻空闲区，一旦释放后，就合并为一个空闲区，所以合并后系统空闲区数=3-1=2。

参考答案

（27）B

试题（28）、（29）

在数据库系统中，当视图创建完毕后，数据字典中保存的是　(28)　。事实上，视图是一个　(29)　。

（28）A. 查询语句　　　　　　　　　　B. 查询结果

　　　 C. 视图定义　　　　　　　　　　D. 所引用的基本表的定义

（29）A. 真实存在的表，并保存了待查询的数据

　　　 B. 真实存在的表，只有部分数据来源于基本表

　　　 C. 虚拟表，查询时只能从一个基本表中导出的表

　　　　　D．虚拟表，查询时可以从一个或者多个基本表或视图中导出的表

试题（28）、（29）分析

　　本题考查数据库系统概念方面的基本概念。

　　在数据库系统中，当视图创建完毕后，数据字典中存放的是视图定义。视图是从一个或者多个表或视图中导出的表，其结构和数据是建立在对表的查询基础上的。和真实的表一样，视图也包括几个被定义的数据列和多个数据行，但从本质上讲，这些数据列和数据行来源于其所引用的表。因此，视图不是真实存在的基础表而是一个虚拟表，视图所对应的数据并不实际地以视图结构存储在数据库中，而是存储在视图所引用的基本表中。

参考答案

　　（28）C　　　（29）D

试题（30）～（32）

　　数据库中数据的　__(30)__　是指数据库正确性和相容性，以防止合法用户向数据库加入不符合语义的数据；__(31)__　是指保护数据库，以防止不合法的使用所造成的数据泄漏、更改或破坏；__(32)__　是指在多用户共享的系统中，保证数据库的完整性不受破坏，避免用户得到不正确的数据。

　　（30）A．安全性　　　　　B．可靠性　　　　　C．完整性　　　　　D．并发控制
　　（31）A．安全性　　　　　B．可靠性　　　　　C．完整性　　　　　D．并发控制
　　（32）A．安全性　　　　　B．可靠性　　　　　C．完整性　　　　　D．并发控制

试题（30）～（32）分析

　　本题考查数据库系统概念方面的基本概念。

　　数据控制功能包括对数据库中数据的安全性、完整性、并发和恢复的控制。其中：

　　安全性（security）是指保护数据库免受恶意访问，即防止不合法的使用所造成的数据泄漏、更改或破坏。这样，用户只能按规定对数据进行处理，例如，划分了不同的权限，有的用户只能有读数据的权限，有的用户有修改数据的权限，用户只能在规定的权限范围内操纵数据库。

　　完整性（integrality）是指数据库正确性和相容性，是防止合法用户使用数据库时向数据库加入不符合语义的数据。保证数据库中数据是正确的，避免非法的更新。

　　并发控制（concurrency control）是指在多用户共享的系统中，许多用户可能同时对同一数据进行操作。DBMS 的并发控制子系统负责协调并发事务的执行，保证数据库的完整性不受破坏，避免用户得到不正确的数据。

　　故障恢复（recovery from failure）。数据库中的 4 类故障是事务内部故障、系统故障、介质故障及计算机病毒。故障恢复主要是指恢复数据库本身，即在故障引起数据库当前状态不一致后，将数据库恢复到某个正确状态或一致状态。恢复的原理非常简单，就是要建立冗余（redundancy）数据。换句话说，确定数据库是否可恢复的方法就是其包含的每一条信息是否都可以利用冗余地存储在别处的信息重构。冗余是物理级的，通常认

为逻辑级是没有冗余的。

参考答案

（30）C　　（31）A　　（32）D

试题（33）～（35）

关系 R、S 如下图所示，关系代数表达式 $\pi_{R.A,S.B,S.C}(\sigma_{R.A>S.B}(R \times S)) =$ ____(33)____，它与元组演算表达式 $\{t \mid (\exists u)(\exists v)(R(u) \land S(v) \land$ ____(34)____ $\land$ ____(35)____$)\}$ 等价。

A	B	C
a	b	c
d	e	f
h	i	j
k	m	n

R

A	B	C
c	h	m
d	h	f
e	n	p
f	k	q

S

（33）A.

R.A	S.B	S.C
a	n	p
a	k	q

B.

R.A	S.B	S.C
e	h	m
e	h	f

C.

R.A	S.B	S.C
h	n	p
h	k	q

D.

R.A	S.B	S.C
k	h	m
k	h	f

（34）A．$u[1] < v[2]$　　　B．$u[1] > v[2]$　　　C．$u[1] < v[5]$　　　D．$u[1] > v[5]$

（35）A．$t[1] = v[1] \land t[2] = u[5] \land t[3] = v[6]$

　　　　B．$t[1] = u[1] \land t[2] = u[2] \land t[3] = u[3]$

　　　　C．$t[1] = u[1] \land t[2] = v[2] \land t[3] = v[3]$

　　　　D．$t[1] = u[1] \land t[2] = v[2] \land t[3] = u[3]$

试题（33）～（35）分析

本题考查关系代数和元组演算方面的基础知识。

在关系代数表达式 $\pi_{R.A,S.B,S.C}(\sigma_{R.A>S.B}(R \times S))$ 中：$\sigma_{R.A>S.B}(R \times S)$ 意为从关系中选取满足条件 R.A 大于 S.B 的元组，从关系 R 中不难看出只有元组（k，m，n）满足条件，而关系 S 中可以看出只有元组（c，h，m）和元组（d，h，f）满足条件，即 $\sigma_{R.A>S.B}(R \times S)$ 的结果如下所示：

R.A	R.B	R.C	S.A	S.B	S.C
k	m	n	c	h	m
k	m	n	d	h	f

$\sigma_{R.A>S.B}(R \times S)$

$\pi_{R.A,S.B,S.C}$ 意为投影 R 的第一个属性列 A，S 的第二个属性列 B 和 S 的第三个属性列 C。从上分析可见试题（33）的正确答案是选项 D。

$\sigma_{R.A>S.B}$ 的条件与元组演算表达式 u[1] > v[2] 等价，即 R 关系中的第一个分量大于 S 关系中的第二个分量；$\pi_{R.A,S.B,S.C}$ 与元组演算表达式 t[1] = u[1] ∧ t[2] = v[2] ∧ t[3] = v[3] 等价，其中：投影 R 的第一个属性列等价于 t[1] = u[1]，投影 S 的第二个属性列等价于 t[2] = v[2]，投影 S 的第三个属性列等价于 t[3] = v[3]。

参考答案

（33）D　　（34）B　　（35）C

试题（36）～（38）

给定关系模式 R(U，F)，其中：属性集 U = {A，B，C，D，E，G}，函数依赖集 F = { A→B，A→C，C→D，AE→G}。因为 ___(36)___ = U，且满足最小性，所以其为 R 的候选码；关系模式 R 属于 ___(37)___，因为它存在非主属性对码的部分函数依赖；若将 R 分解为如下两个关系模式 ___(38)___，则分解后的关系模式保持函数依赖。

（36）A．A_F^+　　　　　B．$(AC)_F^+$　　　　　C．$(AD)_F^+$　　　　　D．$(AE)_F^+$

（37）A．1NF　　　　　B．2NF　　　　　C．3NF　　　　　D．BCNF

（38）A．R1(A,B,C) 和 R2(D,E,G)　　　　　B．R1(A,B,C,D) 和 R2(A,E,G)

　　　　C．R1(B,C,D) 和 R2(A,E,G)　　　　　D．R1(B,C,D,E) 和 R2(A,E,G)

试题（36）～（38）分析

本题考查关系模式和关系规范化方面的基础知识。

显然 AE 为关系模式 R 的码，AE 仅出现在函数依赖集 F 左部的属性，则 AE 必为 R 的任一候选码的成员。又因为若 $(AE)_F^+$ = U，则 AE 必为 R 的唯一候选码。

根据题意，对于非主属性 B、C 和 D 是部分函数依赖于码 AE。

根据题意，可以求出 R1(A,B,C,D) 的函数依赖集 F1 = {A→B，A→C，C→D}，R2(A,E,G) 的函数依赖集 F2 = {AE→G}，而 F = F1 + F2，所以分解后的关系模式保持函数依赖。

参考答案

（36）D　　（37）A　　（38）B

试题（39）～（43）

假定学生 Students 和教师 Teachers 关系模式如下所示：

Students(学号,姓名,性别,类别,身份证号)
Teachers(教师号,姓名,性别,身份证号,工资)

a. 查询在读研究生教师的平均工资、最高与最低工资之间差值的 SQL 语句如下：

```
SELECT_____(39)
FROM  Students,Teachers
WHERE_____(40)_____;
```

（39）A. AVG（工资）AS 平均工资， MAX（工资）－MIN（工资）AS 差值

      B. 平均工资 AS AVG（工资），差值 AS MAX（工资）－MIN（工资）

      C. AVG（工资）ANY 平均工资，MAX（工资）－MIN（工资）ANY 差值

      D. 平均工资 ANY AVG（工资），差值 ANY MAX（工资）－MIN（工资）

（40）A. Students.身份证号＝Teachers.身份证号

      B. Students.类别='研究生'

      C. Students.身份证号＝Teachers.身份证号 AND Students.类别='研究生'

      D. Students.身份证号＝Teachers.身份证号 OR Students.类别='研究生'

b. 查询既是研究生，又是女性，且工资大于等于 3500 元的教师的身份证号和姓名的 SQL 语句如下：

```
(SELECT  身份证号,姓名
FROM  Students
WHERE     (41)    )
    (42)
(SELECT  身份证号,姓名
FROM  Teachers
WHERE     (43)    );
```

（41）A. 工资>=3500   B. 工资>='3500'

      C. 性别＝女 AND 类别＝研究生   D. 性别='女' AND 类别='研究生'

（42）A. EXCEPT   B. INTERSECT

      C. UNION   D. UNION ALL

（43）A. 工资 >=3500   B. 工资 >='3500'

      C. 性别＝女 AND 类别＝研究生   D. 性别='女' AND 类别='研究生'

试题（39）～（43）分析

本题考查 SQL 方面的基础知识。

SQL 提供可为关系和属性重新命名的机制，这是通过使用具有 "Old-name as new-name" 形式的 as 子句来实现的。As 子句既可出现在 select 子句，也可出现在 from 子句中。

查询在读研究生的教师的平均工资、最高与最低工资之间差值需要用条件 "Students.身份证号＝Teachers.身份证号 AND Students.类别='研究生'" 来限定。

第一条 SELECT 语句是从 Students 关系中查找女研究生的姓名和通信地址，故用条件 "性别='女' AND 类别='研究生'" 来限定；第二条 SELECT 语句查询是从 Teachers 关系中查找工资大于等于 3500 元的教师的姓名和通信地址，故用条件 "工资 >=3500" 限定。又因为第一条 SELECT 语句查询和第二条 SELECT 语句查询的结果集模式都为(姓名，通信地址)，故可以用 "INTERSECT" 对它们取交集。

参考答案

（39）A　（40）C　（41）D　（42）B　（43）A

试题（44）

将 Students 表的查询权限授予用户 U1 和 U2，并允许该用户将此权限授予其他用户。实现此功能的 SQL 语句如下　(44)　。

(44) A. GRANT SELECT TO TABLE Students ON U1, U2 WITH PUBLIC;

　　 B. GRANT SELECT ON TABLE Students TO U1, U2 WITH PUBLIC;

　　 C. GRANT SELECT TO TABLE Students ON U1, U2 WITH GRANT OPTION;

　　 D. GRANT SELECT ON TABLE Students TO U1, U2 WITH GRANT OPTION;

试题（44）分析

本题考查数据库并发控制方面的基础知识。

一般授权是指授予某用户对某数据对象进行某种操作的权利。在 SQL 语言中，DBA 及拥有权限的用户可用 GRANT 语句向用户授权。GRANT 语句格式如下：

```
GRANT <权限>[,<权限>]…[ON<对象类型><对象名>]TO <用户>[,<用户>]…
    [WITH GRANT OPTION];
```

其中，PUBLIC 参数可将权限赋给全体用户；WITH GRANT OPTION 表示获得了权限的用户还可以将权限赋给其他用户。

参考答案

（44）D

试题（45）、（46）

若事务 T_1 对数据 D_1 已加排它锁，事务 T_2 对数据 D_2 已加共享锁，那么事务 T_2 对数据 D_1　(45)　；事务 T_1 对数据 D_2　(46)　。

(45) A. 加共享锁成功，加排它锁失败　　B. 加排它锁成功，加共享锁失败

　　 C. 加共享锁、排它锁都成功　　　　D. 加共享锁、排它锁都失败

(46) A. 加共享锁成功，加排它锁失败　　B. 加排它锁成功，加共享锁失败

　　 C. 加共享锁、排它锁都成功　　　　D. 加共享锁、排它锁都失败

试题（45）、（46）分析

本题考查数据库并发控制方面的基础知识。

在多用户共享的系统中，许多用户可能同时对同一数据进行操作，带来的问题是数据的不一致性。为了解决这一问题数据库系统必须控制事务的并发执行，保证数据库处于一致的状态，在并发控制中引入两种锁：排它锁（Exclusive Locks，简称 X 锁）和共享锁（Share Locks，简称 S 锁）。

排它锁又称为写锁，用于对数据进行写操作时进行锁定。如果事务 T 对数据 A 加上

X 锁后，就只允许事务 T 对读取和修改数据 A，其他事务对数据 A 不能再加任何锁，从而也不能读取和修改数据 A，直到事务 T 释放 A 上的锁。

共享锁又称为读锁，用于对数据进行读操作时进行锁定。如果事务 T 对数据 A 加上了 S 锁后，事务 T 就只能读数据 A 但不可以修改，其他事务可以再对数据 A 加 S 锁来读取，只要数据 A 上有 S 锁，任何事务都只能再对其加 S 锁读取而不能加 X 锁修改。

参考答案

（45）D　（46）A

试题（47）、（48）

在三级结构/两级映象体系结构中，对一个表创建聚簇索引，改变的是数据库的__(47)__，通过创建视图，构建的是外模式和__(48)__。

（47）A. 用户模式　　　　B. 外模式　　　　C. 模式　　　　D. 内模式

（48）A. 外模式/内模式映象　　　　　　B. 外模式/模式映象

　　　　C. 模式/内模式映象　　　　　　D. 内模式/外模式映象

试题（47）、（48）分析

本题考查对数据库体系结构概念的掌握。

聚簇索引会修改数据的存储方式，使得数据的物理存储顺序与聚簇索引项的顺序一致，因此，改变的是内模式。根据视图的定义，视图中的属性构成外模式，视图的 AS 子句引导的查询部分，给出了视图中属性与基本表（或视图）中的属性的对应关系，即外模式/模式映象。

参考答案

（47）D　（48）B

试题（49）

下列关于数据库对象的描述，错误的是__(49)__。

（49）A. 存储过程、函数均可接受输入参数

　　　B. 触发器可以在数据更新时被激活

　　　C. 域可以由用户创建，可以加约束条件

　　　D. 一个关系可以有多个主码

试题（49）分析

本题考查对数据库对象相关概念的理解。

存储过程和函数均可以被调用，调用过程中可以传入相应参数；触发器的执行由所在表中的 insert、update 和 delete 三个操作中的任一个操作激活；域是属性的取值范围，可以是系统定义的数据类型，也可以由用户来定义，并在定义时加入约束条件；一个关系的候选码可以有多个，而主码只能有一个，由用户选定。

参考答案

（49）D

试题（50）

删除表上一个约束的 SQL 语句中，不包含关键字　(50)　。

(50) A. ALTER　　　　　　B. DROP　　　　　　C. DELETE　　　　D. TABLE

试题（50）分析

本题考查对 SQL 语句的了解和掌握。

标准 SQL 定义语言中，对表中约束的修改语法为 ALTER TABLE <table_name> DROP <constrant_name>。

参考答案

(50) C

试题（51）

下列描述中，不属于最小函数依赖集应满足的条件是　(51)　。

(51) A. 不含传递依赖　　　　　　　　　B. 每个函数依赖的左部都是单属性

　　　C. 不含部分依赖　　　　　　　　　D. 每个函数依赖的右部都是单属性

试题（51）分析

本题考查对关系数据库理论概念的掌握。

最小函数依赖集的定义为：每个函数依赖右部为单属性、左部不含冗余属性；不含多余的函数依赖。传递依赖为多余的函数依赖，部分依赖的左部含有冗余属性。

参考答案

(51) B

试题（52）

下列关于函数依赖的描述，错误的是　(52)　。

(52) A. 若 $A \to B$，$B \to C$，则 $A \to C$　　　B. 若 $A \to B$，$A \to C$，则 $A \to BC$

　　　C. 若 $B \to A$，$C \to A$，则 $BC \to A$　　D. 若 $BC \to A$，则 $B \to A$，$C \to A$

试题（52）分析

本题考查对函数依赖推理规则的掌握。

选项 A 为传递规则；选项 B 为合并规则；选项 C 是对函数依赖左部添加冗余属性，函数依赖成立；选项 D 不成立。

参考答案

(52) D

试题（53）、（54）

事务 T1 读取数据 A 后，数据 A 又被事务 T2 所修改，事务 T1 再次读取数据 A 时，与第一次所读值不同。这种不一致性被称为　(53)　，其产生的原因是破坏了事务 T1 的　(54)　。

(53) A. 丢失修改　　　　B. 读脏数据　　　　C. 不可重复读　　　　D. 幻影现象

(54) A. 原子性　　　　　B. 一致性　　　　　C. 隔离性　　　　　　D. 持久性

试题（53）、（54）分析

本题考查对事务概念的理解。

丢失修改是指一个事务对数据的修改被另一个所覆盖，相当于该事务未被执行；读脏数据是指读到了另一个事务未提交的修改数据，稍后该数据因事务的回滚而无效；不可重复读是指一个事务两次读同一数据中间，该数据被另一事务所修改，造成两次读的值不同；幻影现象是指两次读中间被插入或删除了记录，造成两次读到的记录数不同。

原子性是指事务要被完整地执行或不执行；一致性是指数据库中的数据与现实一致；隔离性是指并发执行的事务不应该相互干扰；持久性是指对数据库的修改不能因故障等原因丢失。

参考答案

（53）C　　　（54）C

试题（55）、（56）

事务的等待图中出现环，使得环中的所有事务都无法执行下去，这类故障属于__(55)__；解决的办法是选择环中代价最小的事务进行撤销后，再将其置入事务队列稍后执行。假如选中事务 T_1，对 T_1 撤销过程中需要对其进行__(56)__操作。

（55）A. 事务故障　　　B. 系统故障　　　C. 介质故障　　　D. 病毒

（56）A. UNDO　　　B. REDO　　　C. UNDO+REDO　　D. REDO+UNDO

试题（55）、（56）分析

本题考查对事务死锁概念的掌握。

事务等待图中出现环，标志着事务执行中出现了死锁，死锁是事务间相互干扰造成的，属于事务故障。撤销事务，即是对事务已执行的操作进行回滚，使得该事务相当于未执行，满足事务的原子性。

参考答案

（55）A　　　（56）A

试题（57）～（59）

假设描述职工信息的属性有：职工号、姓名、性别和出生日期；描述部门信息的属性有：部门号、部门名称和办公地点。一个部门有多个职工，每个职工只能在一个部门工作；一个部门只能有一个部门经理，部门经理应该为本部门的职工，取值为职工号。则在设计 E-R 图时，应将职工和部门作为实体，部门和职工之间的工作联系是__(57)__，要描述部门经理与部门之间的任职联系，应采用__(58)__。由该 E-R 图转换并优化后的关系模式为__(59)__。

（57）A. 实体　　　　B. 1:N 联系　　　C. M:M 联系　　　D. 属性

（58）A. 实体　　　　B. 1:N 联系　　　C. 1:1 联系　　　D. 属性

（59）A. 职工（职工号，姓名，性别，出生日期）

　　　　部门（部门号，部门名称，办公地点，部门经理）

　　　　工作（职工号，部门号）

　　B．职工（职工号，姓名，性别，出生日期，部门经理）
　　　　部门（部门号，部门名称，办公地点）
　　　　工作（职工号，部门号）
　　C．职工（职工号，姓名，性别，出生日期）
　　　　部门（部门号，部门名称，办公地点）
　　　　工作（职工号，部门号，部门经理）
　　D．职工（职工号，姓名，性别，出生日期，所在部门）
　　　　部门（部门号，部门名称，办公地点，部门经理）

试题（57）～（59）分析

　　本题考查对 E-R 图设计的理解和掌握。

　　根据题目描述，"一个部门有多个职工，每个职工只能在一个部门工作"，则部门和职工间应为 1:N 联系。"一个部门只能有一个部门经理，部门经理应该为本部门的职工"，结合"每个职工只能在一个部门工作"，则部门与部门经理间应该是 1:1 联系。在 E-R 图转换为关系模式时，针对 1:N 联系，优化的转换方法是将联系归并入 N 方实体转换的关系中，即将 1 方实体的码和联系的属性写入 N 方实体转换的关系中，本题即将部门号加入到职工关系中（取名所在部门）；针对 1:1 联系，优化的转换方法是取 1 方实体的码和联系的属性归入到另 1 方实体转换的关系中，因职工关系为部分参与，因此，将联系归入部门关系中，即部门关系中增加部门经理属性。

参考答案

　　（57）B　　（58）C　　（59）D

试题（60）、（61）

　　在分布式数据库中，关系的存储采用分片和复制技术，存储在不同的站点上。用户无需知道所用的数据存储在哪个站点上，称为　__(60)__ 。分布式事务的执行可能会涉及到多个站点上的数据操作，在 2PC 协议中，当事务 T_i 完成执行时，事务 T_i 的发起者协调器 C_i 向所有参与 T_i 的执行站点发送<prepare T_i>的消息，当收到所有执行站点返回的<ready T_i>消息后，C_i 再向所有执行站点发送<commit T_i>消息。若参与事务 T_i 执行的某个站点故障恢复后日志中有<ready T_i>记录，而没有<commit T_i>记录，则　__(61)__ 。

　　（60）A．分片透明　　　　B．复制透明　　　C．位置透明　　　D．异构式分布

　　（61）A．事务 T_i 已完成提交，该站点无需做任何操作

　　　　　B．事务 T_i 已完成提交，该站点应做 REDO 操作

　　　　　C．事务 T_i 未完成提交，该站点应做 UNDO 操作

　　　　　D．应向协调器询问以决定 T_i 的最终结果

试题（60）、（61）分析

　　本题考查对分布式数据库概念的理解。

分片透明是指数据怎样被分片对用户透明；复制透明指哪些数据被复制对用户透明；位置透明是指数据存储在哪个站点对用户透明。根据两阶段提交（2PC）协议，某个站点故障恢复后，日志中有<ready T_i>记录，仅能说明本站点愿意提交 T_i 中属于自己的部分，整个事务的提交或放弃提交应由发起者协调器根据所有参与执行的站点回复来决定，故障时站点并未收到协调器的指令，因此应向其询问。

参考答案

（60）C　　（61）D

试题（62）

根据现有的心脏病患者和非心脏病患者数据来建立模型，基于该模型诊断新的病人是否为心脏病患者，不适于用算法___（62）___分析。

（62）A. ID3　　　　　　　　　　　　B. K 最近邻（KNN）

　　　 C. 支持向量机（SVM）　　　　　D. K 均值（K-means）

试题（62）分析

本题考查数据挖掘的基本概念。

数据挖掘是从海量数据中提取或挖掘知识的过程，分类、关联规则、聚类和离群点分析是数据挖掘的重要功能，分类分析找出描述和区分数据类的模型，以便能够使用模型来预测类标号未知的对象，典型的方法有决策树（ID3、C4.5）、最近邻（KNN）、贝叶斯、人工神经网络、支持向量机（SVM）等。本题是一个典型的分类问题，因此可以用相关的分类算法分析。而 K-means 是一个聚类算法。聚类旨在发现紧密相关的观测值组群，使得与不同族群的观察值相比，属于同一族群内的观测值尽量相似。

参考答案

（62）D

试题（63）

盗窃信用卡的人的购买行为可能不同于信用卡持有者，信用卡公司通过分析不同于常见行为的变化来检测窃贼，这属于___（63）___分析。

（63）A. 分类　　　　　B. 关联规则　　　C. 聚类　　　　D. 离群点

试题（63）分析

本题考查数据挖掘的基本概念。

分类分析找出描述和区分数据类的模型，以便能够使用模型来预测类标号未知的对象。关联规则分析用于发现描述数据中强管理特征的模式。聚类旨在发现紧密相关的观测值组群，使得与不同族群的观察值相比，属于同一族群内的观测值尽量相似。离群点分析也称为异常检测，其目标是发现与大部分其他对象不同的对象。

参考答案

（63）D

试题（64）

从时间、地区和商品种类三个维度来分析某电器商品销售数据属于___（64）___。

（64）A．ETL　　　　　　　　　　　B．联机事务处理（OLTP）

　　　C．联机分析处理（OLAP）　　　D．数据挖掘

试题（64）分析

本题考查数据仓库的基本概念。

在数据仓库系统中，有几个关键的组成部分。ETL 处理对数据进行抽取、清理、转换和装载，将数据从不同的源导入到数据仓库中；数据仓库服务器管理数据仓库中数据的存储管理和数据存取；OLAP 即联机分析处理对数据进行切片、切块、旋转、向上综合和向下钻取等多维分析，使用户能从多个角度多侧面观察数据和剖析数据；数据挖掘利用相关算法帮助用户从大量数据中发现并提取隐藏在内部的、人们事先不知道的且可能有用的信息和知识。而 OLTP 联机事务处理则是帮助用户处理企业业务或者事务。

参考答案

（64）C

试题（65）

在面向对象数据库系统的数据类型中，对象属于___（65）___类型。

（65）A．基本　　　　　　B．复杂　　　　　　C．引用　　　　　　D．其他

试题（65）分析

本题考查面向对象数据库的基本概念。

面向对象数据库数据类型主要由基本类型、复杂类型和引用类型组成。基本数据类型包括整型、浮点型、字符型和枚举型；复杂类型包括对象类型和聚集数据类型（数组、列表、包、集合与字典数据类型）；引用类型一般指的是联系。

参考答案

（65）B

试题（66）

网络配置如图所示，其中使用了一台路由器、一台交换机和一台集线器，对于这种配置，下面的论断中正确的是___（66）___。

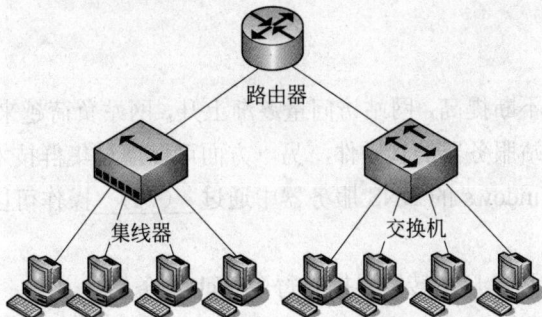

路由器

集线器　　　　　　　　交换机

　　（66）A．2 个广播域和 2 个冲突域　　　　　B．1 个广播域和 2 个冲突域

　　　　　 C．2 个广播域和 5 个冲突域　　　　　D．1 个广播域和 8 个冲突域

试题（66）分析

　　集线器连接的主机构成一个冲突域，交换机的每个端口属于一个冲突域，路由器连接的两部分网络形成两个广播域，所以共有两个广播域和 5 个冲突域。

参考答案

　　（66）C

试题（67）、（68）

　　把网络 117.15.32.0/23 划分为 117.15.32.0/27，则得到的子网是　（67）　个。每个子网中可使用的主机地址是　（68）　个。

　　（67）A．4　　　　　B．8　　　　　C．16　　　　　D．32

　　（68）A．30　　　　　B．31　　　　　C．32　　　　　D．34

试题（67）、（68）分析

　　把网络 117.15.32.0/23 划分为 117.15.32.0/27，则子网掩码扩大了 4 位，所以得到的子网是 16 个。由于子网掩码为 27 位，所以主机地址只占 5 位，每个子网中可使用的主机地址是 30 个。

参考答案

　　（67）C　　（68）A

试题（69）

　　通常工作在 UDP 协议之上的应用是　（69）　。

　　（69）A．浏览网页　　　B．Telnet 远程登录　　　C．VoIP　　　　　D．发送邮件

试题（69）分析

　　本题考查各网络应用采用的下层传输协议。

　　浏览网页、Telnet 远程登录以及发送邮件应用均不允许数据的丢失，需要采用可靠的传输层协议 TCP，而 VoIP 允许某种程度上的数据丢失，采用不可靠的传输层协议 UDP。

参考答案

　　（69）C

试题（70）

　　随着网站知名度不断提高，网站访问量逐渐上升，网站负荷越来越重，针对此问题，一方面可通过升级网站服务器的软硬件，另一方面可以通过集群技术，如 DNS 负载均衡技术来解决。在 Windows 的 DNS 服务器中通过　（70）　操作可以确保域名解析并实现负载均衡。

　　（70）A．启用循环，启动转发器指向每个 Web 服务器

　　　　　 B．禁止循环，启动转发器指向每个 Web 服务器

  C. 禁止循环，添加每个 Web 服务器的主机记录

  D. 启用循环，添加每个 Web 服务器的主机记录

试题（70）分析

  本题考查 Windows 的 DNS 服务器实现负载均衡的相关操作。

  在 Windows 的 DNS 服务器中基于 DNS 的循环（round robin），只需要为同一个域名设置多个 ip 主机记录就可以了，DNS 中没有转发器的概念。因此需要启用循环，添加每个 Web 服务器的主机记录就可以确保域名解析并实现负载均衡。

参考答案

  （70）D

试题（71）～（75）

  So it is today. Schedule disaster, functional misfits, and system bugs all arise because the left hand doesn't know what the right hand is doing. As work ___（71）___, the several teams slowly change the functions, sizes, and speeds of their own programs, and they explicitly or implicitly ___（72）___ their assumptions about the inputs available and the uses to be made of the outputs.

  For example, the implementer of a program-overlaying function may run into problems and reduce speed relying on statistics that show how ___（73）___ this function will arise in application programs. Meanwhile, back at the ranch, his neighbor may be designing a major part of the supervisor so that it critically depends upon the speed of this function. This change in speed itself becomes a major specification change, and it needs to be proclaimed abroad and weighed from a system point of view.

  How, then, shall teams ___（74）___ with one another? In as many ways as possible.

- Informally. Good telephone service and a clear definition of intergroup dependencies will encourage the hundreds of calls upon which common interpretation of written documents depends.

- Meetings. Regular project meetings, with one team after another giving technical briefings, are ___（75）___. Hundreds of minor misunderstandings get smoked out this way.

- Workbook. A formal project workbook must be started at the beginning.

（71）A. starts   B. proceeds   C. stops   D. speeds

（72）A. change   B. proceed   C. smooth   D. hide

（73）A. frequently   B. usually   C. commonly   D. rarely

（74）A. work   B. program   C. communicate   D. talk

（75）A. worthless   B. valueless   C. useless   D. invaluable

参考译文

现在，其实也是这样的情况。因为左手不知道右手在做什么，所以进度灾难、功能的不合理和系统缺陷纷纷出现。随着工作的进行，许多小组慢慢地修改自己程序的功能、规模和速度，他们明确或者隐含地更改了一些有效输入和输出结果用法上的约定。

例如，程序覆盖（program-overlay）功能的实现者遇到了问题，并且统计报告显示了应用程序很少使用该功能。基于这些考虑，他降低了覆盖功能的速度。与此同时，整个开发队伍中，其他同事正在设计监控程序。监控程序在很大程度上依赖于覆盖功能，它在速度上的变化成为了主要的规格说明变更。因此需要从系统角度来考虑和衡量该变化，以及公开、广泛地发布变更结果。

那么，团队如何进行相互之间的交流沟通呢？通过所有可能的途径。

非正式途径，清晰定义小组内部的相互关系和充分利用电话，能鼓励大量的电话沟通，从而达到对所书写文档的共同理解。

会议，常规项目会议。会议中，团队一个接一个地进行简要的技术陈述。这种方式非常有用，能澄清成百上千的细小误解。

工作手册，在项目的开始阶段，应该准备正式的项目工作手册。

参考答案

(71) B   (72) A   (73) D   (74) C   (75) D

第4章 2013上半年数据库系统工程师下午试题分析与解答

试题一（共15分）

阅读下列说明和图，回答问题1至问题3，将解答填入答题纸的对应栏内。

【说明】

某慈善机构欲开发一个募捐系统，以跟踪记录为事业或项目向目标群体进行募捐而组织的集体性活动。该系统的主要功能如下所述。

（1）管理志愿者。根据募捐任务给志愿者发送加入邀请、邀请跟进、工作任务；管理志愿者提供的邀请响应、志愿者信息、工作时长、工作结果等。

（2）确定募捐需求和收集所募捐赠（资金及物品）。根据需求提出募捐任务、活动请求和捐赠请求，获取所募集的资金和物品。

（3）组织募捐活动。根据活动请求，确定活动时间范围。根据活动时间，搜索场馆，即：向场馆发送场馆可用性请求，获得场馆可用性。然后根据活动时间和地点推广募捐活动，根据相应的活动信息举办活动，从募款机构获取资金并向其发放赠品。获取和处理捐赠，根据捐赠请求，提供所募集的捐赠；处理与捐赠人之间的交互，即：

录入捐赠人信息，处理后存入捐赠人信息表；从捐赠人信息表中查询捐赠人信息，向捐赠人发送募请求，并将已联系的捐赠人存入已联系的捐赠人表。根据捐赠请求进行募集，募得捐赠后，将捐赠记录存入捐赠表；对捐赠记录进行处理后，存入已处理捐赠表，向捐赠人发送致谢函。根据已联系的捐赠人和捐赠记录进行跟进，将捐赠跟进情况发送给捐赠人。

现采用结构化方法对募捐系统进行分析与设计，获得如图1-1、1-2和1-3所示分层数据流图。

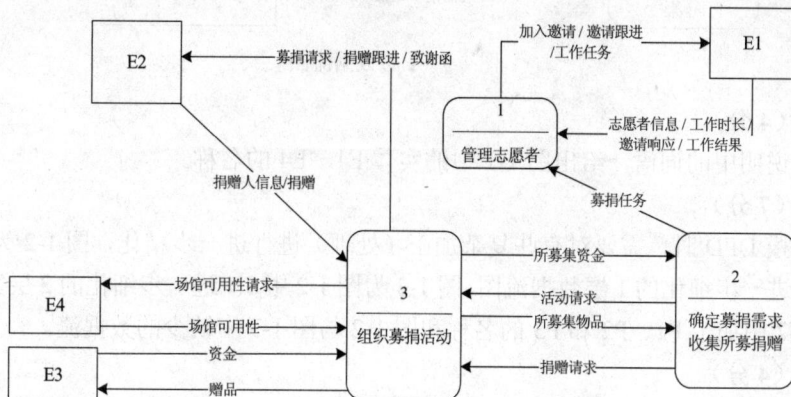

图1-1　0层数据流图

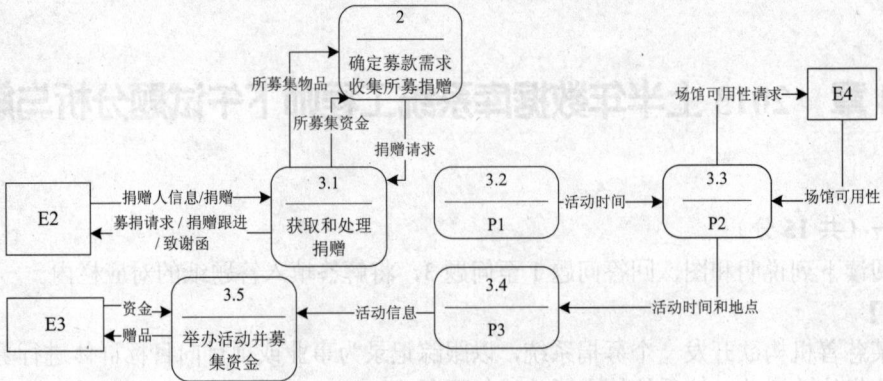

图 1-2　1 层数据流图

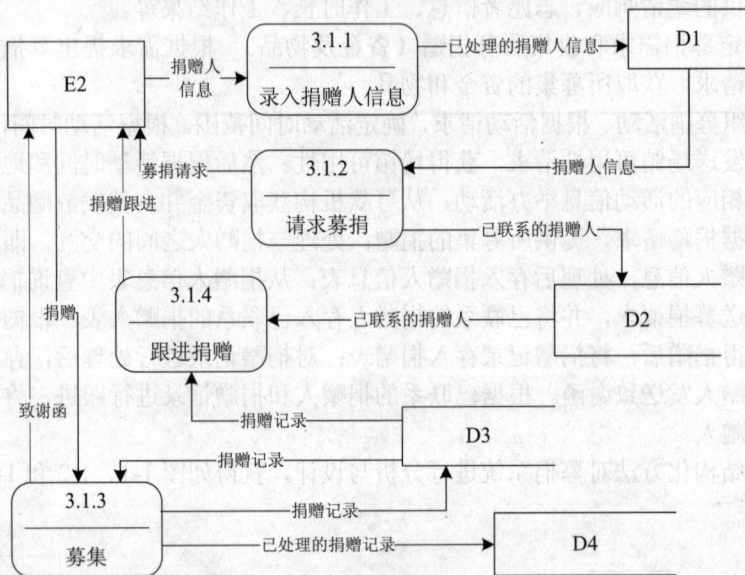

图 1-3　2 层数据流图

【问题 1】（4 分）

使用说明中的词语，给出图 1-1 中的实体 E1～E4 的名称。

【问题 2】（7 分）

在建模 DFD 时，需要对有些复杂加工（处理）进行进一步精化，图 1-2 为图 1-1 中处理 3 的进一步细化的 1 层数据流图，图 1-3 为图 1-2 中 3.1 进一步细化的 2 层数据流图。补全图 1-2 中加工 P1、P2 和 P3 的名称和图 1-2 与图 1-3 中缺少的数据流。

【问题 3】（4 分）

使用说明中的词语，给出图 1-3 中的数据存储 D1～D4 的名称。

试题一分析

本题采用结构化方法进行系统分析与设计,主要考查数据流图(DFD)的应用,是比较传统的题目,要求考生细心分析题目中所描述的内容。

DFD 是一种便于用户理解、分析系统数据流程的图形化建模工具,是系统逻辑模型的重要组成部分。顶层 DFD 一般用来确定系统边界,将待开发系统看作一个大的加工(处理),然后根据系统从哪些外部实体接收数据流,以及系统将数据流发送到哪些外部实体,建模出的顶层图中只有唯一的一个加工和一些外部实体,以及这两者之间的输入输出数据流。0 层 DFD 在顶层确定的系统外部实体以及与外部实体的输入输出数据流的基础上,将顶层 DFD 中的加工分解成多个加工,识别这些加工的输入输出数据流,使得所有顶层 DFD 中的输入数据流,经过这些加工之后变换成顶层 DFD 的输出数据流。根据 0 层 DFD 中的加工的复杂程度进一步建模加工的内容。

在建分层 DFD 时,根据需求情况可以将数据存储建模在不同层次的 DFD 中,注意在绘制下层数据流图时要保持父图与子图平衡。父图中某加工的输入输出数据流必须与它的子图的输入输出数据流在数量和名称上相同,或者父图中的一个输入(或输出)数据流对应于子图中几个输入(或输出)数据流,而子图中组成这些数据流的数据项全体正好是父图中的这一个数据流。

【问题 1】

本问题给出 0 层 DFD,要求根据描述确定图中的外部实体。分析题目中描述,并结合已在图中给出的数据流进行分析。从题目的说明中可以看出,与系统交互实体包括志愿者、捐赠人、募款机构和场馆,这四个作为外部实体。

对应图 1-1 中数据流和实体的对应关系,可知 E1 为志愿者,E2 为捐赠人,E3 为募款机构,E4 为场馆。

【问题 2】

本问题考查分层 DFD 的加工分解,以及父图与子图的平衡。

图 1-2 中对图 1-1 的加工 3 进行进一步分解,根据说明(3)中对加工 3 的描述对图 1-2 进行分析。首先需要确定活动时间范围,其输入数据流是活动请求,输出流为活动时间。然后是搜索场馆,其输入流为活动时间,输出活动时间和地点,同时向场馆发送的场馆可用性请求和获得的场馆可用性分别作为输入和输出数据流。在确定活动时间和地点的基础上推广募捐活动,活动时间和地点是其输入流,活动信息作为其输出流,流向举办活动并募集资金,从募款机构获取资金并向其发放赠品,加工 2 收集募得的资金和物品,因此 3.5 还需要将所募集资金作为输出流。获取和处理捐赠(资金和物品)时以捐赠请求作为其输入流,输出流为所募集的捐赠,因为既有资金又有物品,而从募款机构募得的只有资金,将图 1-1 中加工 3 流向加工 2 的数据流,分为所募集资金和所募集物品,而 3.5 的输出流中只有所募集资金。

因此,P1 为确定活动时间范围,P2 为搜索场馆,P3 为推广募捐活动。图 1-2 中缺失了从 2 到 3.3 的活动时间和从 3.5 到 2 的所募集资金这两条数据流。

题目给出处理和捐赠人之间的交互进一步描述，对 3.1 进一步建模下层数据流图（图 1-3）。分解加工 3.1，确定相关数据流。其中根据加工 2 的捐赠请求进行募集，所募捐赠需要返回给加工 2。

根据父图与子图的平衡原则，图 1-3 中此处也缺失了捐赠请求和所募集资金和所募集物品。

【问题 3】

本问题考查 2 层 DFD 中数据存储的确定。

本案例中，数据存储的描述都是在这一部分描述给出，所以数据存储建模在此层体现。对应说明可知，D1 为捐赠人信息表，D2 为以联系的捐赠人表，D3 为捐赠表，D4 为已处理捐赠表。

参考答案

【问题 1】

E1：志愿者   E2：捐赠人   E3：募款机构   E4：场馆

【问题 2】

P1：确定活动时间范围

P2：搜索场馆

P3：推广募捐活动

数据流名称	起　　点	终　　点
所募集资金	3.5 或 举办活动并募集资金	2
活动请求	2	3.2 或 确定活动时间范围
捐赠请求	2	3.1.3 募集
所募集捐赠	3.1.3 或 募集	2
或		
所募集资金	3.1.3 或 募集	2
所募集物品	3.1.3 或 募集	2

注：数据流没有次序要求；表中 2 处可以是"确定募捐需求收集所募捐赠"。

【问题 3】

D1：捐赠人信息表   D2：已联系的捐赠人表

D3：捐赠表   D4：已处理捐赠表

试题二（共 15 分）

阅读下列说明，回答问题 1 至问题 3，将解答填入答题纸的对应栏内。

【说明】

某航空公司要开发一个订票信息处理系统，该系统的部分关系模式如下：

航班（航班编号，航空公司，起飞地，起飞时间，目的地，到达时间，票价）

折扣（航班编号，开始日期，结束日期，折扣）

旅客（<u>身份证号</u>,姓名,性别,出生日期,电话,VIP折扣）

购票（<u>购票单号</u>,身份证号,航班编号,搭乘日期,购票金额）

有关关系模式的属性及相关说明如下：

（1）航班表中的起飞时间和到达时间不包含日期，同一航班不会在一天出现两次及两次以上；

（2）各航空公司会根据旅客出行淡旺季适时调整机票的折扣，旅客购买机票的购票金额计算公式为：票价×折扣×VIP折扣，其中旅客的VIP折扣与该旅客已购买过的机票的购票金额总和相关，在旅客每次购票后被修改。VIP折扣值的计算由函数float vip_value（char[18] 身份证号）完成。

根据以上描述，回答下列问题。

【问题1】（4分）

请将如下创建购票关系的SQL语句的空缺部分补充完整，要求指定关系的主键、外键，以及购票金额大于零的约束。

```
CREATE TABLE 购票 (
    购票单号 CHAR(15) _____(a)_____ ,
    身份证号 CHAR(18),
    航班编号 CHAR (6),
    搭乘日期 DATE,
    购票金额 FLOAT _____(b)_____ ,
    _____(c)_____ ,
    _____(d)_____ ,
) ;
```

【问题2】（6分）

（1）身份证号为210000196006189999的客户购买了2013年2月18日CA5302航班的机票，购票单号由系统自动生成。下面的SQL语句将上述购票信息加入系统中，请将空缺部分补充完整。

```
INSERT  INTO 购票（购票单号, 身份证号, 航班编号, 搭乘日期, 购票金额）
    SELECT '201303105555', '210000196006189999', 'CA5302', '2013/2/18',
        _____(e)_____
    FROM 航班, 折扣, 旅客
    WHERE _____(f)_____    AND 航班.航班编号 = 'CA5302' AND
        AND '2013/2/18' BETWEEN 折扣.开始日期 AND 折扣.结束日期
        AND 旅客.身份证号 = '210000196006189999' ;
```

（2）需要用触发器来实现VIP折扣的修改，调用函数vip_value()来实现。请将如下SQL语句的空缺部分补充完整。

```
CREATE  TRIGGER  VIP_TRG  AFTER _____(g)_____  ON _____(h)_____
REFERENCING new row AS nrow
FOR EACH row
BEGIN
    UPDATE 旅客
    SET _____(i)_____
    WHERE _____(j)_____ ;
END
```

【问题 3】（5 分）

请将如下 SQL 语句的空缺部分补充完整。

（1）查询搭乘日期在 2012 年 1 月 1 日至 2012 年 12 月 31 日之间，且合计购票金额大于等于 10000 元的所有旅客的身份证号、姓名和购票金额总和，并按购票金额总和降序输出。

SELECT 旅客.身份证号, 姓名, SUM（购票金额）

```
FROM 旅客, 购票
WHERE _____(k)_____
GROUP BY _____(l)_____
ORDER BY _____(m)_____ ;
```

（2）经过中转的航班与相同始发地和目的地的直达航班相比，会享受更低的折扣。查询从广州到北京，经过一次中转的所有航班对，输出广州到中转地的航班编号、中转地和中转地到北京的航班编号。

```
SELECT _____(n)_____
FROM 航班 航班 1, 航班 航班 2
WHERE _____(o)_____ ;
```

试题二分析

本题考查 SQL 的应用，属于比较传统的题目。

【问题 1】

本问题考查 SQL 中的数据定义语言 DDL 和完整性约束。

根据题意，已经用 CREATE 语句来定义购票关系模式的基本结构，需要补充主键、外键和相应的约束。指定主键的方式有两种：PRIMARY KEY 作为列级约束（仅适应于主键为单属性时）；PRIMARY KEY（<主键>）作为表级约束。指定外键的语法为：FOREIGN KEY（<外键>），REFERENCES <被参照关系>（主键）。CHECK 约束的语法为：CHECK（<谓词>）。

购票关系中，主键为购票单号，身份证号和航班编号为外键，分别参照旅客关系中的身份证号和航班关系中的航班编号。

【问题 2】

（1）本问题考查 INSERT 语句的使用。可以将查询结果集插入到基本表中，本题要求完成的包括购票金额的计算表达式和子查询中的条件部分。

（2）本问题考查触发器的定义。需补充的部分涉及到触发器所在的表、触发动作（INSERT / UPDATE / DELETE）及执行代码部分。触发器应由购票表中的 INSERT 指令所触发，执行代码中要修改的是旅客表中的 VIP 折扣值，应根据购票表中的新记录，找出对应的旅客表的记录（身份证号相等）进行修改。

【问题 3】

（1）本问题考查一个较完整的查询语句，包括的知识点有多表查询、聚集函数、分组、筛选组和排序查询结果。WHERE 条件中应给出两个表的关联关系和日期条件；GROUP BY 应按照身份证号进行分组，用组内购票金额总和大于等于 10000 作筛选组，ORDER BY 以 SUM（购票金额）进行降序输出。

（2）本问题考查连接查询，涉及到别名的使用、连接条件和选择条件及输出。

参考答案

【问题 1】

　　（a）PRIMARY KEY（或 NOT NULL UNIQUE）

　　（b）CHECK（购票金额 ＞0）

　　（c）FOREIGN KEY（身份证号）REFERENCES 旅客（身份证号）

　　（d）FOREIGN KEY（航班编号）REFERENCES 航班（航班编号）

【问题 2】

　　（1）（e）票价 ＊ 折扣 ＊VIP 折扣

　　　　（f）航班.航班编号 ＝ 折扣.航班编号

　　（2）（g）INSERT

　　　　（h）购票

　　　　（i）VIP 折扣 ＝ vip_value(nrow.身份证号)

　　　　（j）旅客.身份证号 ＝ nrow.身份证号

【问题 3】

　　（1）（k）旅客.身份证号 ＝ 购票.身份证号　AND

　　　　　　　搭乘日期　BETWEEN '2012/1/1' AND '2012/12/31'

　　　　（l）旅客.身份证号, 姓名　HAVING SUM(购票金额) >= 10000

　　　　（m）SUM(购票金额) DESC

　　（2）（n）航班 1.航班编号, 航班 1.目的地, 航班 2.航班编号

　　　　（o）航班 1.起飞地 ＝ '广州' AND 航班 2.目的地 ＝ '北京' AND

　　　　　　　航班 1.目的地 ＝ 航班 2.起飞地

试题三（共 15 分）

阅读下列说明，回答问题 1 至问题 3，将解答填入答题纸的对应栏内。

【说明】

某电视台拟开发一套信息管理系统，以方便对全台的员工、栏目、广告和演播厅等进行管理。

【需求分析】

（1）系统需要维护全台员工的详细信息、栏目信息、广告信息和演播厅信息等。员工的信息主要包括工号、姓名、性别、出生日期、电话和住址等，栏目信息主要包括栏目名称、播出时间和时长等，广告信息主要包括广告编号、价格等，演播厅信息包括房间号、房间面积等。

（2）电视台根据调度单来协调各档栏目、演播厅和场务。一销售档栏目只会占用一个演播厅，但会使用多名场务来进行演出协调。演播厅和场务可以被多个栏目循环使用。

（3）电视台根据栏目来插播广告。每档栏目可以插播多条广告，每条广告也可以在多档栏目插播。

（4）一档栏目可以有多个主持人，但一名主持人只能主持一档栏目。

（5）一名编辑人员可以编辑多条广告，一条广告只能由一名编辑人员编辑。

【概念模型设计】

根据需求阶段收集的信息设计的实体联系图（不完整）如图 3-1 所示。

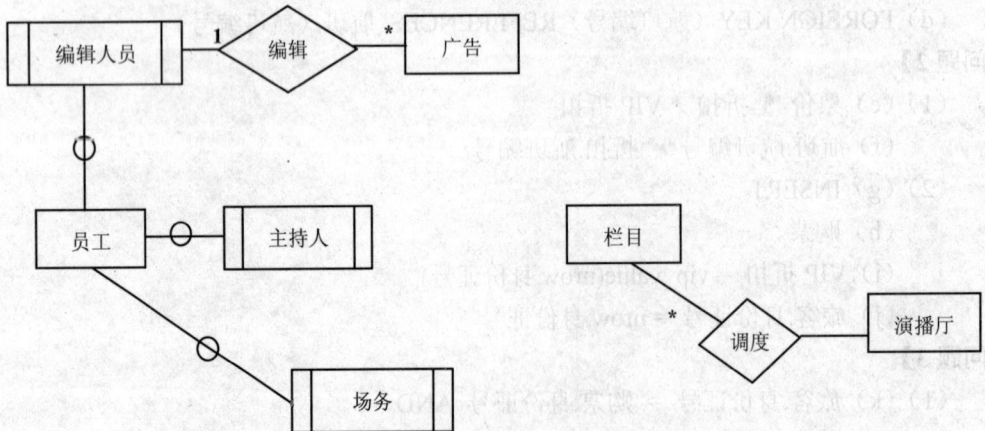

图 3-1　实体联系图

【逻辑结构设计】

根据概念模型设计阶段完成的实体联系图，得出如下关系模式（不完整）：

演播厅（<u>房间号</u>,房间面积）

栏目（<u>栏目名称</u>,播出时间,时长）

广告（广告编号,销售价格,　　（1）　　）

员工（<u>工号</u>,姓名,性别,出生日期,电话,住址）

主持人（主持人工号,　　（2）　　）

插播单（　　　（3）　　　,播出时间）

调度单（　　　　（4）　　　　）

【问题 1】（7 分）

补充图 3-1 中的联系和联系的类型。

【问题 2】（5 分）

根据图 3-1,将逻辑结构设计阶段生成的关系模式中的空（1）～（4）补充完整,并用下划线指出（1）～（4）所在关系模式的主键。

【问题 3】（3 分）

现需要记录广告商信息,增加广告商实体。一个广告商可以提供多条广告,一条广告只由一个广告商提供。请根据该要求,对图 3-1 进行修改,画出修改后的实体间联系和联系的类型。

试题三分析

本题考查数据库设计,属于比较传统的题目,考查点也与往年类似。

【问题 1】

本问题考查数据库的概念结构设计,题目要求补充完整实体联系图中的联系和联系的类型。

根据题目的需求描述可知,一个栏目可以插播多条广告,而多条广告也可以在多个栏目中播放,因此栏目和广告之间存在"插播"联系,联系的类型为多对多（*:*,或 m:n）。

根据题目的需求描述可知,一个栏目可以有多个主持人,而一个主持人只能主持一档栏目,因此栏目和主持人之间存在"主持"联系,联系的类型为一对多（1:*,或 1:n）。

根据题目的需求描述可知,一个栏目需要使用多名场务来进行演出协调,场务可以被多个栏目循环使用,因此演播厅、栏目和场务之间存在"调度"联系,联系的类型为 1 对多对多（1:*:*,或 1:m:n）。

【问题 2】

本问题考查数据库的逻辑结构设计,题目要求补充完整各关系模式,并给出各关系模式的主键。

根据实体联系图和需求描述,广告记录广告编号、销售价格和编辑人员工号。所以,对于"广告"关系模式,需补充属性"广告编号"。广告编号为广告的主键。

　　根据实体联系图和需求描述，主持人记录主持人工号和所属的栏目名称。所以，对于"主持人"关系模式，需补充属性"主持人工号"。主持人工号为主持人的主键。

　　根据实体联系图和需求描述，插播单需要记录栏目名称、广告编号和播出的时间。所以，对于"插播单"关系模式，需补充属性"栏目名称"和"广告编号"。栏目名称和广告编号联合作为插播单的主键。

　　根据实体联系图和需求描述，调度单需要记录栏目名称、房间号和参与的场务工号。所以，对于"调度单"关系模式，需补充属性"栏目名称"、"房间号"和"场务工号"。栏目名称、房间号和场务工号联合作为插播单的主键。

【问题3】

　　本问题考查数据库的概念结构设计，根据新增的需求增加实体联系图中的实体的联系和联系的类型。

　　根据问题描述，一个广告商可以提供多条广告，一条广告只由一个广告商提供。则须在广告商实体和广告实体之间存在"提供"联系，联系的类型为1对多（1:*，或1:n）。

参考答案

【问题1】

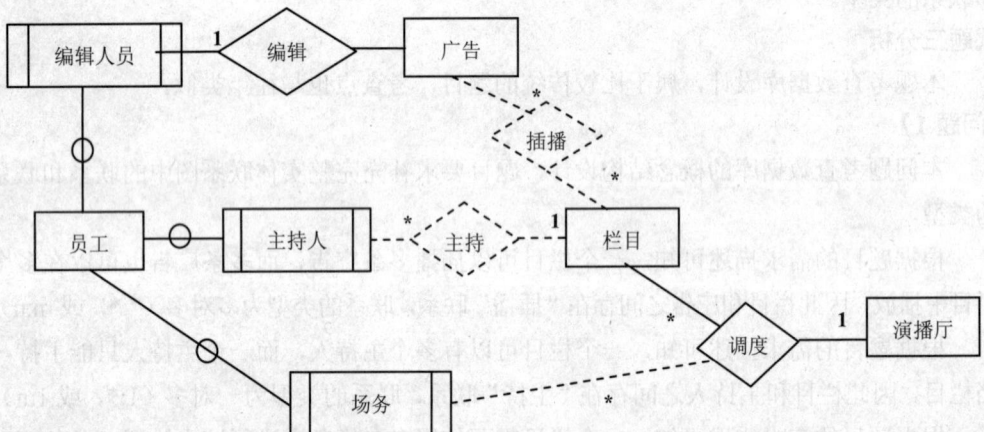

说明：*填写为 m 和 n 均可。

【问题2】

广告（<u>广告编号</u>，销售价格，编辑人员工号）

主持人（<u>主持人工号</u>，栏目名称）

插播单（<u>栏目名称，广告编号</u>，播出时间）

调度单（<u>栏目名称，房间号，场务工号</u>）

【问题3】

说明：*填写为 m 和 n 均可，参见下页图。

试题四（共 15 分）

阅读下列说明，回答问题 1 至问题 3，将解答填入答题纸的对应栏内。

【说明】

某水果零售超市拟开发一套信息系统，对超市的顾客、水果、员工、采购和销售信息进行管理。

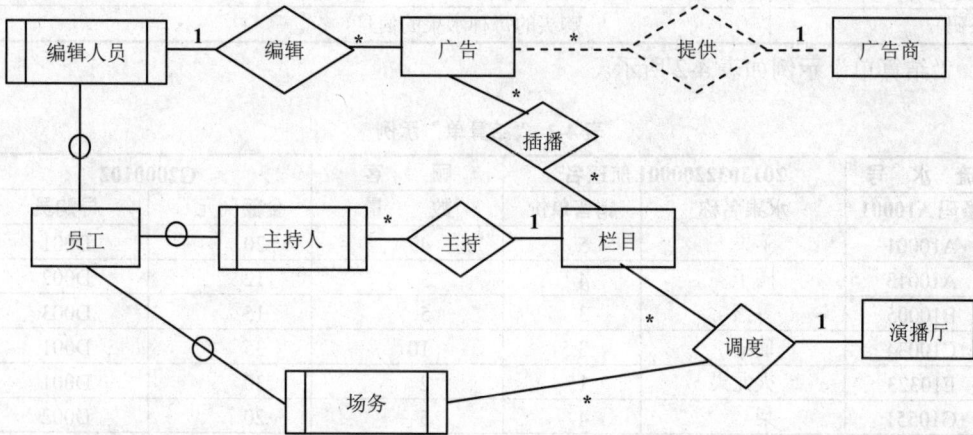

【需求分析】

（1）水果零售超市实行会员制，顾客需具有会员资格才能进行购物，顾客需持所在单位出具的证明信才能办理会员资格，每位顾客具有唯一编号。

（2）超市将采购员和导购员分成若干个小组，每组人员负责指定的若干种水果的采购和导购。每名采购员可采购指定给该组购买的水果；每名导购员都可对顾客选购的本组内的各种水果进行计价和包装，并分别贴上打印条码。

（3）顾客选购水果并计价完毕后进行结算，生成结算单。结算单包括流水号、购买的各种水果信息和顾客信息等，每张结算单具有唯一的流水号。

（4）超市在月底根据结算单对导购员进行绩效考核，根据采购情况对采购员进行考核，同时也根据结算单对顾客消费情况进行会员积分。

初步设计的数据库关系模式如图 4-1 所示。

顾客（顾客编号，身份证号，姓名，性别，积分，单位名称，单位地址，单位电话）

采购（批次，水果名称，采购价格，采购数量，采购员编号）

职责（水果名称，采购员编号，导购员编号）

结算单（流水号，条码，水果名称，销售单价，数量，金额，导购员编号，顾客编号）

图 4-1　数据库关系模式

关系模式的主要属性，含义及约束如表 4-1 所示。

表 4-1 主要属性，含义及约束

属 性	含义和约束条件
顾客编号	唯一标识某位顾客
单位地址和单位电话	顾客的单位地址和电话由单位名称决定
批次	不同批次的水果，采购价格和数量可能不同
流水号	每个结算单有一个流水号
条码	购买的每种水果的信息

"结算单"示例如表 4-2 所示。

表 4-2 "结算单"示例

流 水 号	2013032200001 航班名		顾 客		G2000102
条码 A10001	水果名称	销售单价	数 量	金额（元）	导购员
A10001	苹果	5	4	20	D001
A10013	橘子	4	3	12	D002
B10005	香蕉	3	5	15	D003
C10034	葡萄	3.5	10	35	D001
E10323	火龙果	15	2	30	D001
G10551	梨	4	5	20	D002
总计				132 元	

【问题 1】（5 分）

对关系模式"顾客"，请回答以下问题：

（1）给出所有候选键。

（2）该关系模式可达到第几范式，用 60 字以内文字简要叙述理由。

【问题 2】（6 分）

对关系模式"结算单"，请回答以下问题：

（1）用 100 字以内文字简要说明它会产生什么问题。

（2）将其分解为第三范式，分解后的关系名依次为：结算单 1，结算单 2，……。并用下划线标注分解后的各关系模式的主键。

【问题 3】（4 分）

对关系模式"职责"，请回答以下问题：

（1）它是否是第四范式，用 100 字以内文字叙述理由。

（2）将其分解为第四范式，分解后的关系名依次为：职责 1，职责 2，…。

试题四分析

本题考查数据库理论的规范化，属于比较传统的题目，考查点也与往年类似。

【问题 1】

本问题考查非主属性和第三范式。

根据"顾客"关系模式可知，"顾客编号"和"身份证号"都是顾客的决定因素，因此都是候选键的属性。

根据第三范式的要求：每一个非主属性既不部分依赖于码，也不传递依赖于码。

"顾客"关系模式中，存在以下函数依赖：

单位名称→单位地址，单位电话

存在非主属性对键的传递依赖，所以"顾客"关系模式可以达到第二范式，但不满足第三范式。

【问题 2】

本问题考查第二范式和第三范式。

根据"结算单"关系模式，可知其键为（流水号，条码），而又存在部分函数依赖：

条码→水果名称，销售单价，数量，金额，导购员编号。

根据第二范式的要求：不存在非主属性对键的部分依赖。所以"结算单"关系模式不满足第二范式，会造成：插入异常、删除异常和修改异常。

存在部分函数依赖，因此对"结算单"关系模式进行分解后的关系模式及主键如下：

结算单 1（流水号，条码）

结算单 2（流水号，顾客编号）

结算单 3（条码，水果名称，销售单价，数量，金额，导购员编号）

其中：

"结算单 1"关系的流水号和条码两个属性联合作为主键；

"结算单 2"关系的函数依赖为：

流水号→顾客编号

"结算单 3"关系的函数依赖为：

条码→水果名称，销售单价，数量，金额，导购员编号

这三个关系的每一个非主属性既不部分依赖于码，也不传递依赖于码，因此属于第三范式的要求。

【问题 3】

本问题考查第四范式。

根据"职责"关系模式可知：其键为（水果名称，采购员编号，导购员编号），而存在多值依赖：

水果名称→→采购员编号

水果名称→→导购员编号

根据第四范式的要求，不允许存在非平凡的多值依赖。因此，"职责"关系模式不满足第四范式。

对"职责"关系模式进行分解后的关系模式如下：

职责 1（水果名称，采购员编号）

职责 2（水果名称，导购员编号）

这两个关系不存在多值依赖，因此满足第四范式的要求。

参考答案

【问题1】

（1）顾客编号，身份证号

（2）可以达到第二范式。

理由："顾客"关系模式中，存在以下函数依赖：

单位名称→单位地址，单位电话

存在非主属性对键的传递依赖，所以"顾客"关系模式可以达到第二范式，但不满足第三范式。

【问题2】

（1）根据"结算单"关系模式，可知其键为（流水号，条码），而又存在部分函数依赖：

条码→水果名称，销售单价，数量，金额，导购员编号

根据第二范式的要求：不存在非主属性对键的部分依赖。所以"结算单"关系模式不满足第二范式，会造成：插入异常、删除异常和修改异常。

（2）对"结算单"关系模式进行分解后的关系模式及主键如下：

结算单1（<u>流水号</u>，<u>条码</u>）

结算单2（<u>流水号</u>，顾客编号）

结算单3（<u>条码</u>，水果名称，销售单价，数量，金额，导购员编号）

【问题3】

（1）不属于第四范式。

根据"职责"关系模式可知：其键为（水果名称，采购员编号，导购员编号），而存在多值依赖：

水果名称→→采购员编号

水果名称→→导购员编号

根据第四范式的要求，不允许存在非平凡的多值依赖。因此，"职责"关系模式不满足第四范式。

（2）对"职责"关系模式进行分解后的关系模式如下：

职责1（<u>水果名称</u>，<u>采购员编号</u>）

职责2（<u>水果名称</u>，<u>导购员编号</u>）

试题五（共 15 分）

阅读下列说明，回答问题 1 至问题 3，将解答填入答题纸的对应栏内。

【说明】

某连锁酒店提供网上预订房间业务，流程如下：

（1）客户查询指定日期内所有类别的空余房间数，系统显示空房表（日期，房间类

别，数量）中的信息；

（2）客户输入预订的起始日期和结束日期、房间类别和数量，并提交；

（3）系统将用户提交的信息写入预订表（身份证号，起始日期，结束日期，房间类别，数量），并修改空房表的相关数据。

针对上述业务流程，回答下列问题。

【问题 1】（3 分）

如果两个用户同时查询相同日期和房间类别的空房数量，得到的空房数量为 1，并且这两个用户又同时要求预订，可能会产生什么结果，请用 100 字以内文字简要叙述。

【问题 2】（8 分）

引入如下伪指令：将预订过程作为一个事务，将查询和修改空房表的操作分别记为 $R(A)$ 和 $W(A, x)$，插入预订表的操作记为 $W(B, a)$，其中 x 代表空余房间数，a 代表预订房间数。则事务的伪指令序列为：$x = R(A)$，$W(A, x-a)$，$W(B, a)$。

在并发操作的情况下，若客户 1、客户 2 同时预订相同类别的房间时，可能出现的执行序列为：$x1 = R(A)$，$x2 = R(A)$，$W(A, x1-a1)$，$W(B1, a1)$，$W(A, x2-a2)$，$W(B2, a2)$。

（1）此时会出现什么问题，请用 100 字以内文字简要叙述。

（2）为了解决上述问题，引入共享锁指令 SLock(X) 和独占锁指令 XLock(X) 对数据 X 进行加锁，解锁指令 Unlock(X) 对数据 X 进行解锁，请补充上述执行序列，使其满足 2PL 协议，不产生死锁且持有锁的时间最短。

【问题 3】（4 分）

下面是实现预订业务的程序，请补全空缺处的代码。其中主变量:Cid、:Bdate、:Edate、:Rtype、:Num 分别代表身份证号、起始日期、结束日期、房间类别和订房数量。

```
SET TRANSACTION ISOLATION LEVEL REPEATABLE READ;
UPDATE  空房表
SET 数量 = 数量 - :Num
WHERE ____(a)____ ;
if error then { ROLLBACK; return -1; }
INSERT INTO  预订表 VALUES ( :Cid, :Bdate, :Edate, :Rtype, :Num);
if error then { ROLLBACK; return -2 ; }
____(b)____ ;
```

试题五分析

本题考查对事务设计、并发控制的理解和掌握。

【问题 1】

本问题是典型的并发冲突问题。

两个用户同时查询相同日期和房间类别的空房数量，得到的空房数量为 1，并且这两个用户又同时要求预订。预订的执行逻辑是用空房数量减去要预订的数量后，将值写入空房表。会造成丢失修改的不一致性。

【问题 2】

本问题考查对并发事务调度的理解。

调度出现的执行序列为：x1 = R(A)，x2 = R(A)，W(A, x1-a1)，W(B1, a1)，W(A, x2-a2)，W(B2, a2)。表明两个用户读到了相同的空房数量（x1=x2），再减去自己的订房数后写入空房表，并分别写入各自的订房记录。客户 1 对空房数的修改随后会被客户 2 的修改所覆盖，造成丢失修改的不一致性。

按 2PL 协议的规定，每个事务中的加解锁指令不能交替出现。若使其不产生死锁，则不能出现锁竞争，持有锁的时间最短，应即时释放锁。

【问题 3】

本问题考查事务程序的掌握。

题目涉及基本的嵌入式 SQL 和事务的程序逻辑。事务程序执行中的错误应判定并回滚，程序逻辑完成后应进行数据提交。

参考答案

【问题 1】

同时预订时，可能会产生一个客户订不到或者把同一房订给两个客户。

【问题 2】

（1）出现问题：丢失修改，客户 1 预订 a1 数量房间后，对空房数量的修改被 T2 的修改覆盖，造成数据不一致。（4 分）

（2）XLOCK(A)，x1 = R(A)，W(A, x1-a1)，XLOCK(B)，UNLOCK(A)，W(B1, a1)，UNLOCK(B)，XLOCK(A)，x2 = R(A)，W(A, x2-a2)，XLOCK(B)，UNLOCK(A)，W(B2, a2)，UNLOCK(B)。（4 分）

【问题 3】

（a）房间类别 = :Rtype   AND 日期 BETWEEN :Bdate AND :Edate

（b）COMMIT；   return 0；

第5章 2014上半年数据库系统工程师上午试题分析与解答

试题（1）

在 CPU 中，常用来为 ALU 执行算术逻辑运算提供数据并暂存运算结果的寄存器是__(1)__。

(1) A. 程序计数器   B. 状态寄存器

      C. 通用寄存器   D. 累加寄存器

试题（1）分析

本题考查计算机系统基础知识。

CPU 中有一些重要的寄存器，程序计数器（PC）用于存放指令的地址。当程序顺序执行时，每取出一条指令，PC 内容自动增加一个值，指向下一条要取的指令。当程序出现转移时，则将转移地址送入 PC，然后由 PC 指出新的指令地址。

状态寄存器用于记录运算中产生的标志信息。状态寄存器中的每一位单独使用，称为标志位。标志位的取值反映了 ALU 当前的工作状态，可以作为条件转移指令的转移条件。典型的标志位有以下几种：进位标志位（C）、零标志位（Z）、符号标志位（S）、溢出标志位（V）、奇偶标志位（P）。

通用寄存器组是 CPU 中的一组工作寄存器，运算时用于暂存操作数或地址。在程序中使用通用寄存器可以减少访问内存的次数，提高运算速度。累加器（accumulator）：累加器是一个数据寄存器，在运算过程中暂时存放操作数和中间运算结果，不能用于长时间地保存一个数据。

累加器是一个数据寄存器，在运算过程中暂时存放操作数和中间运算结果，不能用于长时间地保存一个数据。

参考答案

(1) D

试题（2）

某机器字长为 n，最高位是符号位，其定点整数的最大值为__(2)__。

(2) A. 2^n-1 B. $2^{n-1}-1$ C. 2^n D. 2^{n-1}

试题（2）分析

本题考查计算机系统中数据表示基础知识。

机器字长为 n，最高位为符号位，则剩余的 $n-1$ 位用来表示数值，其最大值是这 $n-1$ 位都为 1，也就是 $2^{n-1}-1$。

参考答案

（2）B

试题（3）

海明码利用奇偶性检错和纠错，通过在 n 个数据位之间插入 k 个校验位，扩大数据编码的码距。若 $n=48$，则 k 应为___（3）___。

（3）A. 4　　　　　B. 5　　　　　C. 6　　　　　D. 7

试题（3）分析

本题考查数据校验基础知识。

设数据位是 n 位，校验位是 k 位，则 n 和 k 必须满足以下关系：$2^k - 1 \geq n+k$。

若 $n=48$，则 k 为 6 时可满足 $2^6 - 1 \geq 48+6$。

海明码的编码规则如下。

设 k 个校验位为 P_k, P_{k-1}, …, P_1，n 个数据位为 D_{n-1}, D_{n-2}, …, D_1, D_0，对应的海明码为 H_{n+k}, H_{n+k-1}, …, H_1，那么：

① P_i 在海明码的第 2^{i-1} 位置，即 $H_j=P_i$，且 $j=2^{i-1}$；数据位则依序从低到高占据海明码中剩下的位置。

② 海明码中的任一位都是由若干个校验位来校验的。其对应关系如下：被校验的海明位的下标等于所有参与校验该位的校验位的下标之和，而校验位则由自身校验。

参考答案

（3）C

试题（4）、（5）

通常可以将计算机系统中执行一条指令的过程分为取指令、分析和执行指令 3 步，若取指令时间为 $4\Delta t$，分析时间为 $2\Delta t$，执行时间为 $3\Delta t$，按顺序方式从头到尾执行完 600 条指令所需时间为___（4）___Δt；若按照执行第 i 条、分析第 i+1 条、读取第 i+2 条重叠的流水线方式执行指令，则从头到尾执行完 600 条指令所需时间为___（5）___Δt。

（4）A. 2400　　　B. 3000　　　C. 3600　　　D. 5400

（5）A. 2400　　　B. 2405　　　C. 3000　　　D. 3009

试题（4）、（5）分析

本题考查指令系统基础知识。

指令顺序执行时，每条指令需要 $9\Delta t$（$4\Delta t+2\Delta t+3\Delta t$），执行完 600 条指令需要 $5400\Delta t$，若采用流水方式，则在分析和执行第 1 条指令时，就可以读取第 2 条指令，当第 1 条指令执行完成，第 2 条指令进行分析和执行，而第 3 条指令可进行读取操作。因此，第 1 条指令执行完成后，每 $4\Delta t$ 就可以完成 1 条指令，600 条指令的总执行时间为 $9\Delta t+599\times4\Delta t=2405\Delta t$。

参考答案

（4）D　　（5）B

试题（6）

若用 256K×8bit 的存储器芯片，构成地址 40000000H 到 400FFFFFH 且按字节编址的内存区域，则需___(6)___片芯片。

（6）A. 4　　　　　　B. 8　　　　　　C. 16　　　　　D. 32

试题（6）分析

本题考查计算机系统中存储器知识。

地址 400000000H 到 4000FFFFFH 共 FFFFFH（即 2^{20}）个以字节为单位的编址单元，而 256K×8bit 的存储器芯片可提供 2^{18} 个以字节为单位的编址单元，因此需要 4 片（$2^{20}/2^{18}$）这种芯片来构成上述内存区域。

参考答案

（6）A

试题（7）

以下关于木马程序的叙述中，正确的是___(7)___。

（7）A. 木马程序主要通过移动磁盘传播

　　　 B. 木马程序的客户端运行在攻击者的机器上

　　　 C. 木马程序的目的是使计算机或网络无法提供正常的服务

　　　 D. Sniffer 是典型的木马程序

试题（7）分析

本题考查木马程序的基础知识。

木马程序一般分为服务器端（Server）和客户端（Client），服务器端是攻击者传到目标机器上的部分，用来在目标机上监听等待客户端连接过来。客户端是用来控制目标机器的部分，放在攻击者的机器上。

木马（Trojans）程序常被伪装成工具程序或游戏，一旦用户打开了带有特洛伊木马程序的邮件附件或从网上直接下载，或执行了这些程序之后，当你连接到互联网上时，这个程序就会通知黑客用户的 IP 地址及被预先设定的端口。黑客在收到这些资料后，再利用这个潜伏其中的程序，就可以恣意修改用户的计算机设定、复制任何文件、窥视用户整个硬盘内的资料等，从而达到控制用户的计算机的目的。

现在有许多这样的程序，国外的此类软件有 Back Office、Netbus 等，国内的此类软件有 Netspy、YAI、SubSeven、"冰河""广外女生"等。Sniffer 是一种基于被动侦听原理的网络分析软件。使用这种软件，可以监视网络的状态、数据流动情况以及网络上传输的信息，其不属于木马程序。

参考答案

（7）B

试题（8）

防火墙的工作层次是决定防火墙效率及安全的主要因素，以下叙述中，正确的是

(8) ____。

 （8）A．防火墙工作层次越低，工作效率越高，安全性越高

　　　B．防火墙工作层次越低，工作效率越低，安全性越低

　　　C．防火墙工作层次越高，工作效率越高，安全性越低

　　　D．防火墙工作层次越高，工作效率越低，安全性越高

试题（8）分析

本题考查防火墙的基础知识。

防火墙的性能及特点主要由以下两方面所决定：

① 工作层次。这是决定防火墙效率及安全的主要因素。一般来说，工作层次越低，则工作效率越高，但安全性就低了；反之，工作层次越高，工作效率越低，则安全性越高。

② 防火墙采用的机制。如果采用代理机制，则防火墙具有内部信息隐藏的特点，相对而言，安全性高，效率低；如果采用过滤机制，则效率高，安全性却降低了。

参考答案

（8）D

试题（9）

以下关于包过滤防火墙和代理服务防火墙的叙述中，正确的是 ____(9)____ 。

 （9）A．包过滤技术实现成本较高，所以安全性能高

　　　B．包过滤技术对应用和用户是透明的

　　　C．代理服务技术安全性较高，可以提高网络整体性能

　　　D．代理服务技术只能配置成用户认证后才建立连接

试题（9）分析

本题考查防火墙的基础知识。

显然，包过滤防火墙采用包过滤技术对应用和用户是透明的。

参考答案

（9）B

试题（10）

王某买了一幅美术作品原件，则他享有该美术作品的 ____(10)____ 。

 （10）A．著作权　　　　　　　　　B．所有权

　　　 C．展览权　　　　　　　　　D．所有权与其展览权

试题（10）分析

本题考查知识产权基本知识。

绘画、书法、雕塑等美术作品的原件可以买卖、赠予。但获得一件美术作品并不意味着获得该作品的著作权。我国著作权法规定："美术等作品原件所有权的转移。不视为作品著作权的转移，但美术作品原件的展览权由原件所有人享有。"这就是说作品物转移

的事实并不引起作品著作权的转移，受让人只是取得物的所有权和作品原件的展览权，作品的著作权仍然由作者享有。

参考答案

（10）D

试题（11）

甲、乙两软件公司于 2012 年 7 月 12 日就其财务软件产品分别申请"用友"和"用有"商标注册。两财务软件相似，甲第一次使用时间为 2009 年 7 月，乙第一次使用时间为 2009 年 5 月。此情形下，___(11)___能获准注册。

（11）A."用友"　　　　　　　　　　　　B."用友"与"用有"都

　　　C."用有"　　　　　　　　　　　　D. 由甲、乙抽签结果确定谁

试题（11）分析

我国商标注册采取"申请在先"的审查原则，当两个或两个以上申请人在同一种或者类似商品上申请注册相同或者近似商标时，商标主管机关根据申请时间的先后，决定商标权的归属，申请在先的人可以获得注册。对于同日申请的情况，使用在先的人可以获得注册。如果同日使用或均未使用，则采取申请人之间协商解决，协商不成的，由各申请人抽签决定。

参考答案

（11）C

试题（12）、（13）

以下媒体中，___(12)___是表示媒体，___(13)___是表现媒体。

（12）A. 图像　　　　B. 图像编码　　　　C. 电磁波　　　　D. 鼠标

（13）A. 图像　　　　B. 图像编码　　　　C. 电磁波　　　　D. 鼠标

试题（12）、（13）分析

本题考查多媒体基础知识。

国际电话电报咨询委员会（CCITT）将媒体分为感觉媒体、表示媒体、表现媒体、存储媒体和传输媒体 5 类，其中感觉媒体指直接作用于人的感觉器官，使人产生直接感觉的媒体，如引起听觉反应的声音，引起视觉反应的图像等；传输媒体指传输表示媒体的物理介质，如电缆、光缆、电磁波等；表示媒体指传输感觉媒体的中介媒体，即用于数据交换的编码，如图像编码、文本编码和声音编码等；表现媒体是指进行信息输入和输出的媒体，如键盘、鼠标、话筒，以及显示器、打印机、喇叭等；存储媒体指用于存储表示媒体的物理介质，如硬盘、光盘等。

参考答案

（12）B　　（13）D

试题（14）

___(14)___表示显示器在横向（行）上具有的像素点数目。

（14）A．显示分辨率　　　　　　　　B．水平分辨率
　　　　C．垂直分辨率　　　　　　　　D．显示深度

试题（14）分析

本题考查多媒体基础知识。

显示分辨率是指显示器上能够显示出的像素点数目，即显示器在横向和纵向上能够显示出的像素点数目。水平分辨率表明显示器水平方向（横向）上显示出的像素点数目，垂直分辨率表明显示器垂直方向（纵向）上显示出的像素点数目。例如，显示分辨率为 1024×768 则表明显示器水平方向上显示 1024 个像素点，垂直方向上显示 768 个像素点，整个显示屏就含有 796 432 个像素点。屏幕能够显示的像素越多，说明显示设备的分辨率越高，显示的图像质量越高。显示深度是指显示器上显示每个像素点颜色的二进制位数。

参考答案

（14）B

试题（15）

以下关于结构化开发方法的叙述中，不正确的是　（15）　。

（15）A．将数据流映射为软件系统的模块结构
　　　　B．一般情况下，数据流类型包括变换流型和事务流型
　　　　C．不同类型的数据流有不同的映射方法
　　　　D．一个软件系统只有一种数据流类型

试题（15）分析

本题考查结构化开发方法的结构化设计。

结构化设计方法是一种面向数据流的设计方法，与结构化分析方法衔接。在需求分析阶段，结构化分析方法产生了数据流图，而在设计阶段，结构化设计方法将数据流映射为软件系统的模块结构。数据流图中从系统的输入数据流到系统的输出数据流的一连串变换形成了一条信息流。其中的信息流一般情况下包括变换流型和事物流型。不同类型的数据流到程序模块的映射方法不同。一个软件系统往往不仅仅有一种数据流类型。

参考答案

（15）D

试题（16）

模块 A 提供某个班级某门课程的成绩给模块 B，模块 B 计算平均成绩、最高分和最低分，将计算结果返回给模块 A，则模块 B 在软件结构图中属于　（16）　模块。

（16）A．传入　　　　B．传出　　　　C．变换　　　　D．协调

试题（16）分析

本题考查结构化开发方法的基础知识。

通常，可以按照在软件系统中的功能将模块分为四种类型。传入模块：取得数据或输入数据，经过某些处理，再将其传送给其他模块。传出模块：输出数据，在输出之前

可能进行某些处理，数据可能被输出到系统的外部，或者会输出到其他模块进行进一步处理。变换模块：从上级调用模块得到数据，进行特定的处理，转换成其他形式，在将加工结果返回给调用模块。协调模块 一般不对数据进行加工，主要是通过调用、协调和管理其他模块来完成特定的功能。

参考答案

（16）C

试题（17）

 (17) 软件成本估算模型是一种静态单变量模型，用于对整个软件系统进行估算。

（17）A．Putnam　　　　　　　　　B．基本 COCOMO

　　　　C．中级 COCOMO　　　　　　D．详细 COCOMO

试题（17）分析

本题考查软件项目管理的基础知识。

Putnam 和 COCOMO 都是软件成本估算模型。Putnam 模型是一种动态多变量模型，假设在软件开发的整个生存期中工作量有特定的分布。结构性成本模型-COCOMO 模型分为基本 COCOMO 模型、中级 COCOMO 模型和详细 COCOMO。基本 COCOMO 模型是一个静态单变量模型，对整个软件系统进行估算；中级 COCOMO 模型是一个静态多变量模型，将软件系统模型分为系统和部件两个层次，系统由部件构成；详细 COCOMO 模型将软件系统模型分为系统、子系统和模块三个层次，除了包括中级模型所考虑的因素外，还考虑了在需求分析、软件设计等每一步的成本驱动属性的影响。

参考答案

（17）B

试题（18）

以下关于进度管理工具 Gantt 图的叙述中，不正确的是 (18) 。

（18）A．能清晰地表达每个任务的开始时间、结束时间和持续时间

　　　　B．能清晰地表达任务之间的并行关系

　　　　C．不能清晰地确定任务之间的依赖关系

　　　　D．能清晰地确定影响进度的关键任务

试题（18）分析

本题考查软件项目管理的基础知识。

Gantt 图是一种简单的水平条形图，以日历为基准描述项目任务。水平轴表示日历时间线，如天、周和月等，每个条形表示一个任务，任务名称垂直的列在左边的列中，图中水平条的起点和终点对应水平轴上的时间，分别表示该任务的开始时间和结束时间，水平条的长度表示完成该任务所持续的时间。当日历中同一时段存在多个水平条时，表示任务之间的并发。

Gantt 图能清晰地描述每个任务从何时开始，到何时结束，任务的进展情况以及各

个任务之间的并行性。但它不能清晰地反映出各任务之间的依赖关系，难以确定整个项目的关键所在，也不能反映计划中有潜力的部分。

参考答案

（18）D

试题（19）

项目复杂性、规模和结构的不确定性属于 __（19）__ 风险。

（19）A. 项目   B. 技术   C. 经济   D. 商业

试题（19）分析

本题考查软件项目管理的基础知识。

项目经理需要尽早预测项目中的风险，这样就可以制定有效的风险管理计划以减少风险的影响，所以，早期的风险识别是非常重要的。一般来说，影响软件项目的风险主要有三种类别：项目风险涉及到各种形式的预算、进度、人员、资源以及和客户相关的问题；技术风险涉及到潜在的设计、实现、对接、测试即维护问题；业务风险包括建立一个无人想要的优秀产品的风险、失去预算或人员承诺的风险等；商业风险包括如市场风险、策略风险、管理风险和预算风险等。

参考答案

（19）A

试题（20）

以下程序设计语言中，__（20）__ 更适合用来进行动态网页处理。

（20）A. HTML   B. LISP   C. PHP   D. JAVA/C++

试题（20）分析

本题考查程序语言基础知识。

网页文件本身是一种文本文件，通过在其中添加标记符，可以告诉浏览器如何显示其中的内容。HTML 是超文本标记语言，超文本是指页面内可以包含图片、链接，甚至音乐、程序等非文字元素。

PHP（超文本预处理器）是一种通用开源脚本语言，它将程序嵌入到 HTML 文档中去执行，从而产生动态网页。

参考答案

（20）C

试题（21）

在引用调用方式下进行函数调用，是将 __（21）__ 。

（21）A. 实参的值传递给形参   B. 实参的地址传递给形参

       C. 形参的值传递给实参   D. 形参的地址传递给实参

试题（21）分析

本题考查程序语言基础知识。

值调用和引用调用是实现函数调用是传递参数的两种基本方式。在值调用方式下，是将实参的值传给形参，在引用调用方式下，实将实参的地址传递给形参。

参考答案

（21）B

试题（22）

编译程序对高级语言源程序进行编译的过程中，要不断收集、记录和使用源程序中一些相关符号的类型和特征等信息，并将其存入___（22）___中。

（22）A. 符号表　　　B. 哈希表　　　C. 动态查找表　　　D. 栈和队列

试题（22）分析

本题考查程序语言基础知识。

编译是实现高级程序设计语言的一种方式，编译过程可分为词法分析、语法分析、语义分析、中间代码生成、代码优化和目标代码生成等阶段，还需以进行出错处理和符号表管理。符号表的作用是记录源程序中各个符号的必要信息，以辅助语义的正确性检查和代码生成，在编译过程中需要对符号表进行快速有效地查找、插入、修改和删除等操作。符号表的建立可以始于词法分析阶段，也可以放到语法分析和语义分析阶段，但符号表的使用有时会延续到目标代码的运行阶段。

参考答案

（22）A

试题（23）

设计操作系统时不需要考虑的问题是___（23）___。

（23）A. 计算机系统中硬件资源的管理　　B. 计算机系统中软件资源的管理

　　　C. 用户与计算机之间的接口　　　　D. 语言编译器的设计实现

试题（23）分析

操作系统设计的目的是管理计算机系统中的软硬件资源，为用户与计算机之间提供方便的接口。

参考答案

（23）D

试题（24）、（25）

假设某计算机系统中资源 R 的可用数为 6，系统中有 3 个进程竞争 R，且每个进程都需要 i 个 R，该系统可能会发生死锁的最小 i 值是___（24）___。若信号量 S 的当前值为 -2，则 R 的可用数和等待 R 的进程数分别为___（25）___。

（24）A. 1　　　　B. 2　　　　C. 3　　　　D. 4

（25）A. 0、0　　B. 0、1　　C. 1、0　　D. 0、2

试题（24）、（25）分析

本题考查操作系统进程管理信号量方面的基础知识。

选项 A 是错误的，因为每个进程都需要 1 个资源 R，系统为 3 个进程各分配 1 个，系统中资源 R 的可用数为 3，3 个进程都能得到所需资源，故不发生死锁；选项 B 是错误的，因为，每个进程都需要 2 个资源 R，系统为 3 个进程各分配 2 个，系统中资源 R 的可用数为 0，3 个进程都能得到所需资源，故也不发生死锁；选项 C 是正确的，因为，每个进程都需要 3 个资源 R，系统为 3 个进程各分配 2 个，系统中资源 R 的可用数为 0，3 个进程再申请 1 个资源 R 得不到满足，故发生死锁；选项 D 显然是错误的，分析略。

试题（25）的正确的答案为选项 D。早在 1965 年荷兰学者 Dijkstra 提出信号量机制是一种有效的进程同步与互斥工具。目前，信号量机制有了很大的发展，主要有整型信号量、记录型信号量和信号量集机制。

对于整型信号量可以根据控制对象的不同被赋予不同的值。通常将信号量分为公用信号量和私用信号量两类。其中，公用信号量用于实现进程间的互斥，初值为 1 或资源的数目；私用信号量用于实现进程间的同步，初值为 0 或某个正整数。信号量 S 的物理意义：S≥0 表示某资源的可用数，若 S<0，则其绝对值表示阻塞队列中等待该资源的进程数。本题由于信号量 S 的当前值为 0，则意味着系统中资源 R 的可用个数 M=0，等待资源 R 的进程数 N=0。

参考答案

（24）C　　（25）D

试题（26）

某计算机系统页面大小为 4K，若进程的页面变换表如下所示，逻辑地址为十六进制 1D16H。该地址经过变换后，其物理地址应为十六进制　　（26）　　。

页号	物理块号
0	1
1	3
2	4
3	6

（26）A. 1024H　　　　B. 3D16H　　　　C. 4D16H　　　　D. 6D16H

试题（26）分析

根据题意页面大小为 4K，逻辑地址为十六进制 1D16H 其页号为 1，页内地址为 D16H，查页表后可知物理块号为 3，该地址经过变换后，其物理地址应为物理块号 3 拼上页内地址 C16H，即十六进制 3D16H。

参考答案

（26）B

试题（27）

若某文件系统的目录结构如下图所示，假设用户要访问文件 fault.swf，且当前工作目录为 swshare，则相对路径和绝对路径分别为　　(27)　。

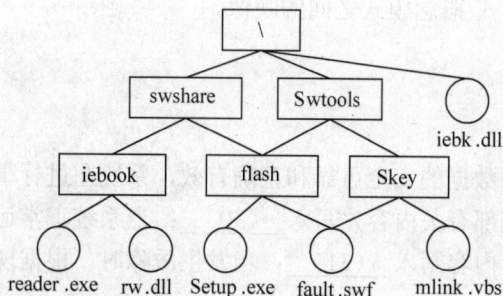

（27）A．swshare\flash\和\flash\ 　　　　B．flash\和swshare\flash\
　　　C．\swshare\flash\和 flash\ 　　　　D．\flash\和swshare\flash\

试题（27）分析

本题考查操作系统文件管理方面的基础知识。

按查找文件的起点不同可以将路径分为：绝对路径和相对路径。从根目录开始的路径称为绝对路径；从用户当前工作目录开始的路径称为相对路径，相对路径是随着当前工作目录的变化而改变的。

参考答案

（27）B

试题（28）、（29）

在数据库设计过程中，设计用户外模式属于　　(28)　；数据的物理独立性和数据的逻辑独立性是分别通过修改　　(29)　来完成的。

（28）A．概念结构设计 　　　　　　　　B．物理设计
　　　C．逻辑结构设计 　　　　　　　　D．数据库实施
（29）A．模式与内模式之间的映像、外模式与模式之间的映像
　　　B．外模式与内模式之间的映像、外模式与模式之间的映像
　　　C．外模式与模式之间的映像、模式与内模式之间的映像
　　　D．外模式与内模式之间的映像、模式与内模式之间的映像

试题（28）、（29）分析

本题考查对数据库基本概念掌握程度。

在数据库设计过程中，外模式设计是在数据库各关系模式确定之后，根据应用需求来确定各个应用所用到的数据视图即外模式的，故设计用户外模式属于逻辑结构设计。

数据的独立性是由 DBMS 的二级映像功能来保证的。数据的独立性包括数据的物理独立性和数据的逻辑独立性。数据的物理独立性是指当数据库的内模式发生改变时，数据的逻辑结构不变。为了保证应用程序能够正确执行，需要通过修改概念模式/内模式之间的映像。数据的逻辑独立性是指用户的应用程序与数据库的逻辑结构是相互独立的。

数据的逻辑结构发生变化后，用户程序也可以不修改。但是，为了保证应用程序能够正确执行，需要修改外模式/概念模式之间的映像。

参考答案

（28）C　（29）A

试题（30）、（31）

为了保证数据库中数据的安全可靠和正确有效，系统在进行事务处理时，对数据的插入、删除或修改的全部有关内容先写入___(30)___；当系统正常运行时，按一定的时间间隔，把数据库缓冲区内容写入___(31)___；当发生故障时，根据现场数据内容及相关文件来恢复系统的状态。

（30）A．索引文件　　　　　B．数据文件　　　　C．日志文件　　　　D．数据字典

（31）A．索引文件　　　　　B．数据文件　　　　C．日志文件　　　　D．数据字典

试题（30）、（31）分析

本题考查关系数据库事务处理方面的基础知识。

为了保证数据库中数据的安全可靠和正确有效，数据库管理系统（DBMS）提供数据库恢复、并发控制、数据完整性保护与数据安全性保护等功能。数据库在运行过程中由于软硬件故障可能造成数据被破坏，数据库恢复就是在尽可能短的时间内，把数据库恢复到故障发生前的状态。具体的实现方法有多种，如：定期将数据库作备份；在进行事务处理时，对数据更新（插入、删除、修改）的全部有关内容写入日志文件；当系统正常运行时，按一定的时间间隔，设立检查点文件，把内存缓冲区内容还未写入到磁盘中去的有关状态记录到检查点文件中；当发生故障时，根据现场数据内容、日志文件的故障前映像和检查点文件来恢复系统的状态。

参考答案

（30）C　（31）B

试题（32）

假设系统中有运行的事务，若要转储全部数据库应采用___(32)___方式。

（32）A．静态全局转储　　　　　　　　　B．静态增量转储

　　　 C．动态全局转储　　　　　　　　　D．动态增量转储

试题（32）分析

本题考查数据库技术方面的知识。

数据的转储分为静态转储和动态转储、海量转储和增量转储。

① 静态转储和动态转储。静态转储是指在转储期间不允许对数据库进行任何存取、修改操作；动态转储是在转储期间允许对数据库进行存取、修改操作，故转储和用户事务可并发执行。

② 海量转储和增量转储。海量转储是指每次转储全部数据；增量转储是指每次只转储上次转储后更新过的数据。

综上所述，假设系统中有运行的事务，若要转储全部数据库应采用动态全局转储方式。

参考答案

（32）C

试题（33）～（35）

给定关系模式 R(U, F)，U={A, B, C, D}，函数依赖集 F={AB→C, CD→B}。关系模式 R __(33)__，且分别有__(34)__。若将 R 分解为 ρ={R₁(ABC), R₂(CDB)}，则分解 ρ __(35)__。

（33）A. 只有 1 个候选关键字 ACB

　　　　B. 只有 1 个候选关键字 BCD

　　　　C. 有 2 个候选关键字 ACD 和 ABD

　　　　D. 有 2 个候选关键字 ACB 和 BCD

（34）A. 0 个非主属性和 4 个主属性

　　　　B. 1 个非主属性和 3 个主属性

　　　　C. 2 个非主属性和 2 个主属性

　　　　D. 3 个非主属性和 1 个主属性

（35）A. 具有无损连接性、保持函数依赖

　　　　B. 具有无损连接性、不保持函数依赖

　　　　C. 不具有无损连接性、保持函数依赖

　　　　D. 不具有无损连接性、不保持函数依赖

试题（33）～（35）分析

本题考查关系数据库规范化理论方面的基础知识。

根据函数依赖定义，可知 ACD→U，ABD→U，所以 ACD 和 ABD 均为候选关键字。

试题（34）的正确答案是 A。根据主属性的定义"包含在任何一个候选码中的属性叫作**主属性**（Prime attribute），否则叫作**非主属性**（Nonprime attribute）"，所以，关系 R 中的 4 个属性都是主属性。

试题（35）的正确答案是 C。根据无损连接性判定定理：关系模式 R 分解为两个关系模式 R₁、R₂，满足无损连接性的充分条件是 $R_1 \cap R_2 \rightarrow (R_1 - R_2)$ 或 $R_1 \cap R_2 \rightarrow (R_2 - R_1)$，能由函数依赖集 F 逻辑地推出。由于 $R_1 \cap R_2 = BC$，$R_1 - R_2 = A$，但 BC→A 不能由函数依赖集 F 逻辑地推出；同理，$R_2 - R_1 = D$，但 BC→D 不能由函数依赖集 F 逻辑地推出，故分解不满足无损连接性。由保持函数依赖的定义，若满足 $(F_1 \cup F_2)^+ = F^+$，则分解保持函数依赖，其中 Fᵢ 函数依赖集 F 在 Rᵢ 上的投影。由题目，$(F_1 \cup F_2) = F$，即 $(F_1 \cup F_2)^+ = F^+$ 成立，故分解保持函数依赖。

参考答案

　　（33）C　　（34）A　　（35）C

试题（36）～（39）

　　给定关系 R(A,B,C,D)和关系 S(A,C,D,E)，对其进行自然连接运算 R ⋈ S 后的属性列为__（36）__个；与 $\sigma_{R.B>S.E}$R ⋈ S 等价的关系代数表达式为__（37）__。

　　（36）A. 4　　　　　　　B. 5　　　　C. 6　　　　　　D. 8

　　（37）A. $\sigma_{2>8}(R×S)$　　　　　　　　B. $\pi_{1,2,3,4,8}(\sigma_{1=5\wedge2>8\wedge3=6\wedge4=7}(R×S))$

　　　　　C. $\sigma_{2'>'8'}(R×S)$　　　　　　　D. $\pi_{1,2,3,4,8}(\sigma_{1=5\wedge'2'>'8'\wedge3=6\wedge4=7}(R×S))$

与 $\sigma_{R.B>S.E}(R⋈S)$ 等价的 SQL 语句如下：

```
Select   (38)
  From A,B
  Where   (39)  ;
```

　　（38）A. R.A, R.B, R.C, R.D, S.E

　　　　　B. R.A, R.C, R.D, S.C, S.D, S.E

　　　　　C. A,B,C,D, A,C,D,E

　　　　　D. R.A, R.B, R.C, R.D, S.A, S.C, S.D, S.E

　　（39）A. R.A=S.A　OR　R.B=S.E　OR　R.C=S.C　OR　R.D=S.D

　　　　　B. R.A=S.A　OR　R.B>S.E　OR　R.C=S.C　OR　R.D=S.D

　　　　　C. R.A=S.A　AND　R.B=S.E　AND　R.C=S.C　AND　R.D=S.D

　　　　　D. R.A=S.A　AND　R.B>S.E　AND　R.C=S.C　AND　R.D=S.D

试题（36）～（39）分析

　　本题考查关系代数运算与 SQL 方面的基础知识。

　　试题（36）和试题（38）的正确答案分别是 B、A。因为自然连接是一种特殊的等值连接，它要求两个关系中进行比较的分量必须是相同的属性组，并且在结果集中将重复属性列去掉。对关系 R(A,B,C,D)和关系 S(A,C,D,E)进行自然连接运算后的属性列应为 6 个，即为 R.A, R.B, R.C, R.D, S.E。

　　试题（37）和试题（39）的正确答案分别是 B、D。因为 R×S 的结果集的属性列为 R.A, R.B, R.C, R.D, S.A, S.C, S.D, S.E，$\sigma_{1=5\wedge2>8\wedge3=6\wedge4=7}(R×S)$ 的含义为 R 与 S 的笛卡儿积中选择第 1 个属性列=第 5 个属性列（即 R.A= S.A），同时满足第 2 个属性列>第 8 个属性列（即 R.B>S.E），同时满足第 3 个属性列=第 6 个属性列（即 R.C= S.C），同时满足第 4 个属性列>第 7 个属性列（即 R.D=S.D）。

参考答案

　　（36）B　　（37）B　　（38）A　　　（39）D

试题（40）～（44）

　　假定某企业根据 2014 年 5 月员工的出勤率、岗位、应扣款得出的工资表如下：

2014 年 5 月工资表

员工号	姓名	部门	基本工资	岗位工资	全勤奖	应发工资	扣款	实发工资
1001	王小龙	办公室	680.00	1200.00	100.00	1980.00	20.00	1960.00
1002	孙晓红	办公室	1200.00	1000.00	0.00	2200.00	50.00	2150.00
2001	赵晗珊	企划部	680.00	1200.00	100.00	1980.00	10.00	1970.00
2002	李丽敏	企划部	950.00	2000.00	100.00	3050.00	15.00	3035.00
3002	傅学君	设计部	800.00	1800.00	0.00	2600.00	50.00	2550.00
3003	曹海军	设计部	950.00	1600.00	100.00	2650.00	20.00	2630.00
3004	赵晓勇	设计部	1200.00	2500.00	0.00	3700.00	50.00	3650.00
4001	杨一凡	销售部	680.00	1000.00	100.00	1780.00	10.00	1770.00
4003	景昊星	销售部	1200.00	2200.00	100.00	3500.00	20.00	3480.00
4005	李建军	销售部	850.00	1800.00	100.00	2750.00	98.00	2652.00

a. 查询部门人数大于 2 的部门员工平均工资的 SQL 语句如下：

```
SELECT _____(40)_____
FROM  工资表
_____(41)_____
_____(42)_____ ;
```

（40）A. 部门，AVG（应发工资）AS 平均工资

　　　 B. 姓名，AVG（应发工资）AS 平均工资

　　　 C. 部门，平均工资 AS AVG（应发工资）

　　　 D. 姓名，平均工资 AS AVG（应发工资）

（41）A. ORDER BY 姓名　　　　　　　　B. ORDER BY 部门

　　　 C. GROUP BY 姓名　　　　　　　　D. GROUP BY 部门

（42）A. WHERE COUNT(姓名)> 2

　　　 B. WHERE COUNT(DISTINCT(部门))> 2

　　　 C. HAVING COUNT(姓名)> 2

　　　 D. HAVING COUNT(DISTINCT(部门))> 2

b. 将设计部员工的基本工资增加 10%的 SQL 语句如下：

```
Update 工资表
_____(43)_____
_____(44)_____ ;
```

（43）A. Set 基本工资 = 基本工资*'1.1'

　　　 B. Set 基本工资 = 基本工资*1.1

C. Insert 基本工资 = 基本工资*'1.1'

D. Insert 基本工资 = 基本工资*1.1

（44）A. HAVING 部门=设计部　　　　　　　B. WHERE'门'='设计部'

C. WHERE 部门='设计部'　　　　　　　D. WHERE 部门=设计部

试题（40）～（44）分析

本题考查 SQL 应用基础知识。

查询各部门人数大于 2 且部门员工的平均工资的 SQL 语句如下：

```
SELECT 部门,AVG（应发工资）AS 平均工资
FROM   工资表
GROUP BY 部门
HAVING COUNT(姓名)> 2;
```

试题（40）的正确的答案为选项 A。因为 SQL 提供可为关系和属性重新命名的机制，这是通过使用具有 "Old-name as new-name" 形式的 as 子句来实现的。As 子句即可出现在 select 子句，也可出现在 from 子句中。

试题（41）的正确的答案为选项 D。因为，本题是按部门进行分组，ORDER BY 子句的含义是对其后跟着的属性进行排序，故选项 A 和 B 均是错误的；GROUP BY 子句就是对元组进行分组，保留字 GROUP BY 后面跟着一个分组属性列表。根据题意，要查询部门员工的平均工资，选项 C 显然是错误的，正确的答案为选项 D。

WHERE 子句是对表进行条件限定，所以选项 A 和 B 均是错误的。在 GROUP BY 子句后面跟一个 HAVING 子句可以对元组在分组前按照某种方式加上限制。COUNT（*）是某个关系中所有元组数目之和，但 COUNT（A）却是 A 属性非空的元组个数之和。COUNT(DISTINCT(部门)) 的含义是对部门属性值相同的只统计 1 次。HAVING COUNT(DISTINCT(部门))语句分类统计的结果均为 1，故选项 D 是错误的；HAVING COUNT(姓名) 语句是分类统计各部门员工，故正确的答案为选项 C。

修改语句的基本格式为：

```
UPDATE 基本表名
SET 列名=值表达式 (,列名=值表达式…)
[WHERE 条件表达式]
```

所以，本题正确的 SQL 语句如下：

```
Update 工资表
Set 基本工资 = 基本工资*1.1
WHERE 部门='设计部';
```

参考答案

（40）A　（41）D　（42）C　（43）B　（44）C

试题（45）、（46）

事务是一个操作序列，这些操作___(45)___。"当多个事务并发执行时，任何一个事务的更新操作直到其成功提交前的整个过程，对其他事务都是不可见的。"这一性质通常被称为事务的___(46)___性质。

（45）A."可以做，也可以不做"，是数据库环境中可分割的逻辑工作单位

　　　B."可以只做其中的一部分"，是数据库环境中可分割的逻辑工作单位

　　　C."要么都做，要么都不做"，是数据库环境中可分割的逻辑工作单位

　　　D."要么都做，要么都不做"，是数据库环境中不可分割的逻辑工作单位

（46）A. 原子性　　　B. 一致性　　　C. 隔离性　　　　D. 持久性

试题（45）、（46）分析

本题考查的是数据库并发控制方面的基础知识。

试题（45）的正确选项为 D。因为，事务是一个操作序列，这些操作"要么都做，要么都不做"，是数据库环境中不可分割的逻辑工作单位。

试题（46）的正确选项为 C。因为，事务具有原子性、一致性、隔离性和持久性。这 4 个特性也称事务的 ACID 性质。

① 原子性（atomicity）。事务是原子的，要么都做，要么都不做。

② 一致性（consistency）。事务执行的结果必须保证数据库从一个一致性状态变到另一个一致性状态。因此，当数据库只包含成功事务提交的结果时，称数据库处于一致性状态。

③ 隔离性（isolation）。事务相互隔离。当多个事务并发执行时，任一事务的更新操作直到其成功提交的整个过程，对其他事务都是不可见的。

④ 持久性（durability）。一旦事务成功提交，即使数据库崩溃，其对数据库的更新操作也将永久有效。

参考答案

（45）D　（46）C

试题（47）、（48）

能实现 UNIQUE 约束功能的索引是___(47)___；针对复杂的约束，应采用___(48)___来实现。

（47）A. 普通索引　　B. 聚簇索引　　C. 唯一值索引　　　D. 复合索引

（48）A. 存储过程　　B. 触发器　　　C. 函数　　　　　　D. 多表查询

试题（47）、（48）分析

本题考查数据库完整性的基础知识。

约束的作用是为了防止可预见的错误的数据进入数据库中，是保障数据一致性的一种机制。

UNIQUE 约束是列级约束，表示关系中的记录在该列上的取值不重复。索引是通过建立索引列上的索引表，索引表中的查找项是索引列上的所有值的排序或散列（目的是为了快速查找），索引表中的指针项指向取该值的物理记录。唯一值索引即 UNIQUE 索引，表示其索引表中的指针项只能指向唯一的记录，这样记录在索引列的取值也就要求唯一，即与 UNIQUE 约束等价。

标准 SQL 中提供了简单的约束的定义语句，但对于复杂的约束，无法用 SQL 提供的约束定义语句，而是要通过编写程序来实现，这种程序会在数据更新操作时（INSERT、UPDATE 和 DELETE 指令），自动启动用户的程序进行执行，即触发器机制。

参考答案

（47）C　　（48）B

试题（49）～（51）

数据库的安全机制中，通过 GRANT 语句实现的是　(49)　；通过建立　(50)　使用户只能看到部分数据，从而保护了其他数据；通过提供　(51)　供第三方开发人员调用进行数据更新，从而保证数据库的关系模式不被第三方所获取。

（49）A. 用户授权　　　B. 许可证　　　　C. 加密　　　　　D. 回收权限

（50）A. 索引　　　　　B. 视图　　　　　C. 存储过程　　　D. 触发器

（51）A. 索引　　　　　B. 视图　　　　　C. 存储过程　　　D. 触发器

试题（49）～（51）分析

本题考查数据库安全性的基础知识。

GRANT 是标准 SQL 提供的授权语句，即通过把数据库对象的操作权限授予用户，用户具有对象上的操作权限才能进行相应的操作。

视图是建立在基本表上的虚表，通过外模式/模式的映像，将视图所提供的字段（外模式）指向基本表（模式）中的部分数据，用户通过视图所访问的数据只是对应基本表中的部分数据，而无需给用户提供基本表中的全部数据，则视图外的数据对用户是不可见的，即受到了保护。

存储过程是数据库所提供的一种数据库对象，通过存储过程定义一段代码，提供给应用程序调用来执行。从安全性的角度考虑，更新数据时，通过提供存储过程让第三方调用，将需要更新的数据传入存储过程，而在存储过程内部用代码分别对需要的多个表进行更新，从而避免了向第三方提供系统的表结构，保证了系统的数据安全。

参考答案

（49）A　　（50）B　　（51）C

试题（52）、（53）

嵌入式 SQL 中，若查询结果为多条记录时，将查询结果交予主语言处理时，应使用的机制是　(52)　，引入　(53)　来解决主语言无空值的问题。

（52）A. 主变量　　　　B. 游标　　　　C. SQLCA　　　　D. 指示变量

（53）A．主变量　　　　B．游标　　　　　C．SQLCA　　　　D．指示变量

试题（52）、（53）分析

本题考查嵌入式 SQL 的基础知识。

嵌入式 SQL 是 SQL 语句与过程化编程语言（主语言）的结合，嵌入式 SQL 负责实现数据库的操作，过程化语言负责用户界面及过程化处理。两种语言需要进行数据交互，SQL 的查询结果为关系集合，通过游标，将关系的操作分解为对单一记录的各字段的操作以适应主语言无关系操作的能力。

SQL 中有空值而高级语言没用，为解决这一矛盾，采取指示变量的方式。指示变量为负值时，表示其对应的主变量中的值是空值（该主变量的值仍然存在，但无意义），由主语言和 DBMS 根据指示变量的值对主变量按空值处理。

参考答案

（52）B　　（53）D

试题（54）、（55）

事务 T_1 中有两次查询学生表中的男生人数，在这两次查询执行中间，事务 T_2 对学生表中加入了一条男生记录，导致 T1 两次查询的结果不一致，此类问题属于___（54）___，为解决这一问题，应采用的隔离级别是___（55）___。

（54）A．可重复读　　B．读脏数据　　C．丢失修改　　　　D．幻影现象

（55）A．Read Uncommitted　　　　B．Read Committed

　　　　C．Repeatable Read　　　　　　D．Serializable

试题（54）、（55）分析

本题考查数据库并发控制的基础知识。

同一事务内，对数据库的两次条件完全相同的查询，其访问的记录应该完全相同。若两次访问中间数据库被其他事务改变，倒得两次查询所访问的记录不同，称为幻影现象。

加锁机制的封锁对象分为表和记录，锁的类型相应称为表级锁和行级锁。当加行级锁时，未加锁的记录可能被修改为符合查询条件，或者新插入的记录符合查询条件，导致二次查询访问的记录数增加。而当采用表级锁时，表中所有记录在同一事务的两次查询中间是不允许改变的，即可解决此问题。加表级锁的隔离级别是 Serializable。

参考答案

（54）D　　（55）D

试题（56）

两个函数依赖集 F 和 G 等价是指___（56）___。

（56）A．F＝G　　　　B．$F^+＝G^+$　　　C．F → G　　　　D．G → F

试题（56）分析

本题考查函数依赖的基本概念。

两个函数依赖集等价是指它们蕴涵的属性间的依赖信息等价，一个函数依赖集所蕴含的全部函数依赖为其闭包，如果两个函数依赖集的闭包相等，即它们蕴涵的全部函数依赖相同，即为等价。

参考答案

（56）B

试题（57）

通过反复使用保证无损连接性，又保持函数依赖的分解，能保证分解之后的关系模式至少达到　（57）　。

（57）A．1NF   B．2NF   C．3NF   D．BCNF

试题（57）分析

本题考查函数依赖的基础知识。

关系模式的分解，必须保证分解具有无损连接性，即分解能够被还原，否则会发生信息丢失（通过自然连接还原关系时会产生多余的记录）。分解保持函数依赖，至少能到3NF。

参考答案

（57）C

试题（58）、（59）

在设计分 E-R 图阶段，人力部门定义的员工实体具有属性：员工号、姓名、性别和出生日期；教学部门定义的教师实体具有属性：教工号、姓名和职称，这种情况属于　（58）　，合并 E-R 图时，解决这一冲突的方法是　（59）　。

（58）A．属性冲突   B．命名冲突   C．结构冲突   D．实体冲突

（59）A．员工和教师实体保持各自属性不变

       B．员工实体中加入职称属性，删除教师实体

       C．将教师实体所有属性并入员工实体，删除教师实体

       D．将教师实体删除

试题（58）、（59）分析

本题考查数据库设计的基础知识。

面向不同的应用，设计 E-R 图，在构建实体时只需要考虑应用中所需要的属性。因此，面向不同应用的 E-R 图，其实体名称及属性可能会不同。同一现实中的对象，在不同 E-R 图中属性不同，称为结构冲突，合并时取属性的并集，名称不同含义相同，也要做统一处理，可在视图设计时面向不同的 E-R 图，应该设计各自的视图。

参考答案

（58）C   （59）B

试题（60）、（61）

某企业的 E-R 图中，职工实体的属性有：职工号、姓名、性别、出生日期、电话和所在部门，其中职工号为实体标识符，电话为多值属性，离退休职工所在部门为离退办。

在逻辑设计阶段，应将职工号和电话单独构造一个关系模式，该关系模式为　(60)　；因为离退休职工不参与企业的绝大部分业务，应将这部分职工独立建立一个离退休职工关系模式，这种处理方式称为　(61)　。

(60) A. 1NF　　　　　　B. 2NF　　　　　　C. 3NF　　　　　　D. 4NF

(61) A. 水平分解　　　　B. 垂直分解　　　　C. 规范化　　　　D. 逆规范化

试题 (60)、(61) 分析

本题考查数据库设计的基础知识。

逻辑设计阶段的主要工作是将 E-R 图转换为关系模式。转换规则中，对多值属性，取实体标识符与每个多值属性分别构建一个关系模式，则生成的关系模式属于 4NF（<实体标识符> →→<多值属性>是平凡的多值依赖）。

出于系统性能的考虑，在设计过程中对表进行分解，将关系模式中的属性进行分解，形成两个或多个表，称为垂直分解；保持关系模式不变，对记录进行分解，生成两个或多个表，称为水平分解。

参考答案

(60) D　　(61) A

试题 (62)

分布式数据库系统除了包含集中式数据库系统的模式结构之外，还增加了几个模式级别，其中　(62)　定义分布式数据库中数据的整体逻辑结构，使得数据如同没有分布一样。

(62) A. 全局外模式　　　　　　　　　　B. 全局概念模式

C. 分片　　　　　　　　　　　　D. 分布

试题 (62) 分析

本题考查分布式数据库的基本概念。

分布式数据库在各结点上独立，在全局上统一。因此需要定义全局的逻辑结构，称之为全局概念模式，全局外模式是全局概念模式的子集，分片模式和分布模式分别描述数据在逻辑上的分片方式和在物理上各结点的分布形式。

参考答案

(62) B

试题 (63)

以下关于面向对象数据库的叙述中，不正确的是　(63)　。

(63) A. 类之间可以具有层次结构　　　　B. 类内部可以具有嵌套层次结构

C. 类的属性不能是类　　　　　　D. 类包含属性和方法

试题 (63) 分析

本题考查面向对象数据库的基本概念。

试题 (63) 选项 C 的说法是错误的。因为，在面向对象数据库中，属性的值域可以是任何类，包括原子类，如整型值、字符串等。一个属性可以有一个单一值，也可以有一个来自于某个值域的值集，即一个对象的属性可以是一个对象，从而形成了嵌套关系。

参考答案

（63）C

试题（64）

以下关于数据仓库的叙述中，不正确的是 __(64)__ 。

（64）A．数据仓库是商业智能系统的基础

　　　　B．数据仓库是面向业务的，支持联机事务处理（OLTP）

　　　　C．数据仓库是面向分析的，支持联机分析处理（OLAP）

　　　　D．数据仓库中的数据视图往往是多维的

试题（64）分析

本题考查数据仓库方面的基本概念。

数据仓库是面向分析的，支持联机分析处理（OLAP），数据库面向日常事务处理（即面向业务的），不适合进行分析处理。数据仓库技术是公认的信息利用的最佳解决方案，它不仅能够从容解决信息技术人员面临的问题，同时也为商业用户提供了很好的商业契机，是商业智能系统的基础。

数据仓库是在数据库已经大量存在的情况下，为了进一步挖掘数据资源、为了决策需要而产生的，它并不是所谓的"大型数据库"。数据仓库的方案建设的目的，是为前端查询和分析作基础，由于有较大的冗余，所以需要的存储也较大。

联机分析处理（OLAP）可以被刻画为具有下面特征的联机事务：

① 可以存取大量的数据，比如几年的销售数据，分析各个商业元素类型之间的关系，如销售、产品、地区、渠道。

② 需要包含聚集的数据，例如销售量、预算金额以及消费金额。

③ 按层次对比不同时间周期的聚集数据，如月、季度或者年。

④ 以不同的方式来表现数据，如以地区、或者每一地区内按不同销售渠道、不同产品来表现。

⑤ 需要包含数据元素之间的复杂计算，如在某一地区的每一销售渠道的期望利润与销售收入之间的分析。

⑥ 能够快速地响应用户的查询，以便用户的分析思考过程不受系统影响。

参考答案

（64）B

试题（65）

当不知道数据对象有哪些类型时，可以使用 __(65)__ 使得同类数据对象与其他类型数据对象分离。

（65）A．分类　　　　　　B．聚类　　　　　　C．关联规则　　　　　　D．回归

试题（65）分析

本题考查数据库方面的基本概念。

当不知道数据对象有哪些类型时，可以使用聚类使得同类数据对象与其他类型数据对象分离。

参考答案

（65）B

试题（66）、（67）

IP 地址块 155.32.80.192/26 包含了 __(66)__ 个主机地址，以下 IP 地址中，不属于这个网络的地址是 __(67)__ 。

（66）A. 15　　　　　　　B. 32　　　　　　　C. 62　　　　　　　D. 64

（67）A. 155.32.80.202　　　　　　　B. 155.32.80.195

　　　　C. 155.32.80.253　　　　　　　D. 155.32.80.191

试题（66）、（67）分析

地址块 155.32..80.192/26 包含了 6 位主机地址，所以包含的主机地址为 62 个。

网络地址 155.32..80.192/26 的二进制为：**10011011 00100000 01010000 11000000**

地址 155.32..80.202 的二进制为：**10011011 00100000 01010000 11001010**

地址 155.32..80.191 的二进制为：**10011011 00100000 01010000 10111111**

地址 155.32..80.253 的二进制为：**10011011 00100000 01010000 11111101**

地址 155.32..80.195 的二进制为：**10011011 00100000 01010000 11000011**

可以看出，地址 155.32.80.191 不属于网络 155.32.80.192/26。

参考答案

（66）C　　（67）D

试题（68）

校园网连接运营商的 IP 地址为 202.117.113.3/30，本地网关的地址为 192.168.1.254/24，如果本地计算机采用动态地址分配，在下图中应如何配置？ __(68)__ 。

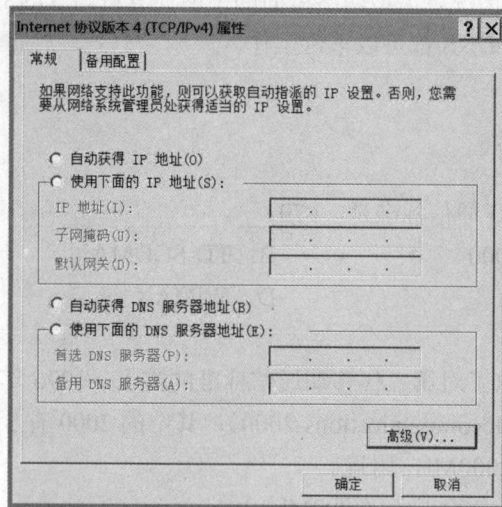

    （68）A. 选取"自动获得 IP 地址"

          B. 配置本地计算机 IP 地址为 192.168.1.×

          C. 配置本地计算机 IP 地址为 202.115.113.×

          D. 在网络 169.254.×.×中选取一个不冲突的 IP 地址

试题（68）分析

如果采用动态地址分配方案，本地计算机应设置为"自动获得 IP 地址"。

参考答案

（68）A

试题（69）

某用户在使用校园网中的一台计算机访问某网站时，发现使用域名不能访问该网站，但是使用该网站的 IP 地址可以访问该网站，造成该故障产生的原因有很多，其中不包括 __（69）__ 。

    （69）A. 该计算机设置的本地 DNS 服务器工作不正常

          B. 该计算机的 DNS 服务器设置错误

          C. 该计算机与 DNS 服务器不在同一子网

          D. 本地 DNS 服务器网络连接中断

试题（69）分析

本题主要考查网络故障判断的相关知识。

如果本地的 DNS 服务器工作不正常或者本地 DNS 服务器网络连接中断都有可能导致该计算机的 DNS 无法解析域名，而如果直接将该计算机的 DNS 服务器设置错误也会导致 DNS 无法解析域名，从而出现使用域名不能访问该网站，但是使用该网站的 IP 地址可以访问该网站。但是该计算机与 DNS 服务器不在同一子网不会导致 DNS 无法解析域名的现象发生，通常情况下大型网络里面的上网计算机与 DNS 服务器本身就不在一个子网，只要路由可达 DNS 都可以正常工作。

参考答案

（69）C

试题（70）

中国自主研发的 3G 通信标准是 __（70）__ 。

    （70）A. CDMA2000   B. TD-SCDMA

          C. WCDMA   D. WiMAX

试题（70）分析

1985 年，ITU 提出了对第三代移动通信标准的需求，1996 年正式命名为 IMT-2000（International Mobile Telecommunications-2000），其中的 2000 有 3 层含义：

- 使用的频段在 2000MHz 附近。
- 通信速率于约为 2000kb/s（即 2Mb/s）。

- 预期在 2000 年推广商用。

1999 年 ITU 批准了五个 IMT-2000 的无线电接口，这五个标准是：

- **IMT-DS（Direct Spread）**：即 W-CDMA，属于频分双工模式，在日本和欧洲制定的 UMTS 系统中使用。
- **IMT-MC（Multi-Carrier）**：即 CDMA-2000，属于频分双工模式，是第二代 CDMA 系统的继承者。
- **IMT-TC（Time-Code）**：这一标准是中国提出的 TD-SCDMA，属于时分双工模式。
- **IMT-SC（Single Carrier）**：也称为 EDGE，是一种 2.75G 技术。
- **IMT-FT（Frequency Time）**：也称为 DECT。

2007 年 10 月 19 日，ITU 会议批准移动 WiMAX 作为第 6 个 3G 标准，称为 IMT-2000 OFDMA TDD WMAN，即无线城域网技术。

第三代数字蜂窝通信系统提供第二代蜂窝通信系统提供的所有业务类型，并支持移动多媒体业务。在高速车辆行驶时支持 144kb/s 的数据速率，步行和慢速移动环境下支持 384kb/s 的数据速率，室内静止环境下支持 2Mb/s 的高速数据传输，并保证可靠的服务质量。

参考答案

（70）B

试题（71）～（75）

Cloud computing is a phrase used to describe a variety of computing concepts that involve a large number of computers 　（71）　 through a real-time communication network such as the Internet. In science, cloud computing is a 　（72）　 for distributed computing over a network, and means the 　（73）　 to run a program or application on many connected computers at the same time.

The architecture of a cloud is developed at three layers: infrastructure, platform, and application. The infrastructure layer is built with virtualized compute, storage, and network resources. The platform layer is for general-purpose and repeated usage of the collection of software resources. The application layer is formed with a collection of all needed software modules for SaaS applications. The infrastructure layer serves as the 　（74）　 for building the platform layer of the cloud. In turn, the platform layer is a foundation for implementing the （75）　 layer for SaaS applications.

（71）A．connected　　　　　　　　　　B．implemented

　　　C．optimized　　　　　　　　　　 D．virtualized

（72）A．replacement　　　　　　　　　 B．switch

　　　C．substitute　　　　　　　　　　 D．synonym（同义词）

（73）A．ability　　　　　　　　　　　　B．approach

　　　　　　C. function　　　　　　　　　　D. method
（74）A. network　　　　　　　　　　B. foundation
　　　　　　C. software　　　　　　　　　　D. hardware
（75）A. resource　　　　　　　　　　B. service
　　　　　　C. application　　　　　　　　D. software

参考译文

　　云计算是用来描述各种计算概念的短语，包括大量计算机通过网络相互连接以实现分布计算，意思是同时在很多互联的计算机上运行程序或应用的能力。

　　云的架构分为基础设施层、平台层和应用层三层。基础设施层由虚拟计算、存储和网络资源构成。平台层用于一组软件资源重复使用的通用目的。应用层由一组所需的软件模块构成，即软件即服务（SaaS）。基础设施层作为构建平台层的基础。相反，平台层是应用层的基础，为 SaaS 应用实现应用层。

参考答案

　　（71）A　　（72）D　　（73）A　　（74）B　　（75）C

第6章 2014上半年数据库系统工程师下午试题分析与解答

试题一（共15分）

阅读下列说明和图，回答问题1至问题4，将解答填入答题纸的对应栏内。

【说明】

某巴士维修连锁公司欲开发巴士维修系统，以维护与维修相关的信息。该系统的主要功能如下：

1）记录巴士ID和维修问题。巴士到车库进行维修，系统将巴士基本信息和ID记录在巴士列表文件中，将待维修机械问题记录在维修记录文件中，并生成维修订单。

2）确定所需部件。根据维修订单确定维修所需部件，并在部件清单中进行标记。

3）完成维修。机械师根据维修记录文件中的待维修机械问题，完成对巴士的维修，登记维修情况；将机械问题维修情况记录在维修记录文件中，将所用部件记录在部件清单中，并将所用部件清单发送给库存管理系统以对部件使用情况进行监控。巴士司机可查看已维修机械问题。

4）记录维修工时。将机械师提供的维修工时记录在人事档案中；将维修总结发送给主管进行绩效考核。

5）计算维修总成本。计算部件清单中实际所用部件、人事档案中所用维修工时的总成本；将维修工时和所用部件成本详细信息给会计进行计费。

现采用结构化方法对巴士维修系统进行分析与设计，获得如图1-1所示的上下文数据流图和图1-2所示的0层数据流图。

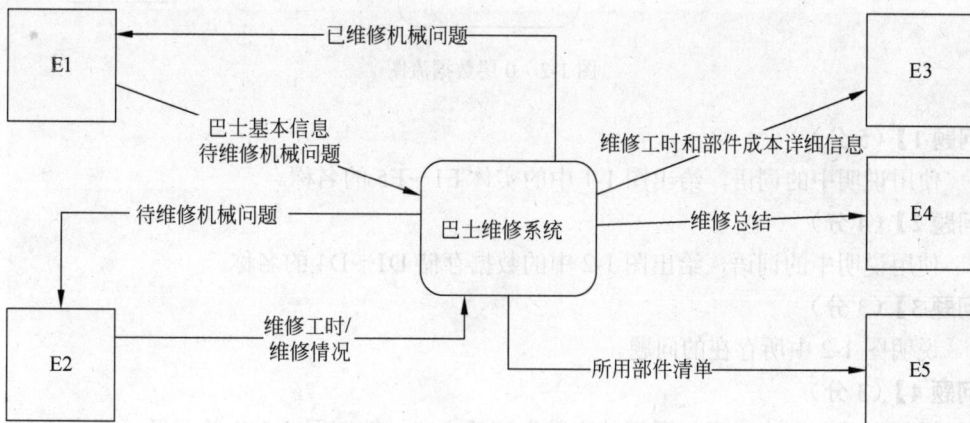

图1-1 上下文数据流图

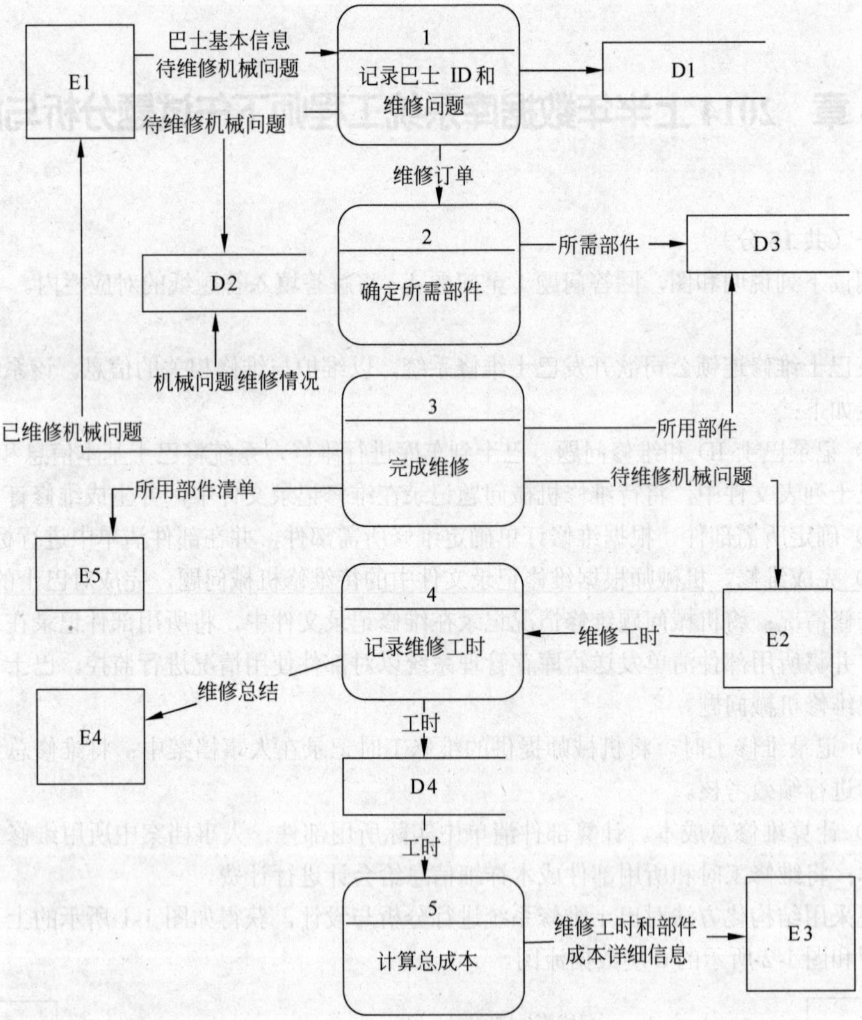

图 1-2　0 层数据流图

【问题 1】（5 分）

使用说明中的词语，给出图 1-1 中的实体 E1~E5 的名称。

【问题 2】（4 分）

使用说明中的词语，给出图 1-2 中的数据存储 D1~D4 的名称。

【问题 3】（3 分）

说明图 1-2 中所存在的问题。

【问题 4】（3 分）

根据说明和图中术语，采用补充数据流的方式，改正图 1-2 中的问题。要求给出所补充数据流的名称、起点和终点。

试题一分析

本题考查的是 DFD 的应用，属于比较传统的题目，考查点也与往年类似。

【问题 1】

本问题考查的是顶层 DFD。

顶层 DFD 通常用来确定系统边界，其中只包含一个唯一的加工（即待开发的系统）、外部实体以及外部实体与系统之间的输入输出数据流。题目要求填充的正是外部实体。

从题干说明 1）没有明确说明由巴士到车库后由谁提供待维修问题，图 1-1 中的 E1，考察说明中 3）中最后一句说明"巴士司机可查看已维修机械问题"可以看出，从系统到巴士司机有输出数据流"已维修机械问题"，可知 E1 为巴士司机。从 2）中"机械师根据维修记录文件中的待维修机械问题，完成对巴士的维修，登记维修情况"再看说明 4）中机械师提供维修工时，可以看出，从 E2 到系统有输入数据流"维修工时"、输出数据流"待维修机械问题"，可知 E2 为机械师，还将维修总结发送给主管，即系统到 E4 有输出数据流"维系总结"，可知 E4 为主管。从说明 5）将维修工时和所用部件成本详细信息给会计，从系统到 E3 有输出数据流"维修工时和所用部件成本详细信息"，可知 E3 为会计。说明 3）中将所用部件清单发送给库存管理系统以对部件使用情况进行监控，及系统到 E5 有输出数据流"所用部件清单"，可知 E5 为库存管理系统。

【问题 2】

本问题考查 0 层数据流图中的数据存储。

系统中的主要功能与图 1-2 中的处理一一对应，1）对应处理"记录巴士 ID 和维修问题"，将巴士 ID 记录在巴士列表文件中，可知 D1 为巴士列表文件。说明 2）对应处理"确定所需部件"，将维修所需部件在部件清单中进行标记，所以 D3 为部件清单。说明 1）中将待维修机械问题记录在维修记录文件中，可知 D2 为维修记录文件。说明 4）对应处理"记录维修工时"，描述了将机械师提供的维修工时记录在人事档案中，可以判定 D4 是人事档案。

【问题 3】

本问题考查 0 层数据流图中的数据流。

分析图 1-2，可以发现，处理 3 只有输出数据流没有输入数据流，D2 和 D3 只有输入数据流，而没有输出流，造成黑洞。另外，对照图 1-2 和图 1-1，发现图 1-1 中从 E2 输入的数据流维修工时/维修情况，在图 1-2 中只有维修工时，造成父图与子图不平衡。

【问题 4】

针对问题 3 分析图 1-2 中存在的问题，题目要求以补充数据流的方式解决，进一步分析说明，说明 3）对应处理"完成维修"，机械师根据维修记录文件中的待维修机械问题完成对巴士的维修，可知处理完成维修需要从维修记录文件读取待维修问题，补充一条从 D2 到处理 3 的数据流"待维修机械问题"。说明 5）对应处理"计算维修总成本"，需要计算部件清单中实际所用部件，补充从部件清单到计算总成本的数据流"实际所用部件"。说明 3）中机械师要登记维修情况，判定图 1-2 中缺少了 E2 到处理 3 的数据流"维修情况"。

到此为止所有缺失的数据流都补齐了，也解决了问题 3 中的平衡问题、处理了只有输出数据流没有输入数据流的问题，D2 和 D3 也既有输入数据流，又有输出数据流。

参考答案

【问题 1】

E1：巴士司机　　　E2：机械师　　　　　E3：会计

E4：主管　　　　　E5：库存管理系统

【问题 2】

D1：巴士列表文件　　D2：维修记录文件

D3：部件清单　　　　D4：人事档案

【问题 3】

图 1-2 中处理 3 只有输出数据流，没有输入数据流。D2 和 D3 是黑洞，只有输入的数据流，没有输出的数据流。父图与子图不平衡，图 1-2 中没有图 1-1 中的数据流"维修情况"。

【问题 4】

数据流名称	起　　点	终　　点
待维修机械问题	D2 或维修记录文件	3 或完成维修
实际所用部件	D3 或部件清单	5 或计算总成本
维修情况	E2 或机械师	3 或完成维修

试题二（共 15 分）

阅读下列说明，回答问题 1 至问题 3，将解答填入答题纸的对应栏内。

【说明】

某健身俱乐部要开发一个信息管理系统，该信息系统的部分关系模式如下：

员工（<u>员工身份证号</u>,姓名,工种,电话,住址）

会员（<u>会员手机号</u>,姓名,折扣）

项目（<u>项目名称</u>,项目经理,价格）

预约单（<u>会员手机号,预约日期,项目名称</u>,使用时长）

消费（<u>流水号</u>,会员手机号,项目名称,消费金额,消费日期）

有关关系模式的属性及相关说明如下：

（1）俱乐部有多种健身项目，不同的项目每小时的价格不同。俱乐部实行会员制，且需要电话或在线提前预约。

（2）每个项目都有一个项目经理，一个经理只能负责一个项目。

（3）俱乐部对会员进行积分，达到一定积分可以进行升级，不同的等级具有不同的折扣。

根据以上描述，回答下列问题：

【问题 1】（4 分）

请将下面创建消费关系的 SQL 语句的空缺部分补充完整，要求指定关系的主码、外码，以及消费金额大于零的约束。

```
CREATE TABLE 消费 (
        流水号 CHAR(12) _____(a)_____ ,
        会员手机号 CHAR(11),
        项目名称 CHAR (8),
        消费金额 NUMBER _____(b)_____ ,
        消费日期 DATE,
        _____(c)_____ ,
        _____(d)_____ ,
) ;
```

【问题 2】（6 分）

（1）手机号为 18812345678 的客户预约了 2014 年 3 月 18 日两个小时的羽毛球场地，消费流水号由系统自动生成。请将下面 SQL 语句的空缺部分补充完整。

```
INSERT  INTO 消费( 流水号，会员手机号，项目名称，消费金额，消费日期 )
    SELECT '201403180001', '18812345678', '羽毛球', _____(e)_____ ,
            '2014/3/18'
    FROM  会员，项目，预约单
    WHERE 预约单.项目名称 = 项目.项目名称 AND _____(f)_____
            AND 项目.项目名称 = '羽毛球'
            AND 会员.会员手机号 = '18812345678' ;
```

（2）需要用触发器来实现会员等级折扣的自动维护，函数 float vip_value(char(11) 会员手机号) 依据输入的手机号计算会员的折扣。请将下面 SQL 语句的空缺部分补充完整。

```
CREATE  TRIGGER  VIP_TRG AFTER _____(g)_____ ON _____(h)_____
REFERENCING new row AS nrow
FOR EACH ROW
BEGIN
    UPDATE 会员
    SET _____(i)_____
    WHERE _____(j)_____ ;
END
```

【问题 3】（5 分）

请将下面 SQL 语句的空缺部分补充完整。

（1）俱乐部年底对各种项目进行绩效考核，需要统计出所负责项目的消费总金额大于等于十万元的项目和项目经理，并按消费金额总和降序输出。

```
SELECT 项目.项目名称,项目经理,SUM(消费金额)
FROM 项目,消费
WHERE _____(k)_____
GROUP BY _____(l)_____
ORDER BY _____(m)_____ ;
```

（2）查询所有手机号码以"888"结尾，姓"王"的员工姓名和电话。

```
SELECT 姓名, 电话
FROM 员工
WHERE 姓名 _____(n)_____ AND 电话 _____(o)_____
```

试题二分析

本题考查 SQL 的应用，属于比较传统的题目，考查点也与往年类似。

【问题 1】

本问题考查数据定义语言 DDL 和完整性约束。

根据题意，需要对"消费"表的"流水号"加主键（或非空）约束，考查实体完整性约束，对应的语法为：

```
PRIMARY KEY（或 NOT NULL UNIQUE）
```

"消费金额"需要大于 0，所以需要加 Check 约束，对应的语法为：

```
CHECK （消费金额 > 0）
```

"会员手机号"是"会员"关系的主键，是"消费"关系的外键，考查参照完整性约束，需要增加外键约束，对应的语法为：

```
FOREIGN KEY （会员手机号）REFERENCES 会员（会员手机号）
```

"项目名称"是"项目"关系的主键，是"消费"关系的外键，考查参照完整性约束，需要增加外键约束，对应的语法为：

```
FOREIGN KEY （项目名称）REFERENCES 项目（项目名称）
```

【问题 2】

本问题考查数据操纵语言 DML。

（1）本问题考查一个较完整的查询语句，需要向"消费"关系插入新元组。

SELECT 子句缺少"消费金额"。消费金额 = 价格 ∗ 使用时长 ∗ 折扣。

WHERE 子句缺少"预约单"关系和"会员"关系按照"会员手机号"的连接，因此应该增加"预约单.会员手机号 = 会员. 会员手机号"。

（2）本问题考查触发器，触发器是一个能由系统自动执行对数据库修改的语句。一个触发器由事件、条件和动态三部分组成：事件是指触发器将测试条件是否成立，若成立就执行相应的动作，否则就什么也不做；动态是指若触发器测试满足预定的条件，那么就由数据库管理系统执行这些动作。本题首先定义触发器的事件，用触发器来实现会员等级折扣的自动维护。

（g）和（h）缺少向"消费"关系插入的语句，因此应该分别补充"INSERT"和"消费"。

（i）语句调用 vip_value 函数实现会员折扣的更新，函数参数为会员手机号，因此应该补充"折扣 = vip_value(nrow.会员手机号)"。

（j）语句实现"会员"关系和"nrow"关系按照"会员手机号"的连接，因此应该补充"会员. 会员手机号= nrow. 会员手机号"。

【问题 3】

本问题考查数据操纵语言 DML。

（1）本问题考查一个较完整的查询语句，知识点包括多表查询、集函数、查询分组、分组条件和排序查询结果。查询涉及"项目"和"消费"关系模式。用集函数 SUM(消费金额)求消费总金额，若有 GROUP BY 子句，则集函数作用在每个分组上，且 GROUP BY 之后应包含除了集函数之外的所有结果列。若 GROUP BY 之后跟有 HAVING 子句，则只有满足条件的分组才会输出。"ORDER BY 列名[ASC|DESC]"对输出结果进行升序或降序的排列，若不明确制定法升序或降序，则默认升序排列。

（2）本问题考查用关键字 LIKE 进行字符匹配。

LIKE 的语法为：

```
[NOT] LIKE '<匹配串>'
```

其中，匹配串可以是一个完整的字符串，也可以含有通配符%和_，其中%代表任意长度（包括 0 长度）的字符串，_代表单个字符。手机号码以"888"结尾，姓"王"的员工对用的表示为：姓名 LIKE '王%' AND 电话 LIKE '%888'。

参考答案

【问题 1】

（a）PRIMARY KEY（或 NOT NULL UNIQUE）

（b）CHECK （消费金额 ＞ 0）

（c）FOREIGN KEY （会员手机号）REFERENCES 会员（会员手机号）

（d）FOREIGN KEY （项目名称）REFERENCES 项目（项目名称）

【问题 2】

（1）（e）价格 ＊ 使用时长 ＊ 折扣

　　　（f）预约单.会员手机号 ＝ 会员. 会员手机号

（2）（g）INSERT

　　　（h）消费

　　　（i）折扣 ＝ vip_value(nrow.会员手机号)

　　　（j）会员. 会员手机号= nrow. 会员手机号

【问题 3】

（1）（k）项目.项目名称 ＝ 消费.项目名称

　　　（l）项目.项目名称, 项目经理 HAVING SUM(消费金额) >= 100000

　　　（m）SUM(消费金额) DESC

（2）（n）LIKE '王%'

　　　（o）LIKE '%888'

试题三（共 15 分）

阅读下列说明和图，回答问题 1 至问题 3，将解答填入答题纸的对应栏内。

【说明】

某家电销售电子商务公司拟开发一套信息管理系统，以方便对公司的员工、家电销售、家电厂商和客户等进行管理。

【需求分析】

（1）系统需要维护电子商务公司的员工信息、客户信息、家电信息和家电厂商信息等。员工信息主要包括：工号、姓名、性别、岗位、身份证号、电话、住址，其中岗位包括部门经理和客服等。客户信息主要包括：客户 ID、姓名、身份证号、电话、住址、账户余额。家电信息主要包括：家电条码、家电名称、价格、出厂日期、所属厂商。家电厂商信息包括：厂商 ID、厂商名称、电话、法人代表信息、厂址。

（2）电子商务公司根据销售情况，由部门经理向家电厂商订购各类家电。每个家电厂商只能由一名部门经理负责。

（3）客户通过浏览电子商务公司网站查询家电信息，与客服沟通获得优惠后，在线购买。

【概念模型设计】

根据需求阶段收集的信息，设计的实体联系图（不完整）如图 3-1 所示。

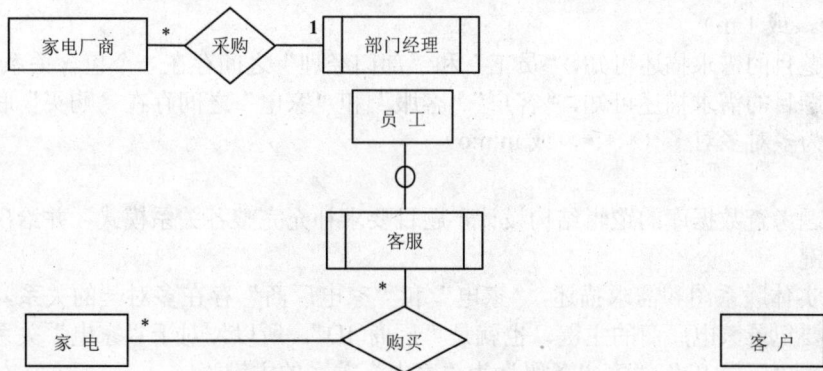

图 3-1　实体联系图

【逻辑结构设计】

根据概念模型设计阶段完成的实体联系图，得出如下关系模式（不完整）：

客户（<u>客户 ID</u>、姓名、身份证号、电话、住址、账户余额）

员工（<u>工号</u>、姓名、性别、岗位、身份证号、电话、住址）

家电（家电条码、家电名称、价格、出厂日期、____(1)____）

家电厂商（厂商 ID、厂商名称、电话、法人代表信息、厂址、____(2)____）

购买（订购单号、____(3)____、金额）

【问题 1】（6 分）

补充图 3-1 中的联系和联系的类型。

【问题 2】（6 分）

根据图 3-1，将逻辑结构设计阶段生成的关系模式中的空（1）～（3）补充完整。用下画线指出"家电""家电厂商"和"购买"关系模式的主键。

【问题 3】（3 分）

电子商务公司的主营业务是销售各类家电，对账户有余额的客户，还可以联合第三方基金公司提供理财服务，为此设立客户经理岗位。客户通过电子商务公司的客户经理和基金公司的基金经理进行理财。每名客户只由一名客户经理和一名基金经理负责，客户经理和基金经理均可负责多名客户。请根据该要求，对图 3-1 进行修改，画出修改后的实体间联系和联系的类型。

试题三分析

本题考查数据库设计，属于比较传统的题目，考查点也与往年类似。

【问题 1】

本问题考查数据库的概念结构设计，题目要求补充完整实体联系图中的联系和联系的类型。

根据题目的需求描述可知，一个家电厂商可以供应多台家电，而一台家电只能对应一个家电厂商，因此"家电厂商"和"家电"之间存在"供应"联系，联系的类型为一对多（1:*，或 1:m）。

根据题目的需求描述可知，"员工"和"部门经理"之间存在一个包含关系。

根据题目的需求描述可知，"客户""客服"和"家电"之间存在"购买"联系，联系的类型为多对多对多（*:*:*，或 m:n:o）。

【问题 2】

本问题考查数据库的逻辑结构设计，题目要求补充完整各关系模式，并给出各关系模式的主键。

根据实体联系图和需求描述，"家电"和"家电厂商"存在多对一的关系，在家电关系中需要记录家电厂商的主键，也就是"厂商 ID"。所以，对于"家电"关系模式，需补充属性"厂商 ID"。"家电条码"为"家电"关系的主键。

根据实体联系图和需求描述，"家电厂商"和"部门经理"之间存在多对一的关系，在家电厂商关系中需要记录部门经理的主键，也就是"部门经理工号"（或"经理工号"、或"员工工号"）。"厂商 ID"为"家电厂商"的主键。

根据实体联系图和需求描述，"客户"、"客服"和"家电"之间的多对多对多的"购买"联系。因为是多对多对多联系，所以"购买"联系需要单独作为一个关系，这个关系需要记录"客户""客服"和"家电"的主键。所以，对于"购买"关系模式，需补充属性"客户 ID""客服工号"和"家电条码"。"订购单号"为"购买"的主键。

【问题 3】

本问题考查数据库的概念结构设计，根据新增的需求增加实体联系图中的实体的联系和联系的类型。

根据问题描述，需要新增"客户经理"，包含于"员工"。

根据问题描述，客户只由一名客户经理和一名基金经理负责，客户经理和基金经理均可负责多名客户，所以"客户"、"客户经理"和"基金经理"之间存在一个"理财"联系，联系的类型为多对 1 对 1（*:1:1，或 m:1:1）。

参考答案

【问题 1】

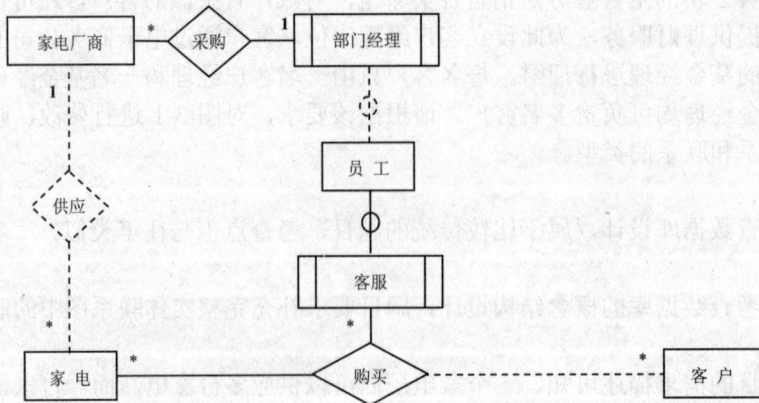

【问题 2】

（1）厂商 ID

（2）部门经理工号 或 经理工号 或 员工工号

（3）客户 ID、客服工号、家电条码

关系模式	主键
家电	家电条码
家电厂商	厂商 ID
购买	订购单号

【问题 3】

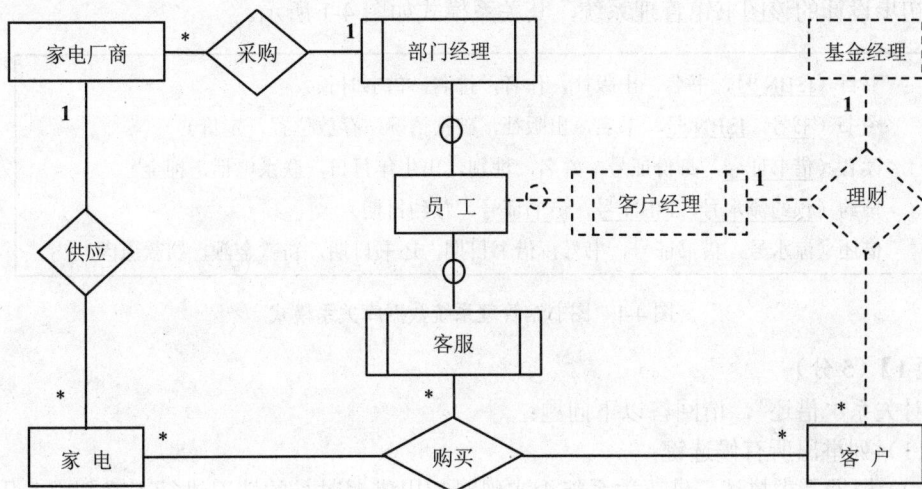

试题四（共 15 分）

阅读下列说明，回答问题 1 至问题 3，将解答填入答题纸的对应栏内。

【说明】

某图书馆的管理系统部分需求和设计结果描述如下：

图书馆的主要业务包括以下几项：

（1）对所有图书进行编目，每一书目包括 ISBN 号、书名、出版社、作者、排名，其中一部书可以有多名作者，每名作者有唯一的一个排名；

（2）对每本图书进行编号，包括书号、ISBN 号、书名、出版社、破损情况、存放位置和定价，其中每一本书有唯一的编号，相同 ISBN 号的书集中存放，有相同的存储位置，相同 ISBN 号的书或因不同印刷批次而定价不同；

（3）读者向图书馆申请借阅资格，办理借书证，以后凭借书证从图书馆借阅图书。办理借书证时需登记身份证号、姓名、性别、出生年月日，并交纳指定金额的押金。如果所借图书定价较高时，读者还须补交押金，还书后可退还所补交的押金；

（4）读者借阅图书前，可以通过 ISBN 号、书名或作者等单一条件或多条件组合进行查询。根据查询结果，当有图书在库时，读者可直接借阅；当所查书目的所有图书已被他人借走时，读者可进行预约，待他人还书后，由馆员进行电话通知；

（5）读者借书时，由系统生成本次借书的唯一流水号，并登记借书证号、书号、借书日期，其中同时借多本书使用同一流水号，每种书目都有一个允许一次借阅的借书时长，一般为 90 天，不同书目有不同的借书时长，并且可以进行调整，但调整前所借出的书，仍按原借书时长进行处理；

（6）读者还书时，要登记还书日期，如果超出借书时长，要缴纳相应的罚款；如果所还图书由借书者在持有期间造成破损，也要进行登记并进行相应的罚款处罚。

初步设计的该图书馆管理系统，其关系模式如图 4-1 所示。

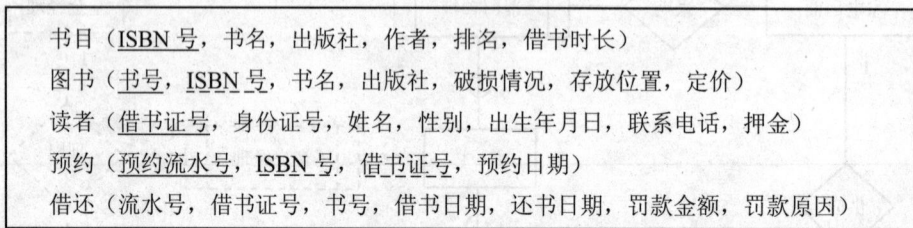

书目（**ISBN 号**，书名，出版社，作者，排名，借书时长）

图书（**书号**，ISBN 号，书名，出版社，破损情况，存放位置，定价）

读者（**借书证号**，身份证号，姓名，性别，出生年月日，联系电话，押金）

预约（**预约流水号**，ISBN 号，借书证号，预约日期）

借还（流水号，借书证号，书号，借书日期，还书日期，罚款金额，罚款原因）

图 4-1　图书馆管理系统数据库关系模式

【问题 1】（5 分）

对关系"借还"，请回答以下问题：

（1）列举出所有候选键；

（2）根据需求描述，借还关系能否实现对超出借书时长的情况进行正确判定？用 60 字以内文字简要叙述理由。如果不能，请给出修改后的关系模式（只修改相关关系模式属性时，仍使用原关系名，如需分解关系模式，请在原关系名后加 1，2，3，…进行区别）。

【问题 2】（5 分）

对关系"图书"，请回答以下问题：

（1）写出该关系的函数依赖集；

（2）判定该关系是否属于 BCNF，用 60 字以内文字简要叙述理由。如果不是，请进行修改，使其满足 BCNF，如果需要修改其他关系模式，请一并修改，给出修改后的关系模式（只修改相关关系模式属性时，仍使用原关系名，如需分解关系模式，请在原关系名后加 1，2，3，…进行区别）。

【问题 3】（5 分）

对关系"书目"，请回答以下问题：

（1）它是否属于第四范式，用 60 字以内文字叙述理由。

（2）如果不是，将其分解为第四范式，分解后的关系名依次为：书目 1，书目 2，书目 3，…。如果在解决问题 1、问题 2 时，对该关系的属性进行了修改，请沿用修改后的属性。

试题四分析

　　本题考查的是数据库逻辑结构设计和关系理论的应用，属于比较传统的题目，考查点也与往年类似。

【问题 1】

　　本问题考查对候选码和需求。

　　针对借还关系，根据题干描述，"读者借书时，由系统生成本次借书的唯一流水号，并登记借书证号、书号、借书日期，其中同时借多本书使用同一流水号"，说明流水号不能唯一确定借阅记录，还需要借阅书的参与，而书号可以唯一确定一本书，故借还关系的候选码应由流水号和书号构成。

　　关系模式的设计应满足应用需求。通过题干中的描述，"不同书目有不同的借书时长，并且可以进行调整，但调整前所借出的书，仍按原借书时长进行处理"，借书时长应该是借书时确定的，从书目的属性中读取，作为借书关系的属性，以后借书时长在书目关系中修改，并不影响已发生的借还关系。

【问题 2】

　　本问题考查函数依赖和 BCNF。

　　根据描述"每一本书有唯一的编号，相同 ISBN 号的书集中存放，有相同的存储位置，相同 ISBN 号的书或因不同印刷批次而定价不同"，得出书号决定定价，破损情况是每本书的具体情况，也决定于书号，而书名、出版社和存放位置应由 ISBN 号决定，故函数依赖集为｛书号 →（ISBN 号，破损情况，定价），ISBN 号→（书名，出版社，存放位置）｝。

　　根据函数依赖集，图书关系的候选码为书号，存在非主属性书名、出版社和存放位置等对候选码书号的传递依赖，不属于 BCNF。书名和出版社属性在书目关系中已有，无需在图书关系中重复出现，同时存放位置由 ISBN 号所决定，应移至书目关系中，则剩余属性书号、ISBN 号、破损情况和定价构成新的关系模式，属于 BCNF。

【问题 3】

　　本问题考查 4NF 和模式分解。

　　根据题干的描述"一部书可以有多名作者，每名作者有唯一的一个排名"，得出多值依赖 ISBN 号 →→ （作者，排名），为嵌入式的多值依赖，因此，书目关系不属于 4NF。根据分解算法，将多值依赖独立为一关系模式，从原关系模式中去掉多值依赖的右部属性即可。

参考答案

【问题 1】

　　（1）候选键：（流水号，书号）

　　（2）不能。还书时读取书目中的借书时长，可能在借书后该时长发生变化，不满足按原借书时长计算的要求。

在借还关系中增加借书时长属性，借书时根据书目中的借书时长值写入该值。

修改后的"借还"关系：

借还（流水号，借书证号，书号，借书日期，借书时长，还书日期，罚款金额，罚款原因）

【问题 2】

（1）FD = { 书号→（ISBN 号，破损情况，定价），ISBN 号 → （书名，出版社，存放位置）}

（2）该关系不属于 BCNF，存在非主属性对码的传递依赖。

修改内容：去掉书名和出版社属性，将存放位置属性移至书目关系。修改后的关系模式：

图书（书号，ISBN 号，破损情况，定价）

书目（ISBN 号，书名，出版社，作者，排名，存放位置，借书时长）

【问题 3】

（1）不属于第四范式。

存在嵌入的多值依赖 ISBN 号 →→ （作者，排名）

（2）修改后的关系模式：

书目 1（ISBN 号，书名，出版社，存放位置，借书时长）

书目 2（ISBN 号，作者，排名）

试题五（共 15 分）

阅读下列说明，回答问题 1 至问题 3，将解答填入答题纸的对应栏内。

【说明】

某高速路不停车收费系统（ETC）的业务描述如下：

（1）车辆驶入高速路入口站点时，将驶入信息（ETC 卡号，入口编号，驶入时间）写入登记表；

（2）车辆驶出高速路出口站点（收费口）时，将驶出信息（ETC 卡号，出口编号，驶出时间）写入登记表；根据入口编号、出口编号及相关收费标准，清算应缴费用，并从绑定的信用卡中扣除费用。

一张 ETC 卡号只能绑定一张信用卡号，针对企业用户，一张信用卡号可以绑定多个 ETC 卡号。使用表绑定（ETC 卡号，信用卡号）来描述绑定关系，从信用卡（信用卡号，余额）表中扣除费用。

针对上述业务描述，完成下列问题：

【问题 1】（4 分）

在不修改登记表的结构和保留该表历史信息的前提下，当车辆驶入时，如何保证当前 ETC 卡已经清算过，而在驶出时又如何保证该卡已驶入而未驶出？请用 100 字以内文字简述处理方案。

【问题 2】（5 分）

当车辆驶出收费口时，从绑定信用卡余额中扣除费用的伪指令如下：读取信用卡余额到变量 x，记为 x = R(A)；扣除费用指令 x = x − a；写信用卡余额指令记为 W(A, x)。

（1）当两个绑定到同一信用卡号的车辆同时经过收费口时，可能的指令执行序列为：x1 = R(A)，x1 = x1 − a1，x2 = R(A)，x2 = x2 − a2，W(A, x1)，W(A, x2)。此时会出现什么问题？（100 字以内）

（2）为了解决上述问题，引入独占锁指令 XLock(A)对数据 A 进行加锁，解锁指令 Unlock(A)对数据 A 进行解锁。请补充上述执行序列，使其满足 2PL 协议。

【问题 3】（6 分）

下面是用 E-SQL 实现的费用扣除业务程序的一部分，请补全空缺处的代码。

```
CREATE PROCEDURE 扣除(IN ETC 卡号 VARCHAR(20), IN 费用 FLOAT)
    BEGIN
        UPDATE 信用卡 SET 余额 = 余额 −费用
        FROM 信用卡,绑定
        WHERE 信用卡.信用卡号 = 绑定.信用卡号 AND _____(a)_____ ;
        if error then ROLLBACK;
        else _____(b)_____ ;
    END
```

试题五分析

本题考查事务概念及应用，属于比较传统的题目，考查点也与往年类似。

【问题 1】

本问题考查应用需求。

一次通过包含经过入口站点和经过出口站点，由于 ETC 卡存在反复使用，所以应将经过入口和出口严格配对。根据历史记录，进入站点时应该没有未配对的入口信息，即所有的经过信息均有配对的入口和出口记录；出口时仅有唯一的入口信息。

解决这些问题的最好办法是把入口和出口信息作为一条记录，用来记录每一次经过。经过入口站点时插入新记录，出口信息字段为空值，经过出口站点时再修改为相应的值。

【问题 2】

本问题考查并发控制。

两辆车同时经过收费口，会对信用卡的同一余额数据进行操作，可能会造成数据的不一致。根据给定的指令执行序列"x1 = R(A)，x1 = x1 − a1，x2 = R(A)，x2 = x2 − a2，W(A, x1)，W(A, x2)"，W(A, x1)指令对数据对象 A 写入的 x1 值会被随后的 x2 值所覆盖，造成丢失修改的错误。

　　解决的办法是引入锁机制，在修改数据前加独占锁，写入数据后再释放锁，符合两段锁协议的规定，则会避免产生数据不一致性问题。

【问题 3】

　　本问题考查存储过程及事务程序的实现。

　　修改语句中条件部分的空缺为输入参数中的 ETC 卡号，判定语句中的空缺为事务的提交指令。

参考答案

【问题 1】

　　在车辆驶入时判定登记表上对应该 ECT 卡的所有记录，出口编号和驶出时间均不为空，表示该卡已清算过；在车辆驶出时判定该卡存在记录有驶入信息而出口编号和驶出时间为空。

【问题 2】

　　（1）出现问题：丢失修改，x1 的费用扣除后写入的值被 x2 的覆盖，造成对 x1 并未扣费。

　　（2）加锁后的执行序列：XLock(A)，x1 = R(A)，　x1 = x1 − a1，W(A, x1)，Unlock(A)，XLock(A)，x2 = R(A)，x2 = x2 − a2，W(A, x2)，Unlock(A)。

【问题 3】

　　（a）ETC 卡号 ＝ :ETC 卡号

　　（c）COMMIT

第7章 2015上半年数据库系统工程师上午试题分析与解答

试题（1）

机器字长为 n 位的二进制数可以用补码来表示___(1)___个不同的有符号定点小数。

(1) A. 2^n B. 2^{n-1} C. $2^n - 1$ D. $2^{n-1} + 1$

试题（1）分析

本题考查计算机系统基础常识。

二进制数据在计算机系统中的表示方法是最基本的专业知识。补码本身是带符号位的，补码表示的数字中 0 是唯一的，不像原码有 +0 和 −0 之分，也就意味着 n 位二进制编码可以表示 2^n 个不同的数。

参考答案

(1) A

试题（2）

计算机中 CPU 对其访问速度最快的是___(2)___。

(2) A. 内存   B. Cache   C. 通用寄存器   D. 硬盘

试题（2）分析

本题考查计算机系统基础知识。

计算机系统中的 CPU 内部对通用寄存器的存取操作是速度最快的，其次是 Cache，内存的存取速度再次，选项中访问速度最慢的就是作为外存的硬盘。它们共同组成分级存储体系来解决存储容量、成本和速度之间的矛盾。

参考答案

(2) C

试题（3）

Cache 的地址映像方式中，发生块冲突次数最小的是___(3)___。

(3) A. 全相联映像   B. 组相联映像   C. 直接映像   D. 无法确定的

试题（3）分析

本题考查计算机系统基础知识。

Cache 工作时，需要拷贝主存信息到 Cache 中，就需要建立主存地址和 Cache 地址的映射关系。Cache 的地址映射方法主要要有三种，即全相联影像、直接映像和组相联映像。其中全相联方式意味着主存的任意一块可以映像到 Cache 中的任意一块，其特点是块冲突概率低，Cache 空间利用率高，但是相联目录表容量大导致成本高、查表速度慢；直接映像方式是指主存的每一块只能映像到 Cache 的一个特定的块中，整个 Cache 地址与主存地址的低位部分完全相同，其特点是硬件简单，不需要相联存储器，访问速度快（无需地址变换），但是 Cache 块冲突概率高导致 Cache 空间利用率很低；组相联方式是对上述两种方式的折中处理，对 Cache 分组，实现组间直接映射，组内全相联，从而获得较低的块冲突概率、较高的块利用率，同时得到较快的速度和较低的成本。

参考答案

（3）A

试题（4）

计算机中 CPU 的中断响应时间指的是 __(4)__ 的时间。

（4）A．从发出中断请求到中断处理结束

　　B．从中断处理开始到中断处理结束

　　C．CPU 分析判断中断请求

　　D．从发出中断请求到开始进入中断处理程序

试题（4）分析

本题考查计算机组成原理的基础知识。

中断系统是计算机实现中断功能的软硬件总称。一般在 CPU 中设置中断机构，在外设接口中设置中断控制器，在软件上设置相应的中断服务程序。中断源在需要得到 CPU 服务时，请求 CPU 暂停现行工作转向为中断源服务，服务完成后，再让 CPU 回到原工作状态继续完成被打断的工作。中断的发生起始于中断源发出中断请求，中断处理过程中，中断系统需要解决一系列问题，包括中断响应的条件和时机，断点信息的保护与恢复，中断服务程序入口、中断处理等。中断响应时间，是指从发出中断请求到开始进入中断服务程序所需的时间。

参考答案

（4）D

试题（5）

总线宽度为 32bit，时钟频率为 200MHz，若总线上每 5 个时钟周期传送一个 32bit 的字，则该总线的带宽为 __(5)__ MB/s。

（5）A．40　　　　　B．80　　　　　C．160　　　　　D．200

试题（5）分析

本题考查计算机系统的基础知识。

总线宽度是指总线的位数，即数据信号的并行传输能力，也体现总线占用的物理空间和成本；总线的带宽是指总线的最大数据传输率，即每秒传输的数据总量。总线宽度与时钟频率共同决定了总线的带宽。

$$32\text{bit} / 8 = 4 \text{ Byte}, \quad 200\text{MHz} / 5 \times 4 \text{ Byte} = 160 \text{ MB/s}$$

参考答案

（5）C

试题（6）

以下关于指令流水线性能度量的叙述中，错误的是 ___(6)___。

（6）A．最大吞吐率取决于流水线中最慢一段所需的时间

　　　 B．如果流水线出现断流，加速比会明显下降

　　　 C．要使加速比和效率最大化应该对流水线各级采用相同的运行时间

　　　 D．流水线采用异步控制会明显提高其性能

试题（6）分析

本题考查计算机系统结构基础知识。

对指令流水线性能的度量主要有吞吐率、加速比和效率等指标。吞吐率是指单位时间内流水线所完成的任务数或输出结果的数量，最大吞吐率则是流水线在达到稳定状态后所得到的吞吐率，它取决于流水线中最慢一段所需的时间，所以该段成为流水线的瓶颈。流水线的加速比定义为等功能的非流水线执行时间与流水线执行时间之比，加速比与吞吐率成正比，如果流水线断流，实际吞吐率将会明显下降，则加速比也会明显下降。流水线的效率是指流水线的设备利用率，从时空图上看效率就是 n 个任务所占的时空区与 m 个段总的时空区之比。因此要使加速比和效率最大化应该对流水线各级采用相同的运行时间。另外，流水线采用异步控制并不会给流水线性能带来改善，反而会增加控制电路的复杂性。

参考答案

（6）D

试题（7）

___(7)___ 协议在终端设备与远程站点之间建立安全连接。

（7）A．ARP　　　　　 B．Telnet　　　　　 C．SSH　　　　　 D．WEP

试题（7）分析

终端设备与远程站点之间建立安全连接的协议是 SSH。SSH 为 Secure Shell 的缩写，是由 IETF 制定的建立在应用层和传输层基础上的安全协议。SSH 是专为远程登录会话和其他网络服务提供安全性的协议。利用 SSH 协议可以有效防止远程管理过程中的信息泄露问题。SSH 最初是 UNIX 上的程序，后来又迅速扩展到其他操作平台。

参考答案

（7）C

试题（8）、（9）

安全需求可划分为物理线路安全、网络安全、系统安全和应用安全。下面的安全需求中属于系统安全的是 ___(8)___，属于应用安全的是 ___(9)___。

（8）A．机房安全　　　　　　　　　　 B．入侵检测

　　　 C．漏洞补丁管理　　　　　　　　 D．数据库安全

（9）A. 机房安全　　　　　　　　　　B. 入侵检测
　　　C. 漏洞补丁管理　　　　　　　　D. 数据库安全

试题（8）、（9）分析

机房安全属于物理安全，入侵检测属于网络安全，漏洞补丁管理属于系统安全，而数据库安全则是应用安全。

参考答案

（8）C　　　（9）D

试题（10）

王某是某公司的软件设计师，每当软件开发完成后均按公司规定编写软件文档，并提交公司存档。那么该软件文档的著作权　（10）　享有。

（10）A. 应由公司
　　　B. 应由公司和王某共同
　　　C. 应由王某
　　　D. 除署名权以外，著作权的其他权利由王某

试题（10）分析

本题考查知识产权的基本知识。

依据著作权法第十一条、第十六条规定，职工为完成所在单位的工作任务而创作的作品属于职务作品。职务作品的著作权归属分为两种情况。

① 虽是为完成工作任务而为，但非经法人或其他组织主持，不代表其意志创作，也不由其承担责任的职务作品，如教师编写的教材；著作权应由作者享有，但法人或者其他组织有权在其业务范围内优先使用的权利，期限为 2 年。

② 由法人或者其他组织主持，代表法人或者其他组织意志创作，并由法人或者其他组织承担责任的职务作品，如工程设计、产品设计图纸及其说明、计算机软件、地图等职务作品，以及法律规定或合同约定著作权由法人或非法人单位单独享有的职务作品，作者享有署名权，其他权利由法人或者其他组织享有。

参考答案

（10）A

试题（11）

甲、乙两公司的软件设计师分别完成了相同的计算机程序发明，甲公司先于乙公司完成，乙公司先于甲公司使用。甲、乙公司于同一天向专利局申请发明专利。此情形下，（11）　可获得专利权。

（11）A. 甲公司　　　　　　　　　　B. 甲、乙公司均
　　　C. 乙公司　　　　　　　　　　D. 由甲、乙公司协商确定谁

试题（11）分析

本题考查知识产权的基本知识。

当两个以上的申请人分别就同样的发明创造申请专利的，专利权授给最先申请的

人。如果两个以上申请人在同一日分别就同样的发明创造申请专利的，应当在收到专利行政管理部门的通知后自行协商确定申请人。如果协商不成，专利局将驳回所有申请人的申请，即均不授予专利权。我国专利法规定："两个以上的申请人分别就同样的发明创造申请专利的，专利权授予最先申请的人"。我国专利法实施细则规定："同样的发明创造只能被授予一项专利。依照专利法第九条的规定，两个以上的申请人在同一日分别就同样的发明创造申请专利的，应当在收到国务院专利行政部门的通知后自行协商确定申请人"。

参考答案

（11）A

试题（12）

以下媒体中，___(12)___是感觉媒体。

（12）A. 音箱　　　　　　B. 声音编码　　　C. 电缆　　　　　D. 声音

试题（12）分析

本题考查多媒体基本知识。

感觉媒体指直接作用于人的感觉器官，使人产生直接感觉的媒体，如引起听觉反应的声音，引起视觉反应的图像等。

参考答案

（12）D

试题（13）

微型计算机系统中，显示器属于___(13)___。

（13）A. 表现媒体　　　　B. 传输媒体　　　C. 表示媒体　　　D. 存储媒体

试题（13）分析

本题考查多媒体基本知识。

表现媒体是指进行信息输入和输出的媒体，如键盘、鼠标、话筒，以及显示器、打印机、喇叭等；表示媒体指传输感觉媒体的中介媒体，即用于数据交换的编码，如图像编码、文本编码和声音编码等；传输媒体指传输表示媒体的物理介质，如电缆、光缆、电磁波等；存储媒体指用于存储表示媒体的物理介质，如硬盘、光盘等。

参考答案

（13）A

试题（14）

___(14)___是表示显示器在纵向（列）上具有的像素点数目指标。

（14）A. 显示分辨率　　　B. 水平分辨率　　C. 垂直分辨率　　D. 显示深度

试题（14）分析

本题考查多媒体基本知识。

显示分辨率是指显示器上能够显示出的像素点数目，即显示器在横向和纵向上能够显示出的像素点数目。水平分辨率表明显示器水平方向（横向）上显示出的像素点数目，垂直分辨率表明显示器垂直方向（纵向）上显示出的像素点数目。例如，显示分辨率为 1024×768 则表明显示器水平方向上显示 1024 个像素点,垂直方向上显示 768 个像素点，整个显示屏就含有 796 432 个像素点。屏幕能够显示的像素越多，说明显示设备的分辨率越高，显示的图像质量越高。显示深度是指显示器上显示每个像素点颜色的二进制位数。

参考答案

（14）C

试题（15）

软件工程的基本要素包括方法、工具和___(15)___。

（15）A. 软件系统   B. 硬件系统   C. 过程   D. 人员

试题（15）分析

本题考查软件工程的基本概念。

软件工程是一门工程学科，涉及到软件开发的各个方面，从最初的系统描述到交付后的系统维护，都属于其学科范畴。用软件工程方法进行软件开发，涉及到方法、工具和过程等要素。其中，方法是产生某些结果的形式化过程。工具是用更好的方式完成某件事情的设备或自动化系统。过程是把工具和方法结合起来，定义涉及活动、约束和资源使用的一系列步骤，来生产某种想要的输出。

参考答案

（15）C

试题（16）

在___(16)___设计阶段选择适当的解决方案，将系统分解为若干个子系统，建立整个系统的体系结构。

（16）A. 概要   B. 详细   C. 结构化   D. 面向对象

试题（16）分析

本题考查软件工程的基本概念。

软件设计的任务是基于需求分析的结果建立各种设计模型，给出问题的解决方案。从工程管理的角度，可以将软件设计分为两个阶段：概要设计阶段和详细设计阶段。结构化设计方法中，概要设计阶段进行软件体系结构的设计、数据设计和接口设计；详细设计阶段进行数据结构和算法的设计。面向对象设计方法中，概要设计阶段进行体系结构设计、初步的类设计/数据设计、结构设计；详细设计阶段进行构件设计。

结构化设计和面向对象设计是两种不同的设计方法，结构化设计根据系统的数据流图进行设计，模块体现为函数、过程及子程序；面向对象设计基于面向对象的基本概念进行，模块体现为类、对象和构件等。

参考答案

（16）A

试题（17）、（18）

某项目包含的活动如下表所示，完成整个项目的最短时间为　(17)　周。不能通过缩短活动　(18)　的工期，来缩短整个项目的完成时间。

活动编号	工期（周）	直接前驱
A	3	-
B	5	A
C	1	B
D	3	A
E	5	D
F	4	C, E
G	3	C, E
H	4	F, G

（17）A. 16　　　　B. 17　　　　C. 18　　　　D. 19

（18）A. A　　　　B. B　　　　C. D　　　　D. F

试题（17）、（18）分析

本题考查软件项目管理的基础知识。

活动图是描述一个项目中各个工作任务相互依赖关系的一种模型，项目的很多重要特性可以通过分析活动图得到，如估算项目完成时间，计算关键路径和关键活动等。

根据上表给出的数据，构建活动图，如下图所示。

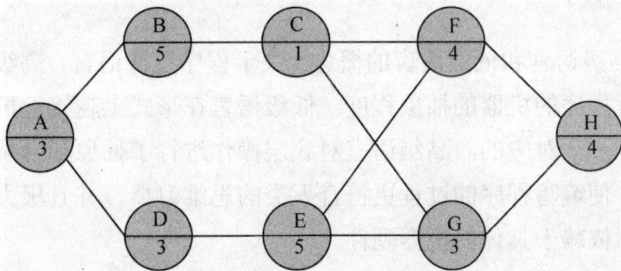

从上图很容易看出，关键路径为 A-D-E-F-H，其长度为 19，关键路径上的活动均为关键活动。

参考答案

（17）D　　（18）B

试题（19）

风险的优先级通常是根据　(19)　设定。

（19）A. 风险影响（Risk Impact）　　　　B. 风险概率（Risk Probability）

　　　 C. 风险暴露（Risk Exposure）　　　　D. 风险控制（Risk Control）

试题（19）分析

本题考查软件项目管理的基础知识。

风险是一种具有负面后果的、人们不希望发生的事件。风险管理是软件项目管理的一项重要任务。在进行风险管理时，根据风险的优先级来确定风险控制策略，而优先级是根据风险暴露来确定的。风险暴露是一种量化风险影响的指标，等于风险影响乘以风险概率。风险影响是当风险发生时造成的损失。风险概率是风险发生的可能性。风险控制是风险管理的一个重要活动。

参考答案

（19）C

试题（20）

以下关于程序设计语言的叙述中，错误的是___（20）___。

（20）A. 程序设计语言的基本成分包括数据、运算、控制和传输等

   B. 高级程序设计语言不依赖于具体的机器硬件

   C. 程序中局部变量的值在运行时不能改变

   D. 程序中常量的值在运行时不能改变

试题（20）分析

本题考查程序语言基础知识。

选项 A 涉及程序语言的一般概念，程序设计语言的基本成分包括数据、运算、控制和传输等。

选项 B 考查高级语言和低级语言的概念。关于程序设计语言，高级语言和低级语言是指其相对于运行程序的机器的抽象程度。低级语言在形式上越接近机器指令，汇编语言就是与机器指令一一对应的。高级语言对底层操作进行了抽象和封装，其一条语句对应多条机器指令，使编写程序的过程更符合人类的思维习惯，并且极大了简化了人力劳动。高级语言并不依赖于具体的机器硬件。

选项 C 考查局部变量的概念，凡是在函数内部定义的变量都是局部变量（也称作内部变量），包括在函数内部复合语句中定义的变量和函数形参表中说明的形式参数。局部变量只能在函数内部使用，其作用域是从定义位置起至函数体或复合语句体结束为止。局部变量的值通常在其生存期内是变化的。

选项 D 考查常量的概念，程序中常量的值在运行时是不能改变的。

参考答案

（20）C

试题（21）

与算术表达式"(a+(b−c))*d"对应的树是___（21）___。

（21）A.

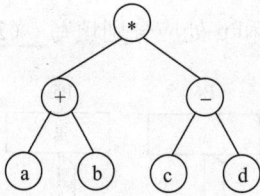

B.

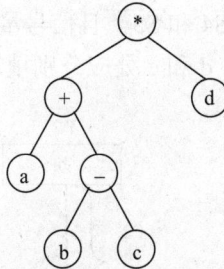

C.

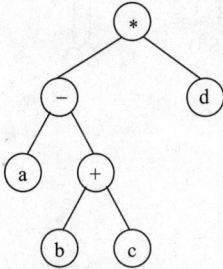

D.

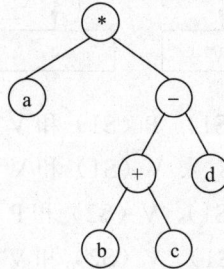

试题（21）分析

本题考查程序语言与数据结构基础知识。

对算术表达式"(a+(b–c))*d"求值的运算处理顺序是：先进行 b–c，然后与 a 相加，最后再与 d 相乘。只有选项 B 所示的二叉树与其相符。

参考答案

（21）B

试题（22）

C 程序中全局变量的存储空间在 ___（22）___ 分配。

（22）A. 代码区　　　　B. 静态数据区　　　　C. 栈区　　　　D. 堆区

试题（22）分析

本题考查程序语言基础知识。

程序运行时的用户内存空间一般划分为代码区、静态数据区、栈区和堆区，其中栈区和堆区也称为动态数据区。全局变量的存储空间在静态数据区。

参考答案

（22）B

试题（23）～（25）

进程 P1、P2、P3、P4 和 P5 的前趋图如下所示：

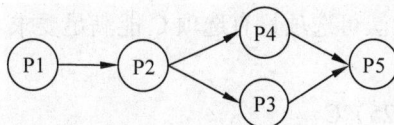

若用 PV 操作控制进程 P1、P2、P3、P4 和 P5 并发执行的过程，则需要设置 5 个信号量 S1、S2、S3、S4 和 S5，且信号量 S1～S5 的初值都等于零。下图中 a、b 和 c 处应分别填写__(23)__；d 和 e 处应分别填写__(24)__，f 和 g 处应分别填写__(25)__。

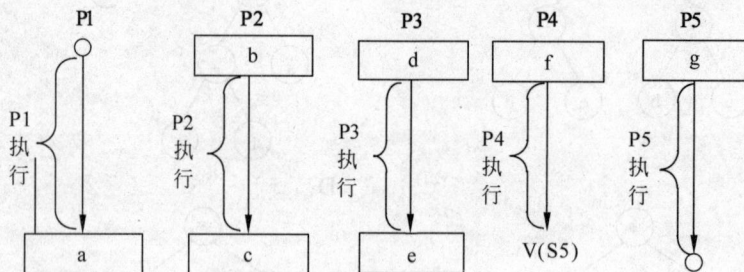

(23) A. V（S1）、P（S1）和 V（S2）V（S3）

     B. P（S1）、V（S1）和 V（S2）V（S3）

     C. V（S1）、V（S2）和 P（S1）V（S3）

     D. P（S1）、V（S2）和 V（S1）V（S3）

(24) A. V（S2）和 P（S4）   B. P（S2）和 V（S4）

     C. P（S2）和 P（S4）   D. V（S2）和 V（S4）

(25) A. P（S3）和 V（S4）V（S5）   B. V（S3）和 P（S4）P（S5）

     C. P（S3）和 P（S4）P（S5）   D. V（S3）和 V（S4）V（S5）

试题（23）～（25）分析

试题（23）的正确的选项为 A。根据前驱图，P1 进程执行完需要通知 P2 进程，故需要利用 V（S1）操作通知 P2 进程，所以空 a 应填 V（S1）；P2 进程需要等待 P1 进程的结果，故需要利用 P（S1）操作测试 P1 进程是否运行完，所以空 b 应填 P（S1）；又由于 P2 进程运行结束需要利用 V（S2）、V（S3）操作分别通知 P3、P4 进程，所以空 c 应填 V（S2）、V（S3）。

试题（24）的正确的答案为 B。根据前驱图，P3 进程运行前需要等待 P2 进程的结果，故需执行程序前要先利用 1 个 P 操作，根据排除法可选项只有选项 B 和选项 C。又因为 P3 进程运行结束后需要利用 1 个 V 操作通知 P5 进程，根据排除法可选项只有选项 B 满足要求。

试题（25）的正确的答案为 C。根据前驱图，P4 进程执行前需要等待 P2 进程的结果，故空 f 处需要 1 个 P 操作；P5 进程执行前需要等待 P3 和 P4 进程的结果，故空 g 处需要 2 个 P 操作。根据排除法可选项只有选项 C 能满足要求。

参考答案

    （23）A   （24）B   （25）C

试题（26）

某进程有 4 个页面，页号为 0～3，页面变换表及状态位、访问位和修改位的含义如下图所示。若系统给该进程分配了 3 个存储块，当访问的页面 1 不在内存时，淘汰表中页号为　(26)　的页面代价最小。

页号	页帧号	状态位	访问位	修改位
0	6	1	1	1
1	—	0	0	0
2	3	1	1	1
3	2	1	1	0

状态位含义 $\begin{cases} =0 \text{ 不在内存} \\ =1 \text{ 在内存} \end{cases}$

访问位含义 $\begin{cases} =0 \text{ 未访问过} \\ =1 \text{ 访问过} \end{cases}$

修改位含义 $\begin{cases} =0 \text{ 未修改过} \\ =1 \text{ 修改过} \end{cases}$

（26）A．0　　　　　　B．1　　　　　　C．2　　　　　　D．3

试题（26）分析

试题（26）的正确选项为 D。根据题意，页面变换表中状态位等于 0 和 1 分别表示页面不在内存或在内存，所以 0、2 和 3 号页面在内存。当访问的页面 1 不在内存时，系统应该首先淘汰未被访问的页面，因为根据程序的局部性原理，最近未被访问的页面下次被访问的概率更小；如果页面最近都被访问过，应该先淘汰未修改过的页面。因为未修改过的页面内存与辅存一致，故淘汰时无须写回辅存，使系统页面置换代价小。经上述分析，0、2 和 3 号页面都是最近被访问过的，但 0 和 2 号页面都被修改过而 3 号页面未修改过，故应该淘汰 3 号页面。

参考答案

（26）D

试题（27）

某公司计划开发一个产品，技术含量很高，与客户相关的风险也很多，则最适于采用　(27)　开发过程模型。

（27）A．瀑布　　　　　B．原型　　　　　C．增量　　　　　D．螺旋

试题（27）分析

本题考查软件过程模型的基础知识。

瀑布模型将软件生存周期各个活动规定为线性顺序连接的若干阶段的模型，规定了由前至后，相互衔接的固定次序，如同瀑布流水，逐级下落。这种方法是一种理想的现象开发模式，缺乏灵活性，特别是无法解决软件需求不明确或不准确的问题。

原型模型从初始的原型逐步演化成最终软件产品，特别适用于对软件需求缺乏准确认识的情况。

增量开发是把软件产品作为一系列的增量构件来设计、编码、集成和测试，可以在增量开发过程中逐步理解需求。

螺旋将瀑布模型与快速原型模型结合起来，并且加入两种模型均忽略了的风险分析，适用于复杂的大型软件。

参考答案

（27）D

试题（28）

数据流图（DFD）的作用是　__(28)__　。

(28) A．描述数据对象之间的关系　　　B．描述对数据的处理流程

　　　C．说明将要出现的逻辑判定　　　D．指明系统对外部事件的反应

试题（28）分析

本题考查数据流图的概念和应用。

数据流图或称数据流程图（Data Flow Diagram，DFD）是一种便于用户理解、分析系统数据流程的图形工具。数据流图描述对数据的处理流程，着重系统信息的流向和处理过程。它摆脱了系统的物理内容，精确地在逻辑上描述系统的功能、输入、输出和数据存储等，是系统逻辑模型的重要组成部分。

参考答案

（28）B

试题（29）

若关系 R（H，L，M，P）的主键为全码（All-key），则关系 R 的主键应　__(29)__　。

(29) A．为 HLMP

　　　B．在集合{H，L，M，P}中任选一个

　　　C．在集合{HL，HM，HP，LM，LP，MP}中任选一个

　　　D．在集合{HLM，HLP，HMP，LMP}中任选一个

试题（29）分析

本题考查关系数据库系统中键的基本概念。

在关系数据库系统中，全码（All-key）指关系模型的所有属性组是这个关系模式的候选键，本题所有属性组为 HLMP，故本题的正确选项为 A。

参考答案

（29）A

试题（30）、（31）

在关系 $R(A_1,A_2,A_3)$ 和 $S(A_2,A_3,A_4)$ 上进行关系运算的 4 个等价的表达式 E_1、E_2、E_3 和 E_4 如下所示：

$$E_1 = \pi_{A_1,A_4}\left(\sigma_{A_2<'2015'\wedge A_4='95'}\left(R \bowtie S\right)\right)$$

$$E_2 = \pi_{A_1,A_4}\left(\sigma_{A_2<'2015'}\left(R\right)\bowtie\sigma_{A_4='95'}\left(S\right)\right)$$

$$E_3 = \pi_{A_1,A_4}\left(\sigma_{R.A_2=S.A_2\wedge R.A_3=S.A_3\wedge A_2<'2015'\wedge A_4='95'}\left(R\times S\right)\right)$$

$$E_4 = \pi_{A_1, A_4} \left(\sigma_{R.A_2 = S.A_2 \wedge R.A_3 = S.A_3} \left(\sigma_{A_2 < '2015'} (R) \times \sigma_{A_4 = '95'} (S) \right) \right)$$

如果严格按照表达式运算顺序，则查询效率最高的是 ___(30)___ ，将该查询转换为等价的 SQL 语句如下：

```
SELECT A₁,A₄ FROM R,S
WHERE  (31)  ;
```

(30) A. E_1 　　　　　　B. E_2 　　　　　　C. E_3 　　　　　　D. E_4

(31) A. R.A_2 < 2015 OR S.A_4 = 95

　　 B. R.A_2 < 2015 AND S.A_4 = 95

　　 C. R.A_2 < 2015 OR S.A_4 = 95 OR R.A_2 = S.A_2

　　 D. R.A_2 < 2015 AND S.A_4 = 95 AND R.A_2 = S.A_2 AND R.A_3 = S.A_3

试题（30）、（31）分析

本题考查关系代数表达式的等价性问题和查询优化方面的基本知识。

试题（30）正确的选项为 B。表达式 E_2 的查询效率最高，因为 E_2 将选取运算 $\sigma_{A_2 < '2015'}(R)$ 和 $\sigma_{A_4 = '80'}(S)$ 移到了叶节点，然后进行自然连接 $\bowtie$ 运算。这样满足条件的元组数比先进行笛卡儿积产生的元组数大大下降，甚至无需中间文件，就可将中间结果放在内存，最后在内存即可形成所需结果集。

试题（31）正确的选项为 D。在关系 R(A_1,A_2,A_3) 和 S(A_2,A_3,A_4) 上进行关系运算的 4 个等价的表达式中可以看出，$E_3 = \pi_{A_1, A_4} \left(\sigma_{A_2 < '2015' \wedge R.A_3 = S.A_3 \wedge A_4 = '95'} (R \times S) \right)$ 应该先进行 R × S 运算，然后在结果集中进行满足条件 "R.A_2 < '2015' $\wedge$ S.A_4 < '95' $\wedge$ R.A_3 = S.A_3" 的选取运算 σ，最后再进行属性 A_1,A_4 的投影运算 π。可见，选项 D 与条件 "R.A_2 < '2015' $\wedge$ S.A_4 < '95' $\wedge$ R.A_3 = S.A_3" 等价。

参考答案

（30）B　　（31）D

试题（32）～（34）

部门、员工和项目的关系模式及它们之间的 E-R 图如下所示，其中，关系模式中带实下划线的属性表示主键；图中

部门（<u>部门代码</u>,部门名称,电话）

员工（<u>员工代码</u>,姓名,部门代码,联系方式,薪资）

项目（<u>项目编号</u>,项目名称,承担任务）

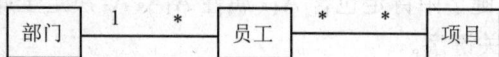

若部门和员工关系进行自然连接运算，其结果集为 ___(32)___ 元关系。由于员工和项目关系之间的联系类型为 ___(33)___ ，所以员工和项目之间的联系需要转换成一个独立的

关系模式，该关系模式的主键是　__(34)__。

　(32) A. 5　　　　　　B. 6　　　　　　C. 7　　　　　　D. 8

　(33) A. 1 对 1　　　　B. 1 对多　　　　C. 多对 1　　　　D. 多对多

　(34) A.（项目名称，员工代码）　　　　　B.（项目编号，员工代码）

　　　　C.（项目名称，部门代码）　　　　　D.（项目名称，承担任务）

试题（32）～（34）分析

本题考查关系数据库 E-R 模型的相关知识。

试题（32）的正确答案是 C。根据题意，部门和员工关系进行自然连接运算，应该去掉一个重复属性"部门代码"，所以自然连接运算的结果集为 7 元关系。

试题（33）的正确答案是 D。在 E-R 模型中，用 1___1 表示 1 对 1 联系，用 1___* 表示 1 对多联系，用 *___* 表示多对多联系。

试题（34）的正确答案是 B。因为员工和项目之间是一个多对多的联系，多对多联系的向关系模式转换的规则是：多对多联系只能转换成一个独立的关系模式，关系模式的名称取联系的名称，关系模式的属性取该联系所关联的两个多方实体的主键及联系的属性，关系的码是多方实体的主键构成的属性组。由于员工关系的主键是员工代码，项目关系的主键是项目编号，因此，根据该转换规则试题（34）员工和项目之间的联系的关系模式的主键是（员工代码，项目编号）。

参考答案

　(32) C　　(33) D　　(34) B

试题（35）、（36）

给定关系模式 $R(A_1, A_2, A_3, A_4)$，R 上的函数依赖集 $F=\{A_1A_3 \rightarrow A_2, A_2 \rightarrow A_3\}$，$R$ __(35)__。若将 R 分解为 $\rho = \{(A_1, A_2, A_4), (A_1, A_3)\}$，那么该分解是 __(36)__ 的。

　(35) A. 有一个候选关键字 A_1A_3

　　　　B. 有一个候选关键字 $A_1A_2A_3$

　　　　C. 有二个候选关键字 $A_1A_3A_4$ 和 $A_1A_2A_4$

　　　　D. 有三个候选关键字 A_1A_2、A_1A_3 和 A_1A_4

　(36) A. 无损联接　　　　　　　　　B. 无损联接且保持函数依赖

　　　　C. 保持函数依赖　　　　　　　D. 有损联接且不保持函数依赖

试题（35）、（36）分析

本题考查关系数据库规范化理论方面的基础知识。

试题（35）正确答案为 C，试题（36）正确答案为 D。因为 $A_1A_3 \rightarrow A_2, A_2 \rightarrow A_3$，没有出现 A_4，所以候选关键字中肯定包含 A_4，属性 $A_1A_3A_4$ 决定全属性，故为候选关键字。同理 $A_1A_2A_4$ 也为候选关键字。

设 $U1=\{A_1, A_2, A_4\}$，$U2=\{A_1, A_3\}$，那么可得出：$(U1 \cap U2) \rightarrow (U1 - U2) = A_1 \rightarrow A_2$，$(U1 \cap U2) \rightarrow (U2 - U1) = A_1 \rightarrow A_3$，而 $A_1 \rightarrow A_2, A_1 \rightarrow A_3 \notin F^+$，所以分解 ρ 是有损连接的。

又因为 $F1 = F2 = \phi$，$F^+ \neq (F1 \cup F2)^+$，所以分解不保持函数依赖。

参考答案

（35）C　　（36）D

试题（37）、（38）

关系 R、S 如下表所示，$R \div (\pi_{A1,A2}(\sigma_{1<3}(S)))$ 的结果为____（37）____，R、S 的左外联接、右外联接和完全外联接的元组个数分别为____（38）____。

R

A1	A2	A3
1	2	3
2	1	4
3	4	4
4	6	7

S

A1	A2	A4
1	9	1
2	1	8
3	4	4
4	8	3

（37）A. {4}　　　　　　　　　B. {3,4}

　　　C. {3,4,7}　　　　　　　D. {(1,2),(2,1),(3,4),(4,7)}

（38）A. 2，2，4　　　　　　　B. 2，2，6

　　　C. 4，4，4　　　　　　　D. 4，4，6

试题（37）、（38）分析

本题考查关系代数运算方面的知识。

试题（37）的正确结果为 A。因为关系代数的除法运算是同时从关系的水平方向和垂直方向进行运算的。若给定关系 $R(X,Y)$ 和 $S(Y,Z)$，X、Y 和 Z 为属性组，$R \div S$ 应当满足元组在 X 上的分量值 x 的象集 Y_x 包含 S 在 Y 上投影的集合。记作：

$$R \div S = \{t_r \mid t_r \in R \land t_s[Y] \subseteq Y_x\}$$

其中：Y_x 为 x 在 R 的象集，$x = t_r[X]$，且 $R \div S$ 的结果集的属性组为 X。

根据除法定义，试题 X 属性为 A3，Y 属性为(A1, A2)，$R \div S$ 应当满足元组在 X 上的分量值 x 的象集 Y_x 包含 S 在 Y 上投影的集合，所以结果集的属性为 A3。属性 A3 可以取 3 个值{3,4,7}，其中：3 的象集为{(1,2)}，4 的象集为{(2,1),(3,4)}，7 的象集为{(4,6)}。

根据除法定义，本题关系 S 为 $\pi_{A1,A2}(\sigma_{1<3}(S))$，在属性组 $Y(A1, A2)$ 上的投影为{(2,1),(3,4)}如下表所示：

$$\pi_{A1,A2}(\sigma_{1<3}(S)) \implies$$

A1	A2
2	1
3	4

从上述分析可以看出，只有关系 R 的属性 A3 的值为 4 时，其象集包含了关系 S 在属性组 X 即(A1, A2)上的投影，所以 $R \div S = \{4\}$。

试题（38）的正确结果为 D。两个关系 R 和 S 进行自然连接时，选择两个关系 R 和 S 公共属性上相等的元组，去掉重复的属性列构成新关系。在这种情况下，关系 R 中的某些元组有可能在关系 S 中不存在公共属性值上相等的元组，造成关系 R 中这些元组的值在运算时舍弃了；同样关系 S 中的某些元组也可能舍弃。为此，扩充了关系运算左外联接、右外联接和完全外联接。

左外联接是指 R 与 S 进行自然连接时，只把 R 中舍弃的元组放到新关系中。

右外联接是指 R 与 S 进行自然连接时，只把 S 中舍弃的元组放到新关系中。

完全外联接是指 R 与 S 进行自然连接时，把 R 和 S 中舍弃的元组都放到新关系中。

试题（38）R 与 S 的左外联接、右外联接和完全外联接的结果如下表所示：

R 与 S 的左外联接

A1	A2	A3	A4
1	2	3	null
2	1	4	8
3	4	4	4
4	6	7	null

R 与 S 的右外联接

A1	A2	A3	A4
1	2	null	1
2	1	4	8
3	4	4	4
4	6	null	3

R 与 S 的完全外联接

A1	A2	A3	A4
1	2	3	null
2	1	4	8
3	4	4	4
4	6	7	Null
1	2	null	1
4	6	null	3

从运算的结果可以看出 R 与 S 的左外联接、右外联接和完全外联接的元组个数分别为 4，4，6。

参考答案

（37）A　（38）D

试题（39）

数据挖掘的分析方法可以划分为关联分析、序列模式分析、分类分析和聚类分析四种。如果需要一个示例库（该库中的每个元组都有一个给定的类标识）做训练集时，这种分析方法属于 __(39)__ 。

(39) A．关联分析　　　　　　　　B．序列模式分析

　　　C．分类分析　　　　　　　　D．聚类分析

试题（39）分析

本题考查数据挖掘基础知识。

数据挖掘就是应用一系列技术从大型数据库或数据仓库中提取人们感兴趣的信息和知识，这些知识或信息是隐含的，事先未知而潜在有用的，提取的知识表示为概念、规则、规律、模式等形式。也可以说，数据挖掘是一类深层次的数据分析。无论采用哪种技术完成数据挖掘，从功能上可以将数据挖掘的分析方法划分为四种，即关联分析、

序列模式分析、分类分析和聚类分析。

① 关联分析（Associations）：目的是为了挖掘出隐藏在数据间的相互关系。若设 R={A1,A2,…,AP} 为 {0,1} 域上的属性集，r 为 R 上的一个关系，关于 r 的关联规则表示为 X→B，其中 X∈R，B∈R，且 X∩B=¤。关联规则的矩阵形式为：矩阵 r 中，如果在行 X 的每一列为 1，则行 B 中各列趋向于为 1。在进行关联分析的同时还需要计算两个参数，最小置信度（Confidence）和最小支持度（Support）。前者用以过滤掉可能性过小的规则，后者则用来表示这种规则发生的概率，即可信度。

② 序列模式分析（Sequential Patterns）：目的也是为了挖掘出数据之间的联系，但它的侧重点在于分析数据间的前后关系（因果关系）。例如，将序列模式分析运用于商业，经过分析，商家可以根据分析结果发现客户潜在的购物模式，发现顾客在购买一种商品的同时经常购买另一种商品的可能性。在进行序列模式分析时也应计算置信度和支持度。

③ 分类分析（Classifiers）：首先为每一个记录赋予一个标记（一组具有不同特征的类别），即按标记分类记录，然后检查这些标定的记录，描述出这些记录的特征。这些描述可能是显式的，如一组规则定义；也可能是隐式的，如一个数学模型或公式。

④ 聚类分析（Clustering）：聚类分析法是分类分析法的逆过程，它的输入集是一组未标定的记录，即输入的记录没有作任何处理。目的是根据一定的规则，合理地划分记录集合，并用显式或隐式的方法描述不同的类别。

在实际应用的 DM 系统中，上述四种分析方法有着不同的适用范围，因此经常被综合运用。

参考答案

（39）C

试题（40）～（43）

某医院住院部信息系统中有病人表 R（住院号，姓名，性别，科室号，病房，家庭住址），"住院号"唯一标识表 R 中的每一个元组，"性别"的取值只能为 M 或 F，"家庭住址"包括省、市、街道、邮编，要求科室号参照科室关系 D 中的科室号；科室关系 D（科室号，科室名，负责人，联系电话），"科室号"唯一标识关系 D 中的每一个元组。

a. 创建关系 R 的 SQL 语句如下：

```
CREATE TABLE R(住院号 CHAR(8) ___(40)___,
姓名 CHAR(10),
性别 CHAR(1) ___(41)___,
科室号 CHAR(4),
病房 CHAR(4),
家庭住址 ADDR,        //ADDR 为用户定义的类
___(42)___);
```

b. 表 R 中复合属性是___(43)___。

（40）A．PRIMARY KEY　　　　　B．EFERENCES D(科室号)

　　　 C．NOT NULL　　　　　　　D．REFERENCES D(科室名)

（41）A．IN (M,F)　　　　　　　B．CHECK('M', 'F')

　　　 C．LIKE('M', 'F')　　　　　D．CHECK(性别 IN ('M', 'F'))

（42）A．PRIMARY KEY（科室号）NOT NULL UNIQUE

　　　 B．PRIMARY KEY（科室名）UNIQUE

　　　 C．FOREIGN KEY（科室号）REFERENCES D（科室号）

　　　 D．FOREIGN KEY（科室号）REFERENCES D（科室名）

（43）A．住院号　　　　 B．姓名　　　　 C．病房　　　　 D．家庭住址

试题（40）～（43）分析

本题考查关系数据库基础知识。

试题（40）的正确答案是 A。根据题意，属性"住院号"唯一标识关系 R 中的每一个元组，因此需要用语句"PRIMARY KEY"进行主键的完整性约束。

试题（41）的正确答案是 D。根据题意，属性"性别"的取值只能为 M 或 F，因此需要用语句"CHECK(性别 IN ('M', 'F')"进行完整性约束。

试题（42）的正确答案是 C。根据题意。属性"科室号"是外键，因此需要用语句"REFERENCES D (科室号)"进行参考完整性约束。

试题（43）的正确答案是 D。简单属性是原子的、不可再分的，复合属性可以细分为更小的部分（即划分为别的属性）。试题中"家庭住址"属性可以进一步分为邮编、省、市、街道，故属于复合属性。

参考答案

（40）A　 （41）D　 （42）C　 （43）D

试题（44）

数据字典中"数据项"的内容包括：名称、编号、取值范围、长度和　 (44) 　。

（44）A．处理频率　 B．最大记录数　　 C．数据类型　　　 D．数据流量

试题（44）分析

本题考查数据库的基础知识。

数据字典（Data Dictionary，DD）是各类数据描述的集合，它是关于数据库中数据的描述，即元数据，而不是数据本身。如用户将向数据库中输入什么信息，从数据库中要得到什么信息，各类信息的内容和结构，信息之间的联系等。数据字典包括数据项、数据结构、数据流、数据存储和处理过程 5 个部分（至少应该包含每个字段的数据类型和在每个表内的主键、外键）。其中"数据项"通常包括数据项名，数据项含义说明、别名、数据类型、长度、取值范围、取值含义、与其他数据项的逻辑关系。

参考答案

（44）C

试题（45）、（46）

假设系统中只有事务 T_1 和 T_2，两个事务都要对数据 D_1 和 D_2 进行操作。若 T_1 对 D_1 已加排它锁，T_1 对 D_2 已加共享锁；那么 T_2 对 D_1 __(45)__，那么 T_2 对 D_2 __(46)__ 。

（45）A. 加共享锁成功，加排它锁失败

　　　B. 加共享锁、加排它锁都失败

　　　C. 加共享锁、加排它锁都成功

　　　D. 加排它锁成功，加共享锁失败

（46）A. 加共享锁成功，加排它锁失败

　　　B. 加共享锁、加排它锁都失败

　　　C. 加共享锁、加排它锁都成功

　　　D. 加排它锁成功，加共享锁失败

试题（45）、（46）分析

本题考查数据库事务处理方面的基础知识。

并发事务如果对数据读写时不加以控制，会破坏事务的隔离性和一致性。控制的手段就是加锁，在事务执行时限制其他事务对数据的读取。在并发控制中引入两种锁：排它锁（Exclusive Locks，简称 X 锁）和共享锁（Share Locks，简称 S 锁）。

排它锁又称为写锁，用于对数据进行写操作时进行锁定。如果事务 T 对数据 A 加上 X 锁后，就只允许事务 T 读取和修改数据 A，其他事务对数据 A 不能再加任何锁，从而也不能读取和修改数据 A，直到事务 T 释放 A 上的锁。

共享锁又称为读锁，用于对数据进行读操作时进行锁定。如果事务 T 对数据 A 加上了 S 锁后，事务 T 就只能读数据 A 但不可以修改，其他事务可以再对数据 A 加 S 锁来读取，只要数据 A 上有 S 锁，任何事务都只能再对其加 S 锁读取而不能加 X 锁修改。

参考答案

（45）B　　（46）A

试题（47）、（48）

层次模型和网状模型等非关系模型中，结点用来存储记录，记录间的联系用指针来表达；而关系模型中记录间的联系用 __(47)__ 来描述，查找相关联记录需要进行记录遍历，为提高查找效率，可以建立 __(48)__ 。

（47）A. 主码　　　　　B. 关系　　　　　C. 数据模型　　　　D. 概念模型

（48）A. 索引　　　　　B. 触发器　　　　C. 存储过程　　　　D. 函数

试题（47）、（48）分析

本题考查数据模型的基础知识。

概念模型是信息的描述方式，逻辑模型是数据的逻辑结构，数据模型是指数据的物理组织方式。逻辑模型（E-R 图）中的联系描述的是实体间的关联关系，主要是现实世界中的事件，包括参与者和事件自身的属性。在关系模型中，取参与联系的实体的码（唯

一代表具体的参与者）和事件自身的属性，构成记录即以关系的形式来描述。

索引是为提高查询效率而引入的机制。通过对查询项建立索引表（包含查找项和指针，其中查找项进行排序或散列），可以通过查询条件先在索引表中进行查找（因为查找项有序，效率高），再根据指针项准确定位记录所在的页面进行读取，而无须进行大量的 I/O 操作读取所有记录。

参考答案

（47）B　（48）A

试题（49）～（51）

在数据库应用系统的体系结构中，常用的是 C/S（客户机/服务器）结构和 B/S（浏览器/服务器）结构。无论哪种结构，服务器都由__（49）__负责数据库的运行和维护。在 C/S 结构中，应用程序安装运行在__（50）__端，负责用户与数据库的交互；在 B/S 结构中，应用程序安装运行在__（51）__端，负责构建用户界面与数据库的交互，客户端使用浏览器展示用户界面并获取用户输入。

（49）A. DBMS　　　　B. DBA　　　　C. DataBase　　　　D. DBS
（50）A. 客户机　　　 B. DB 服务器　 C. Web 服务器　　 D. 数据库
（51）A. 客户机　　　 B. DB 服务器　 C. Web 服务器　　 D. 数据库

试题（49）～（51）分析

本题考查数据库应用系统的基础知识。

数据库的运行维护是由专门的数据库管理系统软件（DBMS）来负责的。C/S 结构又称两层结构，由客户端运行应用程序；B/S 结构分为三层，客户端只需要浏览器显示和简单的界面处理，Web 服务器上的应用程序负责业务处理并与数据库交互。

参考答案

（49）A　（50）A　（51）C

试题（52）

下列 SQL 语句中，能够实现"收回用户 ZHAO 对学生表（STUD）中学号（XH）的修改权"这一功能的是__（52）__。

（52）A. REVOKE UPDATE(XH) ON STUD TO ZHAO
　　　　B. REVOKE UPDATE(XH) ON STUD TO PUBLIC
　　　　C. REVOKE UPDATE(XH) ON STUD FROM ZHAO
　　　　D. REVOKE UPDATE(XH) ON STUD FROM PUBLIC

试题（52）分析

本题考查数据库安全中的授权知识。

标准 SQL 中的权限收回语法为：

```
REVOKE  <权限>[,<权限>...]
```

```
ON   [<对象类型>] <对象名>
FROM  <用户>[,<用户>... ];
```

其中属性列的修改权限用 UPDATE(<列名>)来表达；PUBLIC 表示所有用户。

参考答案

（52）C

试题（53）

SQL 中，用于提交和回滚事务的语句分别是__（53）__。

（53）A. END WORK 和 ROLLBACK WORK

　　　　B. COMMIT WORK 和 ROLLBACK WORK

　　　　C. SAVE WORK 和 ROLLUP WORK

　　　　D. COMMIT WORK 和 ROLLUP WORK

试题（53）分析

本题考查事务程序的基础知识。

事物的结束语句是 ROLLBACK 和 COMMIT。当事务执行中出错时，使用 ROLLBACK 对当前事务对数据库已做的更新进行撤销；事务所有指令执行完成后，用 COMMIT 语句对数据库所做的更新进行提交。COMMIT WORK 和 ROLLBACK WORK 中的 WORK 可省略。

参考答案

（53）B

试题（54）、（55）

如右图所示的调度，其中事务 T_1、T_2 仅对数据项 A、B 进行操作，则该调度__（54）__；

T_1	T_2
X-lock(B)	
read(B)	
B := B - 50	
write(B)	
	S-lock(A)
	read(A)
	S-lock(B)
X-lock(A)	

（54）A. 满足两段锁协议、不发生死锁

　　　　B. 满足两段锁协议、会发生死锁

　　　　C. 不满足两段锁协议、不发生死锁

　　　　D. 不满足两段锁协议、会产生死锁

假如该调度已经产生死锁，如果要从事务 T_1、T_2 中进行回滚以解除死锁，从代价最小的角度考虑，应回滚事务__（55）__。

（55）A. T_1　　　　B. T_2　　　　C. T_1 和 T_2　　　　D. T_1 或 T_2

试题（54）、（55）分析

本题考查事务调度的知识。

事务的执行由 DBMS 进行调度，在执行事务的过程中加入相关锁指令以控制事务满足 ACID 属性。常用的方式是两段锁协议（2PL），即事务的加锁和解锁分为两个阶段，第一阶段为锁增长阶段，只能加锁不能解锁，第二阶段为锁减少阶段，只能解锁不能加锁。图中的调度，事务 T_1 对 B、A 两个数据项加锁中间无解锁指令，满足 2PL 协议；事

务 T_2 对 A、B 两个数据项加锁中间无解锁指令，也满足 2PL 协议。

2PL 协议不能避免死锁。图中事务 T_1 先对数据项 B 加了独占锁，事务 T_2 先对数据项 A 加了共享锁；随后事务 T_2 申请数据项 B 上的共享锁，只能等待事务 T_1 释放 B 上的独占锁；事务 T_1 申请数据项 A 上的独占锁，只能等待事务 T_2 释放 A 上的共享锁。两个事务相互等待造成死锁。

死锁的解除由 DBMS 来完成。需要在造成死锁的多个事务中选择一个回滚代价最小的事务进行强制回滚，并将该事务置于事务队列中稍后执行。图中事务 T_1 对数据 B 已经做了修改，事务 T_2 只是读取了数据 A，相对而言，回滚事务 T_2 代价最小。

参考答案

（54）B　　（55）B

试题（56）、（57）

事务一旦提交，即使在写入数据库前数据尚在内存中而发生故障造成系统重启，该事务的执行结果也必须写入数据库，该性质称为事务的 ___(56)___，为保证这一性质，必须使用 ___(57)___。

（56）A. 原子性　　　B. 一致性　　　C. 隔离性　　　D. 持久性

（57）A. 镜像　　　　B. 数据库备份　　C. 日志　　　　D. 两段锁协议

试题（56）、（57）分析

本题考查数据库恢复的基础知识。

数据库故障会造成数据的不一致。数据库的更新是由事务驱动的，事务的 ACID 属性被破坏是数据不一致的根本原因。系统重启会使内存中更新过的数据未写入硬盘而丢失，破坏了事务的持久性，即事务一经提交，其对数据库的影响会体现到数据库中。

为保证事务发生故障后可恢复，DBMS 使用日志。即在对数据更新前，先将欲做的修改在日志中记录并写入硬盘，然后再进行数据更新。当系统重启时，根据日志文件对数据进行恢复。

参考答案

（56）D　　（57）C

试题（58）、（59）

给定关系模式 R<U, F>，其中 U={ABCDE}，F = {AB→DE, AC→E, AD→B, B→C, C→D}，则 R 的所有候选码为 ___(58)___，关系 R 属于 ___(59)___。

（58）A. AB、AC　　　　　　　　　　　B. AB、AD

　　　 C. AC、AD　　　　　　　　　　　D. AB、AC、AD

（59）A. 1NF　　　B. 2NF　　　C. 3NF　　　D. BCNF

试题（58）、（59）分析

本题考查关系理论的基础知识。

根据候选码求解算法，求解该关系模式的码：

① 必然出现在候选码中的属性为 A；不出现在候选码中的属性为 E；待考查的属性

为 BCD；

②　(A)⁺ = A，不包含全部属性，不是候选码；

③　(AB)⁺ = ABDEC 包含全部属性，是候选码；

(AC)⁺ = ACEDB 包含全部属性，是候选码；

(AD)⁺ = ADBCE 包含全部属性，是候选码。

故 R 的候选码为 {AB、AC、AD}。

根据候选码的求解结果，关系 R 的非主属性为 E。三个候选码中，任何一个候选码中的属性去掉后，即 $(A)^+ = A$，$(B)^+ = BCD$，$(C)^+ = CD$，$(D)^+ = D$，都不能决定 E，故不存在非主属性 E 对码的部分依赖，关系 R 属于 2NF。除了三个候选码决定 E 之外，没有哪个属性集决定 E，即 E 直接依赖于码，关系 R 属于 3NF。存在函数据依赖 B→C，左边不是码，故关系 R 不属于 BCNF。因此，关系 R 属于 3NF。

参考答案

（58）D　　（59）C

试题（60）、（61）

下图所示的 E-R 图中，应作为派生属性的是___(60)___；该 E-R 图应转换的关系模式为___(61)___，其中各关系模式均满足 4NF。

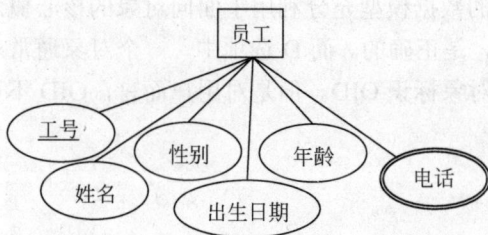

（60）A．出生日期　　　B．年龄　　　　　　　　C．电话　　　　　　　D．工号

（61）A．员工（工号，姓名，性别，出生日期，年龄，电话）

　　　B．员工（工号，姓名，性别，出生日期，电话）

　　　C．员工（工号，姓名，性别，出生日期，年龄）
　　　　 员工电话（工号，电话）

　　　D．员工（工号，姓名，性别，出生日期）
　　　　 员工电话（工号，电话）

试题（60）、（61）分析

本题考查扩展 E-R 图的基础知识。

扩展 E-R 图中，实体的属性增加了组合属性、多值属性和派生属性的描述。其中，派生属性是指可以由其他属性来获得的属性。图中的年龄属性，可以由出生日期计算获得，故为派生属性。派生属性在扩展 E-R 图中使用虚线椭圆来表示，双线椭圆表示多值

属性，即一个实体可以在该属性上有多个值，如一个员工可以有多个电话。

根据扩展 E-R 图的转换规则，派生属性在转换过程中丢弃，多值属性与实体的标识符独立转换成一个关系模式，该关系模式属于 4NF。其他属性构成的关系模式属于 BCNF，无多值依赖，也属于 4NF。

参考答案

（60）B　　（61）D

试题（62）

以下关于面向对象数据库的叙述中，不正确的是___（62）___。

（62）A. 类是一组具有相同或相似性质的对象的抽象。一个对象是某一类的一个实例

　　　 B. 类的属性可以是基本类，如整数、字符串等，也可以是包含属性和方法的一般类

　　　 C. 类的某个属性的定义可以是该类自身

　　　 D. 一个对象通常对应实际领域的一个实体，有唯一的标识，即对象标识 OID，用户可以修改 OID

试题（62）分析

本题考查面向对象数据库的基础知识。

面向对象数据库中的数据模型充分利用了面向对象的核心概念，选项 A、B 和 C 是对类和对象的概念叙述，是正确的。而 D 选项中，一个对象通常对应实际领域的一个实体，有唯一的标识，即对象标识 OID。但是对用户而言，OID 不可以修改的。

参考答案

（62）D

试题（63）

MongoDB 是一种 NoSQL 数据库，具体地说，是___（63）___存储数据库。

（63）A. 键值　　　　　B. 文档　　　　　C. 图形　　　　　D. XML

试题（63）分析

本题考查 NoSQL 的相关知识。

NoSQL 是指非关系型数据库，是对不同于传统的关系型数据库 DBMS 的统称。有几种典型的 NoSQL 数据库。

文档存储数据库是以文档为存储信息的基本单位，如 BaseX、CouchDB、MongoDB 等。

键值存储数据库支持简单的键值存储和提取，具有极高的并发读写性能，如 Dynamo、Memcached、Redis 等。

图形存储数据库利用计算机将点、线、面等图形基本元素按照一定的数据结构进行存储，如 FlockDB、Neo4j 等。

多值数据库系统是一种分布式数据库系统，提供了一个通用的数据集成与访问平

台，屏蔽了各种数据库系统不同的访问方法和用户界面，给用户呈现出一个访问多种数据库的公共接口。

参考答案

　　（63）B

试题（64）

　　根据历史数据，确定一个就诊人员是否可能患心脏病，可以采用　（64）　算法。

　　（64）A．C4.5　　　　　　　　　　B．Apriori

　　　　　C．K-means　　　　　　　　D．EM

试题（64）分析

　　本题考查数据挖掘的基础知识。

　　基于历史数据预测新数据所属的类型，类型已知（患心脏病/没有患心脏病），这是一个典型的分类问题。在四个选项中，贝叶斯信念网络是一个分类算法，Apriori 是一个关联规则挖掘算法，K-means 和 EM 都是聚类算法，因此正确选项为 A。

参考答案

　　（64）A

试题（65）

　　关于聚类算法 K-Means 和 DBSCAN 的叙述中，不正确的是　（65）　。

　　（65）A．K-Means 和 DBSCAN 的聚类结果与输入参数有很大的关系

　　　　　B．K-Means 基于距离的概念而 DBSCAN 基于密度的概念进行聚类分析

　　　　　C．K-Means 很难处理非球形的簇和不同大小的簇，DBSCAN 可以处理不同大小和不同形状的簇

　　　　　D．当簇的密度变化较大时，DBSCAN 不能很好地处理，而 K-Means 则可以

试题（65）分析

　　本题考查数据挖掘的基础知识。

　　K-Means 和 DBSCAN 是两个经典的聚类算法，将相似的数据对象归类一组，不相似的数据对象分开。K-means 算法基于对象之间的聚类进行聚类，需要输入聚类的个数。DBSCAN 算法基于密度进行聚类，需要确定阈值，两者的聚类结果均与输入参数关系很大。DBSCAN 可以处理不同大小和不同形状的簇，而 K-means 算法则不适合。若数据分布密度变化大，则这两种算法都不适用。

参考答案

　　（65）D

试题（66）

　　在下图所示的网络配置中，发现工作站 B 无法与服务器 A 通信。　（66）　故障影响了两者互通。

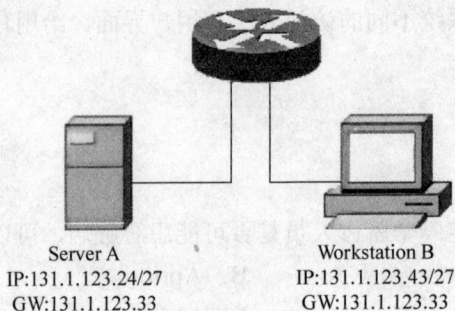

Server A
IP:131.1.123.24/27
GW:131.1.123.33

Workstation B
IP:131.1.123.43/27
GW:131.1.123.33

(66) A. 服务器 A 的 IP 地址是广播地址

B. 工作站 B 的 IP 地址是网络地址

C. 工作站 B 与网关不属于同一子网

D. 服务器 A 与网关不属于同一子网

试题 (66) 分析

服务器 A 的 IP 地址 131.1.123.24/27: **10000011.00000001. 01111011.000**11000 服务器 A 的地址不是广播地址。

服务器 A 的网关地址 131.1.123.33: **10000011.00000001. 01111011.001**00001 这个地址与服务器 A 的地址不属于同一个子网。

工作站 B 的 IP 地址 131.1.123.43/27: **10000011.00000001. 01111011.001**01011 这个地址不是网络地址。

工作站 B 的网关地址 131.1.123.33: **10000011.00000001. 01111011.001**00001 工作站 B 与网关属于同一个子网。

参考答案

(66) D

试题 (67)

以下关于 VLAN 的叙述中，属于其优点的是 __(67)__。

(67) A. 允许逻辑地划分网段   B. 减少了冲突域的数量

C. 增加了冲突域的大小   D. 减少了广播域的数量

试题 (67) 分析

把局域网划分成多个不同的 VLAN，使得网络接入不再局限于物理位置的约束，这样就简化了在网络中增加、移除和移动主机的操作，特别是动态配置的 VLAN，无论主机在哪里，它都处于自己的 VLAN 中。VLAN 内部可以相互通信，VLAN 之间不能直接通信，必须经过特殊设置的路由器才可以连通。这样做的结果是，通过在较大的局域网中创建不同的 VLAN，可以抵御广播风暴的影响，也可以通过设置防火墙来提高网络的安全性。VLAN 并不能直接增强网络的安全性。

参考答案

　　（67）A

试题（68）

　　以下关于 URL 的叙述中，不正确的是　(68)　。

　　（68）A．使用 www.abc.com 和 abc.com 打开的是同一页面

　　　　　 B．在地址栏中输入 www.abc.com 默认使用 http 协议

　　　　　 C．www.abc.com 中的"www"是主机名

　　　　　 D．www.abc.com 中的"abc.com"是域名

试题（68）分析

　　本题考查 URL 的基本知识。

　　URL 由三部分组成：资源类型、存放资源的主机域名、资源文件名。

　　URL 的一般语法格式为（带方括号[]的为可选项）：

```
protocol :// hostname[:port] / path /filename
```

　　其中，protocol 指定使用的传输协议，最常见的是 HTTP 或者 HTTPS 协议，也可以有其他协议，如 file、ftp、gopher、mms、ed2k 等；hostname 是指主机名，即存放资源的服务域名或者 IP 地址；port 是指各种传输协议所使用的默认端口号，该选项是可选选项，例如 http 的默认端口号为 80，一般可以省略，如果为了安全考虑，可以更改默认的端口号，这时，该选项是必选的；path 是指路径，有一个或者多个"/"分隔，一般用来表示主机上的一个目录或者文件地址；filename 是指文件名，该选项用于指定需要打开的文件名称。

　　一般情况下，一个 URL 可以采用"主机名.域名"的形式打开指定页面，也可以单独使用"域名"来打开指定页面，但是这样实现的前提是需进行相应的设置和对应。

参考答案

　　（68）A

试题（69）、（70）

　　DHCP 协议的功能是　(69)　；FTP 使用的传输层协议为　(70)　。

　　（69）A．WINS 名字解析　　　　　　　B．静态地址分配

　　　　　 C．DNS 名字登录　　　　　　　　D．自动分配 IP 地址

　　（70）A．TCP　　　　B．IP　　　　　C．UDP　　　　　D．HDLC

试题（69）、（70）分析

　　本题考查 DHCP 和 FTP 两个应用协议。

　　DHCP 协议的功能是自动分配 IP 地址；FTP 协议的作用是文件传输，使用的传输层协议为 TCP。

参考答案

　　（69）D　　（70）A

试题（71）～（75）

Why Have Formal Documents?

First, writing the decisions down is essential. Only when one writes do the gaps appear and the ___（71）___ protrude(突出). The act of writing turns out to require hundreds of mini-decisions, and it is the existence of these that distinguishes clear, exact policies from fuzzy ones.

Second, the documents will communicate the decisions to others. The manager will be continually amazed that policies he took for common knowledge are totally unknown by some member of his team. Since his fundamental job is to keep everybody going in the ___（72）___ direction, his chief daily task will be communication, not decision-making, and his documents will immensely ___（73）___ this load.

Finally, a manager's documents give him a data base and checklist. By reviewing them ___（74）___ he sees where he is, and he sees what changes of emphasis or shifts in direction are needeD.

The task of the manager is to develop a plan and then to realize it. But only the written plan is precise and communicable. Such a plan consists of documents on what, when, how much, where, and who. This small set of critical documents ___（75）___ much of the manager's work. If their comprehensive and critical nature is recognized in the beginning, the manager can approach them as friendly tools rather than annoying busywork. He will set his direction much more crisply and quickly by doing so.

（71）A. inconsistencies　　B. consistencies　　C. steadiness　　D. adaptability

（72）A. other　　B. different　　C. another　　D. same

（73）A. extend　　B. broaden　　C. lighten　　D. release

（74）A. periodically　　B. occasionally　　C. infrequently　　D. rarely

（75）A. decides　　B. encapsulates　　C. realizes　　D. recognizes

参考译文

为什么要有正式的文档？

首先，书面记录决策是必要的。只有记录下来，分歧才会明朗，矛盾才会突出。书写这项活动需要上百次的细小决定，正是由于它们的存在，人们才能从令人迷惑的现象中得到清晰、确定的策略。

第二，文档能够作为同其他人的沟通渠道。项目经理常常会不断发现，许多理应被普遍认同的策略，完全不为团队的一些成员所知。正因为项目经理的基本职责是使每个人都向着相同的方向前进，所以他的主要工作是沟通，而不是做出决定。这些文档能极大地减轻他的负担。

最后，项目经理的文档可以作为数据基础和检查列表。通过周期性的回顾，他能清楚项目所处的状态,以及哪些需要重点进行更改和调整。

项目经理的任务是制订计划,并根据计划实现。但是只有书面计划是精确和可以沟通的。计划中包括了时间、地点、人物、做什么、资金。这些少量的关键文档封装了一些项目经理的工作。如果一开始就认识到它们的普遍性和重要性,那么就可以将文档作为工具友好地利用起来,而不会让它成为令人厌烦的繁重任务。通过遵循文档开展工作,项目经理能更清晰和快速地设定自己的方向。

参考答案

(71) A   (72) D   (73) C   (74) A   (75) B

第8章 2015 上半年数据库系统工程师下午试题分析与解答

试题一（共 15 分）

阅读下列说明和图，回答问题 1 至问题 4，将解答填入答题纸的对应栏内。

【说明】

某大学为进一步推进无纸化考试，欲开发一考试系统。系统管理员能够创建包括专业方向、课程编号、任课教师等相关考试基础信息，教师和学生进行考试相关的工作。系统与考试有关的主要功能如下。

（1）考试设置。教师制定试题（题目和答案），制定考试说明、考试时间和提醒时间等考试信息，录入参加考试的学生信息，并分别进行存储。

（2）显示并接收解答。根据教师设定的考试信息，在考试有效时间内向学生显示考试说明和题目，根据设定的考试提醒时间进行提醒，并接收学生的解答。

（3）处理解答。根据答案对接收到的解答数据进行处理，然后将解答结果进行存储。

（4）生成成绩报告。根据解答结果生成学生个人成绩报告，供学生查看。

（5）生成成绩单。对解答结果进行核算后生成课程成绩单供教师查看。

（6）发送通知。根据成绩报告数据，创建通知数据并将通知发送给学生；根据成绩单数据，创建通知数据并将通知发送给教师。

现采用结构化方法对考试系统进行分析与设计，获得如图 1-1 所示的上下文数据流图和图 1-2 所示的 0 层数据流图。

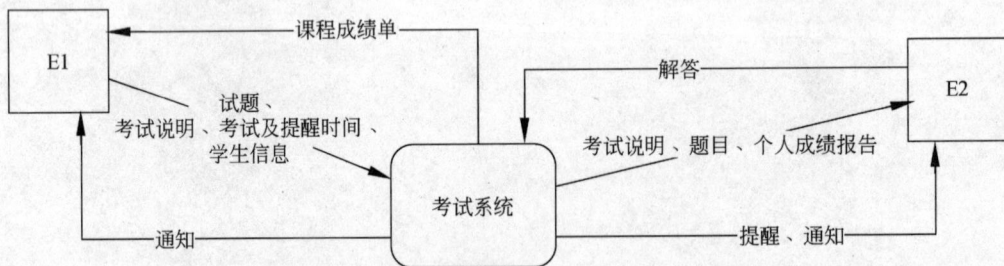

图 1-1　上下文数据流图

【问题 1】（2 分）

使用说明中的词语，给出图 1-1 中的实体 E1～E2 的名称。

【问题 2】（4 分）

使用说明中的词语，给出图 1-2 中的数据存储 D1～D4 的名称。

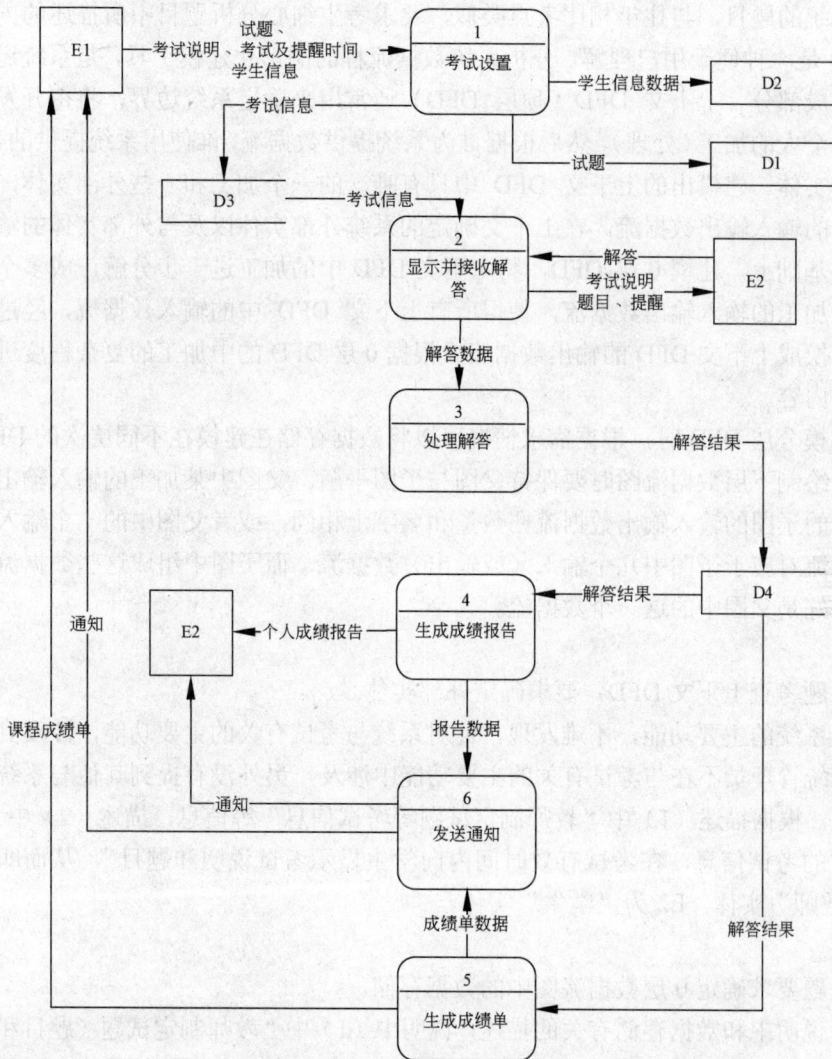

图 1-2　0 层数据流图

【问题 3】（4 分）

根据说明和图中词语，补充图 1-2 中缺失的数据流及其起点和终点。

【问题 4】（5 分）

图 1-2 所示的数据流图中，功能（6）发送通知包含创建通知并发送给学生或老师。请分解图 1-2 中加工（6），将分解出的加工和数据流填入答题纸的对应栏内（注：数据流的起点和终点须使用加工的名称描述）。

试题一分析

本题考查采用结构化方法进行系统分析与设计，主要考查数据流图（DFD）的应用，是比较传统的题目，与往年相比考点类似，要求考生细心分析题目中所描述的内容。

DFD 是一种便于用户理解、分析系统数据流程的图形化建模工具，是系统逻辑模型的重要组成部分。上下文 DFD（顶层 DFD）通常用来确定系统边界，将待开发系统本身看作一个大的加工（处理），然后根据谁为系统提供数据流，谁使用系统提供的数据流，确定外部实体。建模出的上下文 DFD 中只有唯一的一个加工和一些外部实体，以及这两者之间的输入输出数据流。在上下文确定的系统外部实体以及与外部实体的输入输出数据流的基础上，建模 0 层 DFD，将上下文 DFD 中的加工进一步分解，成多个加工，识别这些加工的输入输出数据流，使得所有上下文 DFD 中的输入数据流，经过这些加工之后变换成上下文 DFD 的输出数据流。根据 0 层 DFD 的中加工的复杂程度进一步建模加工的内容。

在建模分层 DFD 时，根据需求情况可以将数据存储在建模在不同层次的 DFD 中，注意要在绘制下层数据流图时要保持父图与子图平衡。父图中某加工的输入输出数据流必须与它的子图的输入输出数据流在数量和名字上相同，或者父图中的一个输入（或输出）数据流对应于子图中几个输入（或输出）数据流，而子图中组成这些数据流的数据项全体正好是父图中的这一个数据流。

【问题 1】

本问题考查上下文 DFD，要求确定外部实体。

考查系统的主要功能，不难发现，针对系统与考试有关的主要功能，涉及到教师和学生，系统管理员不在与考试有关的主要功能中涉及，另外没有提到其他与系统交互的外部实体。根据描述（1）中"教师制定试题等考试信息"等信息，描述（2）中 "根据教师设定的考试信息，在考试有效时间内向学生显示考试说明和题目"，从而即可确定 E1 为"教师"实体，E2 为"学生"实体。

【问题 2】

本问题要求确定 0 层数据流图中的数据存储。

分析说明中和数据存储有关的描述，说明中（1）中"教师制定试题（题目和答案），制定考试说明、考试时间和提醒时间等考试信息，录入参加考试的学生信息，并分别进行存储"，可知 D1、D2 和 D3 为试题、学生信息和考试信息，再从图 1-2 中流入 D2 的数据流名称"学生信息数据"，确定 D2 是学生信息，流入 D1 的数据流名称为"试题"，确定 D1 为试题，流入 D3 的数据流名称为考试信息，确定 D3 为考试信息。说明中（3）根据答案对接收到的解答数据进行处理，然后将解答结果进行存储，确定 D4 是解答结果。其他描述中对数据存储的使用更进多说明，进一步确定 D1~D4 满足上述分析。

【问题 3】

本问题要求补充缺失的数据流及其起点和终点。

通过不同层的 DFD 以及说明中描述和图之间的对应关系加以确定。首先对照图 1-1 和图 1-2 的输入、输出数据流，发现数据流的数量和名称均相同，所以，需进一步考查说明中的功能描述和图 1-1 中的数据流的对应关系，以确定缺失的是加工之间还是加工与数据存储之间的数据流。

说明（2）显示并接收解答，需要"根据教师设定的考试信息，在考试有效时间内向学生显示考试说明和题目"，对照图 1-2 可以看出，加工 2 缺少所要显示的题目的输入源，即缺失输入流"题目"，题目存储于数据存储试题中，因此，缺少的数据流为从题目（D1）到加工 2 显示并接收解答的题目。说明（3）处理解答，需要"根据答案对接收到的解答数据进行处理"，对照图 1-2 可以看出，加工 3"处理解答"缺少输入流"答案"，而答案从说明（1）中可以看出是存储在试题（题目和答案）数据存储中（D1），因此确定缺失的一条数据流"答案"，从 D1 或试题到加工 3 或处理解答。

【问题 4】

本问题针对建模分层 DFD 的时候的分解粒度。

考查说明（6）发送通知中，"根据成绩报告数据，创建通知数据并将通知发送给学生；根据成绩单数据，创建通知数据并将通知发送给教师。"说明功能（6）发送通知包含创建通知并发送给学生或老师。在图 1-2 中建模为一个加工，完成的功能是依据不同的输入数据流创建通知，然后发送给相应的外部实体老师或学生，因此为了进一步清晰每个加工的职责，需对图 1-2 中原有加工 6 进行分解，分解为"创建通知"和"发送通知"。创建通知针对输入数据流"报告数据"和"成绩单数据"，这两条数据流保持原有的起点，终点即为创建通知。创建通知产生出"通知数据"。"通知数据"作为加工"发送通知"的输入流，进一步根据通知数据是针对哪个外部实体而发送"通知"给相应的学生或者教师。至此，对图 1-2 中原有加工 6 的分解完成。

参考答案

【问题 1】

E1：教师　　　　　　　　　　　　　E2：学生

【问题 2】

D1：试题（表）或 题目和答案（表）　　D2：学生信息（表）

D3：考试信息（表）　　　　　　　　D4：解答结果（表）

【问题 3】

数 据 流	起　　点	终　　点
答案	D1 或试题（表）或题目和答案（表）	3 或处理解答
题目	D1 或试题（表）或题目和答案（表）	2 或显示并接收解答

【问题 4】

分解为加工：发送通知和加工：创建通知。

数　据　流	起　　点	终　　点
报告数据	生成成绩报告	创建通知
成绩单数据	生成成绩单	创建通知
通知数据	创建通知	发送通知

试题二（共 15 分）

阅读下列说明，回答问题 1 至问题 3，将解答填入答题纸的对应栏内。

【说明】

某大型集团公司的数据库的部分关系模式如下：

员工表：EMP(Eno, Ename, Age, Sex, Title)，各属性分别表示员工工号、姓名、年龄、性别和职称级别，其中性别取值为"男""女"；

公司表：COMPANY(Cno, Cname, City)，各属性分别表示公司编号、名称和所在城市；

工作表：WORKS(Eno, Cno, Salary)，各属性分别表示职工工号、工作的公司编号和工资。

有关关系模式的属性及相关说明如下：

（1）允许一个员工在多家公司工作，使用身份证号作为工号值。

（2）工资不能低于 1500 元。

根据以上描述，回答下列问题：

【问题 1】（4 分）

请将下面创建工作关系的 SQL 语句的空缺部分补充完整，要求指定关系的主码、外码，以及工资不能低于 1500 元的约束。

```
CREATE TABLE WORKS (
    Eno CHAR(10) _____(a)_____ ,
    Cno CHAR(4) _____(b)_____ ,
    Salary int _____(c)_____ ,
    PRIMARY KEY _____(d)_____ ,
) ;
```

【问题 2】（6 分）

（1）创建女员工信息的视图 FemaleEMP，属性有 Eno、Ename、Cno、Cname 和 Salary，请将下面 SQL 语句的空缺部分补充完整。

```
CREATE_____(e)_____
    AS
    SELECT EMP.Eno, Ename, COMPANY.Cno, Cname, Salary
    FROM EMP, COMPANY, WORKS
    WHERE_____(f)_____ ;
```

（2）员工的工资由职称级别的修改自动调整，需要用触发器来实现员工工资的自动维护，函数 float Salary_value(char(10) Eno) 依据员工号计算员工新的工资。请将下面 SQL 语句的空缺部分补充完整。

```
CREATE _____(g)_____ Salary_TRG AFTER _____(h)_____ ON EMP
```

```
REFERENCING new row AS nrow
FOR EACH ROW
BEGIN
    UPDATE WORKS
    SET _____(i)_____
    WHERE _____(j)_____ ;
END
```

【问题3】（5分）

请将下面 SQL 语句的空缺部分补充完整。

（1）查询员工最多的公司编号和公司名称。

```
SELECT  COMPANY.Cno, Cname
FROM  COMPANY, WORKS
WHERE  COMPANY.Cno = WORKS.Cno
GROUP BY_____(k)_____
    HAVING _____(l)_____ ( SELECT  COUNT(*)
                             FROM  WORKS
                             GROUP BY Cno
                             );
```

（2）查询所有不在"中国银行北京分行"工作的员工工号和姓名。

```
SELECT Eno, Ename
FROM  EMP
WHERE Eno_____(m)_____ (
    SELECT  Eno
    FROM  _____(n)_____
    WHERE  _____(o)_____
        AND  Cname = '中国银行北京分行'
);
```

试题二分析

本题考查 SQL 语句的应用。

此类题目要求考生掌握 SQL 语句的基本语法和结构，认真阅读题目给出的关系模式，针对题目的要求具体分析并解答。本试题已经给出了 3 个关系模式，需要分析每个实体的属性特征及实体之间的联系，补充完整 SQL 语句。

【问题1】

由题目说明可知，Eno 和 Cno 两个属性组合是 WORKS 关系表的主键，所以在 PRIMARY KEY 后填的应该是（Eno, Cno）组合；Eno 和 Cno 分别作为外键引用到 EMP 和 COMPANY 关系表的主键，因此需要用 REFERENCES 对这两个属性进行外键约束；

由"工资不能低于 1500 元"的要求，可知需要限制账户余额属性值的范围，通过 CHECK 约束来实现。从上述分析可知，完整的 SQL 语句如下：

```
CREATE TABLE WORKS (
    Eno CHAR(10)  REFERENCES EMP(Eno) ,
    Cno CHAR(4)  REFERENCES COMPANY(Cno) ,
    Salary int  CHECK(Salary >= 1500) ,
    PRIMARY KEY  (Eno, Cno) ,
) ;
```

【问题 2】

（1）创建视图需要通过 CREATE VIEW 语句来实现，由题目可知视图的属性有(Eno, Ename, Cno, Cname, Salary)；通过公共属性列 Eno 和 Cno 对使用的三个基本表进行连接；由于只创建女员工的试图，所以还要在 WHERE 后加入"Sex='女'"的条件。从上分析可见，完整的 SQL 语句如下：

```
CREATE  VIEW FemaleEMP(Eno, Ename, Cno, Cname, Salary)
    AS
    SELECT EMP.Eno, Ename, COMPANY.Cno, Cname, Salary
    FROM EMP, COMPANY, WORKS
    WHERE EMP.Eno = WORKS.Eno  AND  COMPANY.Cno = WORKS.Cno  AND  Sex=
    '女';
```

（2）创建触发器可通过 CREATE TRIGGER 语句实现，要求考生掌握触发器的基本语法结构。按照问题要求，在工资关系中更新职工职称级别时触发器应自动执行，故需要创建基于 UPDATE 类型的触发器，其触发条件是更新职工职称级别；最后添加表连接条件。完整的触发器实现的方案如下：

```
CREATE  TRIGGER Salary_TRG AFTER UPDATE ON EMP
    REFERENCING new row AS nrow
     FOR EACH ROW
    BEGIN
    UPDATE WORKS
    SET Salary = Salary value(nrow.Eno)
      WHERE WORKS.Eno= nrow.Eno ;
    END
```

【问题 3】

SQL 查询通过 SELECT 语句实现。

（1）根据问题要求，可通过子查询实现"查询员工最多的公司编号和公司名称"的查询；对 COUNT 函数计算的结果应通过 HAVING 条件语句进行约束；通过 Cno 和 Cname

的组合来进行分组查询。完整的 SQL 语句如下：

```
SELECT  COMPANY.Cno, Cname
FROM  COMPANY, WORKS
WHERE  COMPANY.Cno = WORKS.Cno
GROUP BY  COMPANY.Cno, Cname
     HAVING  COUNT(*) >= ALL  ( SELECT  COUNT(*)
                              FROM  WORKS
                              GROUP BY Cno
                              );
```

（2）根据问题要求，需要使用嵌套查询。先将 WORKS 和 COMPANY 表进行连接，查找出所有在"中国银行北京分行"工作的员工；然后在雇员表中使用"NOT IN"或者"<>ANY"查询不在前述结果里面的员工即可。完整的 SQL 语句如下：

```
SELECT Eno, Ename
FROM  EMP
WHERE Eno NOT IN 或 <>ANY (
    SELECT  Eno
    FROM  WORKS, COMPANY
    WHERE  WORKS.Cno = COMPANY.Cno
           AND  Cname = '中国银行北京分行'
);
```

参考答案

【问题 1】

　　（a）REFERENCES EMP(Eno)

　　（b）REFERENCES COMPANY(Cno)

　　（c）CHECK(Salary >= 1500)

　　（d）(Eno, Cno)

【问题 2】

　　（1）（e）VIEW FemaleEMP(Eno, Ename, Cno, Cname, Salary)

　　　　（f）EMP.Eno = WORKS.Eno AND COMPANY.Cno = WORKS.Cno AND Sex='女'

　　（2）（g）TRIGGER

　　　　（h）UPDATE

　　　　（i）Salary = Salary_value(nrow.Eno)

　　　　（j）WORKS. Eno= nrow. Eno

【问题 3】

　　（1）（k）COMPANY.Cno, Cname

（1）COUNT(*) >= ALL

（2）（m）NOT　IN　或　<>ANY　（注：两者填一个即可）

（n）WORKS, COMPANY

（o）WORKS.Cno = COMPANY.Cno

试题三（共 15 分）

阅读下列说明，回答问题 1 至问题 3，将解答填入答题纸的对应栏内。

【说明】

某省针对每年举行的足球联赛，拟开发一套信息管理系统，以方便管理球队、球员、主教练、主裁判、比赛等信息。

【需求分析】

（1）系统需要维护球队、球员、主教练、主裁判、比赛等信息。

球队信息主要包括：球队编号、名称、成立时间、人数、主场地址、球队主教练。

球员信息主要包括：姓名、身份证号、出生日期、身高、家庭住址。

主教练信息主要包括：姓名、身份证号、出生日期、资格证书号、级别。

主裁判信息主要包括：姓名、身份证号、出生日期、资格证书号、获取证书时间、级别。

（2）每支球队有一名主教练和若干名球员。一名主教练只能受聘于一支球队，一名球员只能效力于一支球队。每支球队都有自己的唯一主场场地，且场地不能共用。

（3）足球联赛采用主客场循环制，一周进行一轮比赛，一轮的所有比赛同时进行。

（4）一场比赛有两支球队参加，一支球队作为主队身份、另一支作为客队身份参与比赛。一场比赛只能有一名主裁判，每场比赛有唯一的比赛编码，每场比赛都记录比分和日期。

【概念结构设计】

根据需求分析阶段的信息，设计的实体联系图（不完整）如图 3-1 所示。

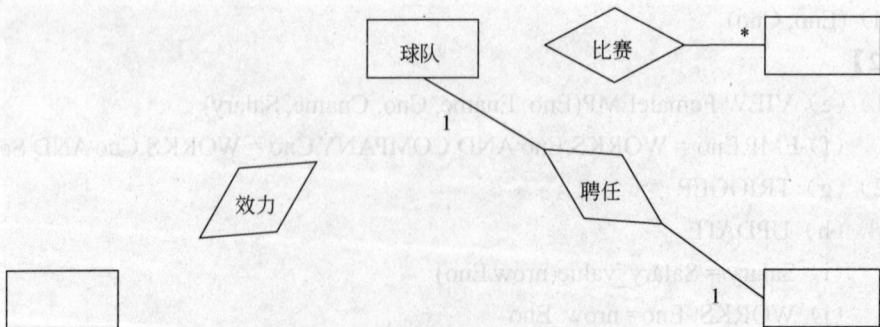

图 3-1　实体联系图

【逻辑结构设计】

根据概念结构设计阶段完成的实体联系图，得出如下关系模式（不完整）：

球队（<u>球队编号</u>,名称,成立时间,人数,主场地址）
球员（姓名,<u>身份证号</u>,出生日期,身高,家庭住址,_____(1)_____）
主教练（姓名,<u>身份证号</u>,出生日期,资格证书号,级别,_____(2)_____）
主裁判（姓名,<u>身份证号</u>,出生日期,资格证书号,获取证书时间,级别）
比赛（<u>比赛编码</u>,<u>主队编号</u>,<u>客队编号</u>,<u>主裁判身份证号</u>,比分,日期）

【问题1】（6分）

补充图 3-1 中的联系和联系的类型。

图 3-1 中的联系"比赛"应具有的属性是哪些？

【问题2】（4分）

根据图 3-1，将逻辑结构设计阶段生成的关系模式中的空（1）、（2）补充完整。

【问题3】（5分）

现在系统要增加赞助商信息，赞助商信息主要包括赞助商名称和赞助商编号。

赞助商可以赞助某支球队，一支球队只能有一个赞助商，但赞助商可以赞助多支球队。赞助商也可以单独赞助某些球员，一名球员可以为多个赞助商代言。请根据该要求，对图 3-1 进行修改，画出修改后的实体间联系和联系的类型。

试题三分析

本题考查数据库概念结构设计及向逻辑结构转换的掌握。

此类题目要求考生认真阅读题目，根据题目的需求描述，给出实体间的联系。

【问题1】

根据题意由"一名球员只能效力于一支球队"可知球队和球员之间为 1:*联系。由"一场比赛有两支球队参加，一支球队作为主队身份、另一支作为客队身份参与比赛"可知球队分别按照"主队"和"客队"两种角色参与"比赛"的*:*联系。"比赛"应具有的属性：比赛编码，比分和日期。

【问题2】

根据问题 1 分析可知球队和球员之间为 1:*联系，所以在球员关系里应该包括球队的主键，即"球队编号"。根据"每支球队有一名主教练，一名主教练只能受聘于一支球队"可知球队和教练之间为 1:1 联系，而球队关系已经给定，所以需要在主教练关系中包含球队的主键，即"球队编号"。

【问题3】

根据题意由"赞助商可以赞助某支球队，一支球队只能有一个赞助商，但赞助商可以赞助多支球队"可知赞助商和球队之间为 1:*联系。由"赞助商也可以单独赞助某些球员，一名球员可以为多个赞助商代言"可知赞助商和球员之间为*:*联系。

参考答案

【问题1】

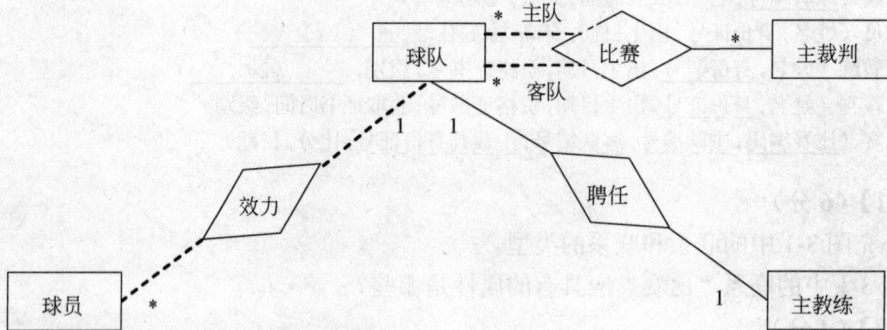

"比赛"应具有的属性：比赛编码，比分，日期。

【问题2】

（1）球队编号

（2）球队编号

【问题3】（5分）

现在系统要增加赞助商信息，赞助商信息主要包括赞助商名称和赞助商编号。

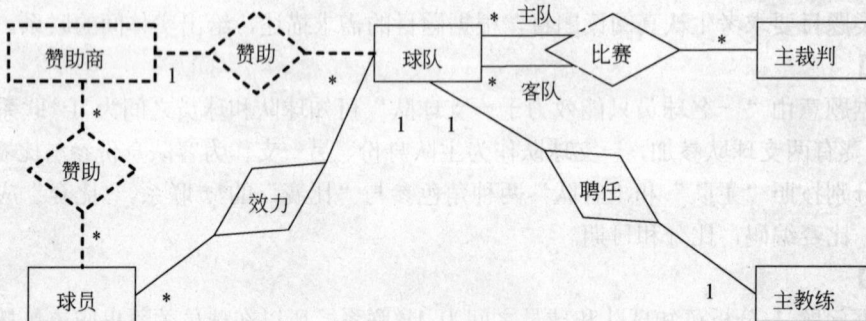

试题四（共15分）

阅读下列说明，回答问题 1 至问题 3，将解答填入答题纸的对应栏内。

【说明】

某地人才交流中心为加强当地企业与求职人员的沟通，促进当地人力资源的合理配置，拟建立人才交流信息网。

【需求描述】

1. 每位求职人员需填写《求职信息登记表》（如表 4-1 所示），并出示相关证件，经工作人员审核后录入求职人员信息。表 4-1 中毕业证书编号为国家机关统一编码，编号具有唯一性。每个求职人员只能填写一部联系电话。

表 4-1

求职信息登记表

身份证号：＿＿＿＿＿＿＿＿＿　　　　　　　　　　登记日期：＿＿＿＿年＿＿月＿＿日

姓名		性别		出生日期			照片
学历信息	毕业院校		专业名称	学历	毕业证书编号		
联系电话				电子邮件			
求职意向	职位名称			最低薪水			
	1.						
	2.						
	3.						
个人简历及特长：							

2．每家招聘企业需填写《招聘信息登记表》（如表 4-2 所示），并出示相关证明及复印件，经工作人员核实后录入招聘企业信息。表 4-2 中企业编号由系统自动生成，每个联系人只能填写一部联系电话。

表 4-2

招聘信息登记表

企业编号：＿＿＿＿＿＿＿＿＿　　　　　　　　　　登记日期：＿＿＿＿年＿＿月＿＿日

企业名称		地址		企业网址			
联系人 1		联系电话		电子邮件			
联系人 2		联系电话		电子邮件			
岗位需求	职位	专业	学历	薪水	人数	备注	
企业简介：							

3．求职人员和招聘企业的基本信息会在系统长期保存，并分配给求职人员和招聘企业用于登录的用户名和密码。求职人员登录系统后可登记自己的从业经历、个人简历及特长，发布自己的求职意向信息；招聘企业的工作人员登录系统后可维护本企业的基本信息，发布本企业的岗位需求信息。

4. 求职人员可通过人才交流信息网查询企业的招聘信息并进行线下联系；招聘企业的工作人员也可通过人才交流信息网查询相关的求职人员信息并进行线下联系。

5. 求职人员入职后应修改自己的就业状态（在岗/求职）；招聘企业在发布需求岗位有人员到岗后也应该及时修改需求人数。

【逻辑结构设计】

根据上述需求，设计出如下关系模式：

个人信息(身份证号,姓名,性别,出生日期,毕业院校,专业名称,学历,毕业证书编号,联系电话,电子邮件,个人简历及特长)

从业经历(身份证号,起止时间,企业名称,职位)

求职意向(身份证号,职位名称,最低薪水)

企业信息(企业编号,企业名称,地址,企业网址,联系人,联系电话,电子邮件,企业简介)

岗位需求(企业编号,职位,专业,学历,薪水,人数,备注)

【问题 1】（6 分）

对关系"个人信息"，请回答以下问题：

（1）列举出所有候选键。

（2）它是否为 3NF，用 60 字以内文字简要叙述理由。

（3）将其分解为 BC 范式，分解后的关系名依次为：个人信息 1，个人信息 2，……，并用下画线标示分解后的各关系模式的主键。

【问题 2】（6 分）

对关系"企业信息"，请回答以下问题：

（1）列举出所有候选键。

（2）它是否为 2NF，用 60 字以内文字简要叙述理由。

（3）将其分解为 BC 范式，分解后的关系名依次为：企业信息 1，企业信息 2，……，并用下画线标示分解后的各关系模式的主键。

【问题 3】（3 分）

若要求个人的求职信息一经发布，即由系统自动查找符合求职要求的企业信息，填入表 R（身份证号，企业编号），在不修改系统应用程序的前提下，应采取什么方法来实现，用 100 字以内文字简要叙述解决方案。

试题四分析

本题考查数据库逻辑结构设计及应用。

此类题目要求考生认真阅读题目对现实问题的描述，对题目给出的关系模式进行分析并解决问题。

【问题 1】

根据题目描述和表 4-1 求职信息登记表所给出的内容，求职人员的身份证号、姓名、性别、出生日期、联系电话、电子邮件、个人简历及特长等为基本属性，每个求职者在这些属性上取单一值；而每个求职者在毕业院校、专业名称、学历、毕业证书编号等属性上可以取多个值，其中毕业证书编号具有唯一性，可以唯一决定毕业院校、专业名称、学历和求职者个人信息。因此，"个人信息"关系的函数依赖集为 {毕业证书编号→（毕业院校，专业名称，学历，身份证号），身份证号→（姓名，性别，出生日期，联系电话，电子邮件，个人简历及特长）}。

由函数依赖集可知，"个人信息"关系的候选键为毕业证书编号，存在非主属性对候选键的传递依赖，如：毕业证书编号传递决定姓名（毕业证书编号→身份证号，身份证号→姓名）。故"个人信息"关系不属于 3NF。

根据分解规则，将函数依赖：身份证号 →（姓名，性别，出生日期，联系电话，电子邮件，个人简历及特长）中的所有属性独立出来做一个关系模式，为 BCNF；从原关系模式中去掉上述函数依赖的右部属性，得到关系模式（毕业证书编号，身份证号，毕业院校，专业名称，学历），函数依赖集为 {毕业证书编号→（毕业院校，专业名称，学历，身份证号）}，也为 BCNF。

【问题 2】

根据题目描述和表 4-2 招聘信息登记表所给出的内容，每个企业有多个联系人，每个联系人登记一个电话和一个电子邮件。存在函数依赖：{（企业编号，联系人）→（联系电话，电子邮件），企业编号→（企业名称，地址，企业网址，企业简介）}，故"企业信息"关系的候选键为（企业编号，联系人）。而候选键（企业编号，联系人）→企业名称为部分依赖，故"企业信息"关系不属于 2NF。

根据分解规则，将函数依赖：企业编号→（企业名称，地址，企业网址，企业简介）中的所有属性独立成一个关系模式，属于 BCNF，从原关系中去掉上述函数依赖的右部属性，得到关系模式（企业编号，联系人，联系电话，电子邮件），也是 BCNF。

【问题 3】

求职信息录入后，由系统根据求职意向查找符合的信息需求，从数据库端应采用触发器技术，在"求职意向"表上添加触发器程序，当有插入新的求职意见记录时，根据求职表意向中的职位名称，在"岗位需求"表中查找相同职位的记录，即得到需求该职位的企业编号，用相应的 SQL 语句实现查询结果插入到指定表中。

参考答案

【问题 1】

对关系"个人信息"：

（1）候选键：毕业证书编号。

（2）不是 3NF。存在非主属性"姓名"对候选键"毕业证书编号"的传递依赖：毕业证书编号→身份证号，身份证号→姓名。故毕业证书编号→姓名为传递依赖。

（3）分解后的关系模式：

个人信息 1(<u>身份证号</u>,姓名,性别,出生日期,联系电话,电子邮件,个人简历及特长)

个人信息 2(身份证号,毕业院校,专业名称,学历,<u>毕业证书编号</u>)

【问题 2】

对关系"企业信息":

(1) 候选键:(企业编号,联系人)。

(2) 不是 2NF。 候选键(企业编号,联系人)部分决定非主属性企业名称。

(3) 分解后的关系模式:

企业信息 1(<u>企业编号</u>,企业名称,地址,企业网址,企业简介)

企业信息 2(<u>企业编号</u>,<u>联系人</u>,联系电话,电子邮件)

【问题 3】

创建"求职意向"表上的触发器,当有新记录插入时,查询"岗位需求"表,查询符合新插入的求职意向的岗位需求记录,提取相关字段插入表 R 中。

试题五(共 15 分)

阅读下列说明,回答问题 1 至问题 3,将解答填入答题纸的对应栏内。

【说明】

某航空售票系统负责所有本地起飞航班的机票销售,并设有多个机票销售网点。以下为 E-SQL 编写的部分售票代码:

```
……
EXEC SQL SELECT balance INTO :x FROM tickets WHERE flight = :flightno ;
printf("航班%s 当前剩余机票数为: %d\n 请输入购票数: ",  flightno, x );
scanf("%d", &a);
EXEC SQL UPDATE tickets SET balance = :x - :a WHERE flight = :flightno ;
```

请根据上述描述,完成下列问题。

【问题 1】(5 分)

上述售票程序,在并发状态下,可能发生什么错误?产生这种错误的原因是什么?

【问题 2】(6 分)

若将上述代码封装成一个完整的事务,则:

(1) 在并发请求下的响应效率会存在什么问题?

(2) 分析产生效率问题的原因。

(3) 给出解决方案。

【问题 3】(4 分)

下面是改写的存储过程,其中 flightno 为航班号;a 为购票数;result 为执行状态:1 表示成功,0 表示失败;表 tickets 中的剩余机票数 balance 具有大于等于零约束。请补充完整。

```
CREATE PROCEDRUE buy_ticket ( char[] flightno IN, ___(a)___ , int result
OUT )
    AS
BEGIN
    ……
UPDATE tickets SET balance = ___(b)___ ;
    WHERE flight = flightno ;
    if (SQLcode <> SUCCESS) {  // SQLcode 为 SQL 语句的执行状态
        ___(c)___ ;
        result = 0;  return;
    }
    COMMIT ;
___(d)___
END
```

试题五分析

本题考查事务基本概念及编程应用。

此类题目要求考生认真阅读题目对实际问题的描述,分析现实业务中存在的问题,并以事务的方式提出解决方案及编程中的处理方式。

【问题 1】

根据题目描述的售票程序及部分代码,程序的逻辑是正确的,但在并发状态下,可能会产生错误。修改指令 UPDATE 会被分解为读取剩余票数到变量、修改变量、写入数据库几个步骤,并发时存在指令交叉,造成一个程序的修改被其他程序所覆盖,称为丢失修改错误。如下面所示的一个并发调度:

T1	T2
A←Read(X) (16)	
	A←Read(X) (16)
A ← A-1	
Write(X, A) (15)	
	A ← A-2
	Write(X, A) (14)

若上面所示的两个售票程序并发执行,两个程序先读取剩余票数据 A(当前值为 16)T1 购票 1 张后,写入剩余票数为 15,T2 购票 2 张后,写入剩余票数为 14。T1 写入的 15 被 T2 写入的 14 所覆盖,T1 所做的修改丢失。

上述两个程序单独执行或串行执行都不会出现这种错误,错误产生的原因在于事务并发执行时受到另一事务的干扰,破坏了事务的隔离性。

【问题 2】

封装的事务由两条 SQL 语句构成，中间存在与用户的交互，等待用户输入购票张数，会造成长事务，加锁状态下，其他购票事务程序会长时间等待，严重影响系统的响应速度。

应将查询票数从事务中分离出来，UPDATE 指令独立构成一个事务。

【问题 3】

这是一个用存储过程实现购票的事务程序，存储过程参数部分给出了航班号和执行状态返回参数，应加入购票张数作为参数；修改剩余票数的 UPDATE 语句处需补充的是当前票数减去购票张数；SQL 语句执行错误时应该进行事务回滚并退出程序，所有事务代码执行完成后提交，并返回。

参考答案

【问题 1】

当两个用户同时购买同一航班的机票时，可能发生丢失修改的错误，即一个用户购票后对剩余票数的修改被另一个用户的修改覆盖，第一个用户的修改并未体现到数据库中。

产生错误的原因是并发操作破坏了事务的隔离性。

【问题 2】

（1）在并发请求下，查询剩余票数后，会等待用户的响应，此时数据被锁定无法修改，导致其他用户只能等待该用户购票结束后才可购票，降低了系统的并发度。

（2）产生效率问题的原因是事务划分不合理。

（3）应将查询剩余票数的指令置于事务外部，事务只负责用户购票。

【问题 3】

1. int　a　IN
2. balance – a
3. ROLLBACK　（或 ROLLBACK WORK ）
4. result = 1;　return;

第9章 2016上半年数据库系统工程师上午试题分析与解答

试题（1）

VLIW 是___(1)___的简称。

（1）A．复杂指令系统计算机   B．超大规模集成电路

     C．单指令流多数据流   D．超长指令字

试题（20）分析

本题计算机系统基础知识。

VLIW 是超长指令字的缩写。

参考答案

（1）D

试题（2）

主存与 Cache 的地址映射方式中，___(2)___方式可以实现主存任意一块装入 Cache 中任意位置，只有装满才需要替换。

（2）A．全相联   B．直接映射   C．组相联   D．串并联

试题（2）分析

本题考查计算机系统基础知识。

全相联映射是指主存中任一块都可以映射到 Cache 中任一块的方式，也就是说，当主存中的一块需调入 Cache 时，可根据当时 Cache 的块占用或分配情况，选择一个块给主存块存储，所选的 Cache 块可以是 Cache 中的任意一块。

直接相联映射方式是指主存的某块 j 只能映射到满足特定关系的 Cache 块 i 中。

全相联映射和直接相联映射方式的优缺点正好相反。对于全相联映射方式来说为优点的恰是直接相联映射方式的缺点，而对于全相联映射方式来说为缺点的恰是直接相联映射方式的优点。

组相联映像了兼顾这两种方式的优点：主存和 Cache 按同样大小划分成块；主存和 Cache 按同样大小划分成组；主存容量是缓存容量的整数倍，将主存空间按缓冲区的大小分成区，主存中每一区的组数与缓存的组数相同；当主存的数据调入缓存时，主存与缓存的组号应相等，也就是各区中的某一块只能存入缓存的同组号的空间内，但组内各块地址之间则可以任意存放，即从主存的组到 Cache 的组之间采用直接映象方式；在两个对应的组内部采用全相联映像方式。

参考答案

（2）A

试题（3）

如果"2X"的补码是"90H"，那么 X 的真值是___(3)___。

(3) A. 72　　　　　　B. -56　　　　　C. 56　　　　　D. 111

试题（3）分析

本题考查计算机系统基础知识。

先由补码"90H"得出其对应的真值，为负数，绝对值为二进制形式的 01110000，转换为十进制后等于 -112，即 2x=-112，因此 x 等于 -56。

参考答案

(3) B

试题（4）

移位指令中的___(4)___指令的操作结果相当于对操作数进行乘 2 操作。

(4) A. 算术左移　　　B. 逻辑右移　　　C. 算术右移　　　D. 带进位循环左移

试题（4）分析

本题考查计算机系统基础知识。

算术移位时，对于负数，其符号位可能需要特殊处理，逻辑移位中没有符号的概念，只是二进制位序列。

算术左移等同于乘以 2 的操作。

参考答案

(4) A

试题（5）

内存按字节编址，从 A1000H 到 B13FFH 的区域的存储容量为___(5)___KB。

(5) A. 32　　　　　　B. 34　　　　　C. 65　　　　　D. 67

试题（5）分析

本题考查计算机系统基础知识。

结束地址和起始地址的差值再加 1 为存储单元的个数，B13FFH-A1000H+1=10400H，转换为十进制后等于 65536+1024=64KB+1KB=65K。

参考答案

(5) C

试题（6）

以下关于总线的叙述中，不正确的是___(6)___。

(6) A. 并行总线适合近距离高速数据传输

　　　B. 串行总线适合长距离数据传输

　　　C. 单总线结构在一个总线上适应不同种类的设备，设计简单且性能很高

　　　D. 专用总线在设计上可以与连接设备实现最佳匹配

试题（6）分析

本题考查计算机系统基础知识。

串行总线将数据一位一位传输，数据线只需要一根（如果支持双向需要 2 根），并行总线是将数据的多位同时传输（4 位，8 位，甚至 64 位，128 位），显然，并行总线的传输速度快，在长距离情况下成本高，串行传输的速度慢，但是远距离传输时串行成本低。

单总线结构在一个总线上适应不同种类的设备，通用性强，但是无法达到高的性能要求，而专用总线则可以与连接设备实现最佳匹配。

参考答案

（6）C

试题（7）

以下关于网络层次与主要设备对应关系的叙述中，配对正确的是　(7)　。

（7）A．网络层——集线器　　　　　B．数据链路层——网桥

　　　C．传输层——路由器　　　　　D．会话层——防火墙

试题（7）分析

网络层的联网设备是路由器，数据链路层的联网设备是网桥和交换机，传输层和会话层主要是软件功能，都不需要专用的联网设备。

参考答案

（7）B

试题（8）

传输经过 SSL 加密的网页所采用的协议是　(8)　。

（8）A．HTTP　　　　　B．HTTPS　　　　　C．S-HTTP　　　　　D．HTTP-S

试题（8）分析

本题考查 HTTPS 方面的基础知识。

HTTPS（Hyper Text Transfer Protocol over Secure Socket Layer），是以安全为目标的 HTTP 通道，即使用 SSL 加密算法的 HTTP。

参考答案

（8）B

试题（9）

为了攻击远程主机，通常利用　(9)　技术检测远程主机状态。

（9）A．病毒查杀　　　B．端口扫描　　　C．QQ 聊天　　　D．身份认证

试题（9）分析

本题考查网络安全中漏洞扫描基础知识。

通常利用通过端口漏洞扫描来检测远程主机状态，获取权限从而攻击远程主机。

参考答案

（9）B

试题（10）

某软件公司参与开发管理系统软件的程序员张某，辞职到另一公司任职，于是该项目负责人将该管理系统软件上开发者的署名更改为李某（接张某工作）。该项目负责人的行为 ___（10）___ 。

（10）A．侵犯了张某开发者身份权（署名权）

　　　　B．不构成侵权，因为程序员张某不是软件著作权人

　　　　C．只是行使管理者的权利，不构成侵权

　　　　D．不构成侵权，因为程序员张某现已不是项目组成员

试题（10）分析

《计算机软件保护条例》规定软件著作权人享有的权利，包括发表权、署名权、修改权、复制权、发行权、出租权、信息网络传播权、翻译权。署名权是指软件开发者为表明身份在自己开发的软件原件及其复制件上标记姓名的权利。法律法规规定署名权的根本目的，在于保障不同软件来自不同开发者这一事实不被人混淆，署名即是标记，旨在区别，区别的目的是为了有效保护软件著作权人的合法权益。署名彰显了开发者与软件之间存在关系的客观事实。因此，行使署名权应当奉行诚实的原则，应当符合有效法律行为的要件，否则会导致署名无效的后果。

署名权只能是真正的开发者和被视同开发者的法人和非法人团体才有资格享有，其他任何个人、单位和组织不得行使此项权利。所以，署名权还隐含着另一种权利，即开发者资格权。法律保护署名权，意味着法律禁止任何未参加开发人在他人开发的软件上署名。《计算机软件保护条例》规定"在他人开发的软件上署名或者更改他人开发的软件上的署名"的行为是侵权行为，这种行为侵犯了开发者身份权即署名权。

参考答案

（10）A

试题（11）

美国某公司与中国某企业谈技术合作，合同约定使用 1 项美国专利（获得批准并在有效期内），该项技术未在中国和其他国家申请专利。依照该专利生产的产品 ___（11）___ 需要向美国公司支付这件美国专利的许可使用费。

（11）A．在中国销售，中国企业

　　　　B．如果返销美国，中国企业不

　　　　C．在其他国家销售，中国企业

　　　　D．在中国销售，中国企业不

试题（11）分析

依照该专利生产的产品在中国或其他国家销售，中国企业不需要向美国公司支付这

件美国专利的许可使用费。这是因为，该美国公司未在中国及其他国家申请该专利，不受中国及其他国家专利法的保护，因此，依照该专利生产的产品在中国及其他国家销售，中国企业不需要向美国公司支付这件美国专利的许可使用费。

如果返销美国，需要向美国公司支付这件美国专利的许可使用费。这是因为，这件专利已在美国获得批准，因而受到美国专利法的保护，中国企业依照该专利生产的产品要在美国销售，则需要向美国公司支付这件美国专利的许可使用费。

参考答案

（11）D

试题（12）

以下媒体文件格式中，__（12）__是视频文件格式。

（12）A．WAV　　　　　B．BMP　　　　　C．MP3　　　　　D．MOV

试题（12）分析

WAV 为微软公司开发的一种声音文件格式，它符合 RIFF（Resource Interchange File Format）文件规范。

BMP（Bitmap）是 Windows 操作系统中的标准图像文件格式，可以分成两类：设备相关位图（DDB）和设备无关位图（DIB）。它采用位映射存储格式，除了图像深度可选以外，不采用其他任何压缩。

MP3（Moving Picture Experts Group Audio Layer III）是一种音频压缩技术，它被设计用来大幅度地降低音频数据量。作为文件扩展名时表示该文件时一种音频格式文件。

MOV 即 QuickTime 影片格式，它是 Apple 公司开发的一种音频、视频文件格式，用于存储常用数字媒体类型。

参考答案

（12）D

试题（13）

以下软件产品中，属于图像编辑处理工具的软件是__（13）__。

（13）A．PowerPoint　　B．Photoshop　　C．Premiere　　　　D．Acrobat

试题（13）分析

PowerPoint 是微软公司的演示文稿软件。

Premiere 是一款常用的视频编辑软件，由Adobe公司推出，广泛应用于广告制作和电视节目制作中。

Acrobat 是由Adobe公司开发的一款PDF（Portable Document Format）编辑软件。

Photoshop（简称 PS）是由Adobe Systems 开发和发行的图像处理软件。

参考答案

（13）B

试题（14）

使用 150DPI 的扫描分辨率扫描一幅 3×4 平方英寸的彩色照片，得到原始的 24 位真彩色图像的数据量是__(14)__Byte。

(14) A. 1800　　　　B. 90000　　　　　　C. 270000　　　　　D. 810000

试题（14）分析

DPI（Dots Per Inch，每英寸点数）通常用来描述数字图像输入设备（如图像扫描仪）或点阵图像输出设备（点阵打印机）输入或输出点阵图像的分辨率。一幅 3×4 平方英寸的彩色照片在 150DPI 的分辨率下扫描得到原始的 24 位真彩色图像的数据量是（150×3）×（150×4）×24/8= 810000 字节。

参考答案

(14) D

试题（15）、（16）

某软件项目的活动图如下图所示，其中顶点表示项目里程碑，连接顶点的边表示包含的活动，边上的数字表示活动的持续时间(天)，则完成该项目的最少时间为__(15)__天。活动 BD 最多可以晚开始__(16)__天而不会影响整个项目的进度。

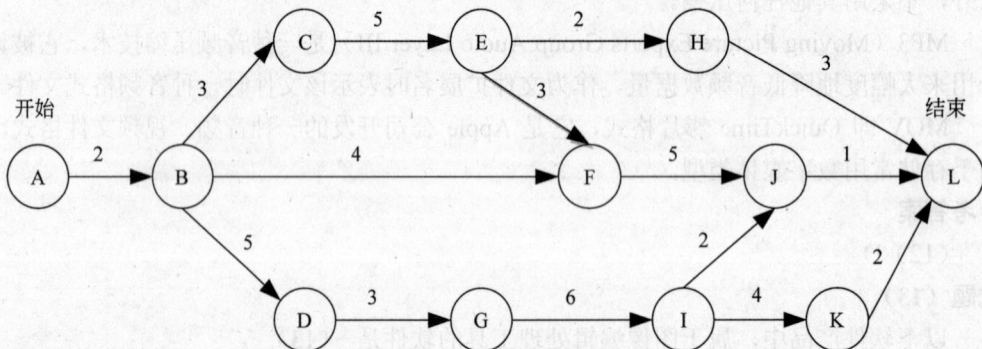

(15) A. 15　　　　　B. 21　　　　　　　C. 22　　　　　　　D. 24
(16) A. 0　　　　　B. 2　　　　　　　C. 3　　　　　　　D. 5

试题（15）、（16）分析

本题考查软件项目管理的基础知识。

活动图是描述一个项目中各个工作任务相互依赖关系的一种模型，项目的很多重要特性可以通过分析活动图得到，如估算项目完成时间，计算关键路径和关键活动等。

根据上图计算出关键路径为 A-B-D-G-I- K-L，其长度为 22，关键路径上的活动均为关键活动。活动 BD 在关键路径上，因此松弛时间为 0。

参考答案

　　（15）C　　（16）A

试题（17）、（18）

　　在结构化分析中，用数据流图描述　 (17) 　。当采用数据流图对一个图书馆管理系统进行分析时，　 (18) 　是一个外部实体。

　　（17）A. 数据对象之间的关系，用于对数据建模

　　　　　B. 数据在系统中如何被传送或变换，以及如何对数据流进行变换的功能或子功能，用于对功能建模

　　　　　C. 系统对外部事件如何响应，如何动作，用于对行为建模

　　　　　D. 数据流图中的各个组成部分

　　（18）A. 读者　　　　B. 图书　　　C. 借书证　　　　D. 借阅

试题（17）、（18）分析

　　本题考查结构化分析的基础知识。

　　数据流图是结构化分析的一个重要模型，描述数据在系统中如何被传送或变换，以及描述如何对数据流进行变换的功能，用于功能建模。

　　数据流图中有四个要素：外部实体，也称为数据源或数据汇点，表示要处理的数据的输入来源或处理结果要送往何处，不属于目标系统的一部分，通常为组织、部门、人、相关的软件系统或者硬件设备；数据流表示数据沿箭头方向的流动；加工是对数据对象的处理或变换；数据存储在数据流中起到保存数据的作用，可以是数据库文件或者任何形式的数据组织。

　　根据上述定义和题干说明，读者是外部实体，图书和借书证是数据流，借阅是加工。

参考答案

　　（17）B　　（18）A

试题（19）

　　软件开发过程中，需求分析阶段的输出不包括　 (19) 　。

　　（19）A. 数据流图　　　　　　　　B. 实体联系图

　　　　　C. 数据字典　　　　　　　　D. 软件体系结构图

试题（19）分析

　　本题考查软件开发过程的基础知识。

　　结构化分析模型包括数据流图、实体联系图、状态迁移图和数据字典，因此这些模型是需求分析阶段的输出。而确定软件体系结构是在软件设计阶段进行的。

参考答案

　　（19）D

试题（20）

　　以下关于高级程序设计语言实现的编译和解释方式的叙述中，正确的是　 (20) 　。

(20) A. 编译程序不参与用户程序的运行控制，而解释程序则参与

B. 编译程序可以用高级语言编写，而解释程序只能用汇编语言编写

C. 编译方式处理源程序时不进行优化，而解释方式则进行优化

D. 编译方式不生成源程序的目标程序，而解释方式则生成

试题（20）分析

本题考查程序语言基础知识。

解释程序也称为解释器，它或者直接解释执行源程序，或者将源程序翻译成某种中间代码后再加以执行；而编译程序（编译器）则是将源程序翻译成目标语言程序，然后在计算机上运行目标程序。这两种语言处理程序的根本区别是：在编译方式下，机器上运行的是与源程序等价的目标程序，源程序和编译程序都不再参与目标程序的执行过程；而在解释方式下，解释程序和源程序（或其某种等价表示）要参与到程序的运行过程中，运行程序的控制权在解释程序。简单来说，在解释方式下，翻译源程序时不生成独立的目标程序，而编译器则将源程序翻译成独立保存的目标程序。

参考答案

（20）A

试题（21）

以下关于脚本语言的叙述中，正确的是 __(21)__ 。

(21) A. 脚本语言是通用的程序设计语言

B. 脚本语言更适合应用在系统级程序开发中

C. 脚本语言主要采用解释方式实现

D. 脚本语言中不能定义函数和调用函数

试题（21）分析

本题考查程序语言基础知识。

维基百科上将脚本语言定义为"为了缩短传统的编写—编译—链接—运行过程而创建的计算机编程语言。通常具有简单、易学、易用的特色，目的就是希望开发者以简单的方式快速完成某些复杂程序的编写工作。"

脚本语言一般运行在解释器或虚拟机中，便于移植，开发效率较高。

参考答案

（21）C

试题（22）

将高级语言源程序先转化为一种中间代码是现代编译器的常见处理方式。常用的中间代码有后缀式、 __(22)__ 、树等。

(22) A. 前缀码　　　B. 三地址码　　　C. 符号表　　　D. 补码和移码

试题（22）分析

本题考查程序语言基础知识。

"中间代码"是一种简单且含义明确的记号系统，可以有若干种形式，它们的共同特征是与具体的机器无关。最常用的一种中间代码是与汇编语言的指令非常相似的三地址码，其实现方式常采用四元式，另外还有后缀式、树等形式的中间代码。

参考答案

（22）B

试题（23）

当用户通过键盘或鼠标进入某应用系统时，通常最先获得键盘或鼠标输入信息的是 (23) 程序。

（23）A．命令解释　　　　B．中断处理　　　C．用户登录　　　　D．系统调用

试题（23）分析

I/O 设备管理软件一般分为 4 层：中断处理程序、设备驱动程序、与设备无关的系统软件和用户级软件。至于一些具体分层时细节上的处理，是依赖于系统的，没有严格的划分，只要有利于设备独立这一目标，可以为了提高效率而设计不同的层次结构。I/O 软件的所有层次及每一层的主要功能如下图所示。

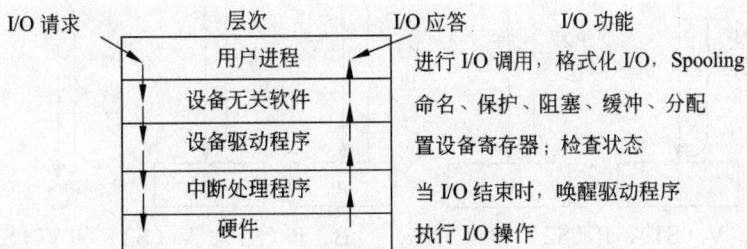

图中的箭头给出了 I/O 部分的控制流。当用户通过键盘或鼠标进入某应用系统时，通常最先获得键盘或鼠标输入信息的程序是中断处理程序。

参考答案

（23）B

试题（24）

在 Windows 操作系统中，当用户双击"IMG_20160122_103.jpg"文件名时，系统会自动通过建立的 (24) 来决定使用什么程序打开该图像文件。

（24）A．文件　　　　B．文件关联　　　C．文件目录　　　　D．临时文件

试题（24）分析

本题考查 Windows 操作系统文件管理方面的基础知识。

当用户双击一个文件名时，Windows 系统通过建立的文件关联来决定使用什么程序打开该文件。例如，系统建立了"Windows 照片查看器"或"11view"程序打开扩展名为".jpg"类型的文件关联，那么当用户双击"IMG_20160122_103.jpg"文件时，Windows 先执行"Windows 照片查看器"或"11view"程序，然后打开"IMG_20160122_103.jpg"

文件。

参考答案

（24）B

试题（25）～（27）

进程 P1、P2、P3、P4 和 P5 的前趋图如下图所示：

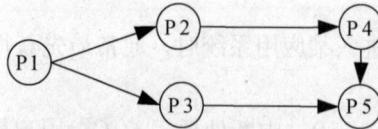

若用 PV 操作控制进程 P1、P2、P3、P4 和 P5 并发执行的过程，则需要设置 5 个信号量 S1、S2、S3、S4 和 S5，且信号量 S1～S5 的初值都等于零。下图中 a 和 b 处应分别填写____（25）____；c 和 d 处应分别填写____（26）____，e 和 f 处应分别填写____（27）____。

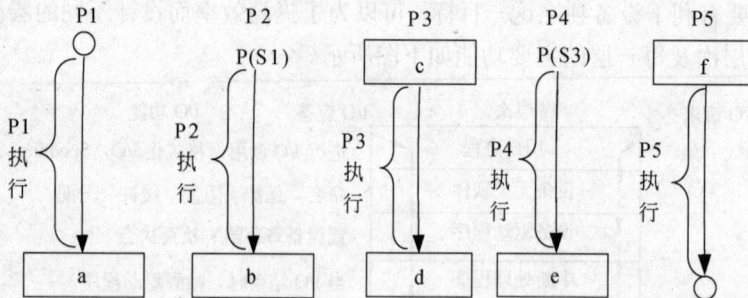

（25）A. V（S1）、P（S2）和 V（S3）　　B. P（S1）、V（S2）和 V（S3）

　　　C. V（S1）、V（S2）和 V（S3）　　D. P（S1）、P（S2）和 V（S3）

（26）A. P（S2）和 P（S4 ）　　　　　B. P（S2）和 V（S4）

　　　C. V（S2）和 P（S4）　　　　　D. V（S2）和 V（S4）

（27）A. P（S4）和 V（S4）V（S5）　　B. V（S5）和 P（S4）P（S5）

　　　C. V（S3）和 P（S4）P（S5）　　D. P（S3）和 P（S4）P（S5）

试题（25）～（27）分析

根据前驱图，P1 进程执行完需要通知 P2 和 P3 进程，故需要利用 V（S1）V（S2）操作通知 P2 和 P3 进程，所以空 a 应填 V（S1）V（S2）；P2 进程执行完需要通知 P4 进程，所以空 b 应填 V（S3）。

根据前驱图，P3 进程运行前需要等待 P1 进程的结果，故需执行程序前要先利用 1 个 P 操作，而 P3 进程运行结束需要通知 P5 进程。根据排除法可选项只有选项 B 和选项 C。又因为 P3 进程运行结束后需要利用 1 个 V 操作通知 P5 进程，根据排除法可选项只有选项 B 满足要求。

根据前驱图，P4 进程执行结束需要利用 1 个 V 操作通知 P5 进程，故空 e 处需要 1

个 V 操作；P5 进程执行前需要等待 P3 和 P4 进程的结果，故空 f 处需要 2 个 P 操作。根据排除法可选项只有选项 B 和选项 C 能满足要求。根据试题（27）分析可知，P3 进程运行结束是利用 V（S4）通知 P5 进程，故 P4 进程运行结束是利用 V（S5）通知 P5 进程。

参考答案

（25）C　　（26）B　　（27）B

试题（28）

在采用三级模式结构的数据库系统中，如果对数据库中的表 Emp 创建聚簇索引，那么应该改变的是数据库的___（28）___。

（28）A. 模式　　　　　B. 内模式　　　　　C. 外模式　　　　　D. 用户模式

试题（28）分析

本题考查数据库系统基本概念。

内模式也称存储模式，是数据物理结构和存储方式的描述，是数据在数据库内部的表示方式。由内模式定义所有的内部记录类型、索引和文件的组织方式，以及数据控制方面的细节。对表 Emp 创建聚簇索引，意为索引项的顺序是与表中记录的物理顺序一致的索引组织，所以需要改变的是数据库的内模式。

参考答案

（28）B

试题（29）

在某企业的信息综合管理系统设计阶段，员工实体在质量管理子系统中被称为"质检员"，而在人事管理子系统中被称为"员工"，这类冲突被称之为___（29）___。

（29）A. 语义冲突　　B. 命名冲突　　　C. 属性冲突　　　D. 结构冲突

试题（29）分析

本题考查数据库概念结构设计中的基础知识。

根据局部应用设计好各局部 E-R 图之后，就可以对各分 E-R 图进行合并。在合并过程中需解决分 E-R 图中相互间存在的冲突，消除分 E-R 图之间存在的信息冗余，使之成为能够被全系统所有用户共同理解和接受的统一且精炼的全局概念模型。分 E-R 图之间的冲突主要有命名冲突、属性冲突和结构冲突三类。

命名冲突是指相同意义的属性，在不同的分 E-R 图上有着不同的命名，或是名称相同的属性在不同的分 E-R 图中代表着不同的意义，这些也要进行统一。

属性冲突是指同一属性可能会存在于不同的分 E-R 图，由于设计人员不同或是出发点不同，属性的类型、取值范围、数据单位等可能会不一致，这些属性对应的数据将来只能以一种形式在计算机中存储，这就需要在设计阶段进行统一。

结构冲突是指同一实体在不同的分 E-R 图中有不同的属性，同一对象在某一分 E-R 图中被抽象为实体而在另一分 E-R 图中又被抽象为属性，需要统一。

参考答案

（29）B

试题（30）

对于关系模式 R（X，Y，Z），下列结论错误的是___（30）___。

（30）A．若 X→Y，Y→Z，则 X→Z　　　B．若 X→Z，则 XY→Z

C．若 XY→Z，则 X→Z，Y→Z　　　D．若 X→Y，X→Z，则 X→YZ

试题（30）分析

本题考查函数依赖概念和性质。

选项 A 是传递规则，故结论是正确的。选项 B 中，X→Z 成立，则给其决定因素 X 再加上其他冗余属性 Y 也成立。选项 C 的结论错误的，反例：如 XY 为学号和课程号，Z 为成绩，则学号、课程号→成绩成立，但学号→成绩不成立。选项 D 是合并规则，故结论是正确的。此题也可以采用证明的方法来判定。

参考答案

（30）C

试题（31）

若对关系 R1 按___（31）___进行运算，可以得到关系 R2。

R1		
商品编号	商品名	单价
01020210	手绢	2
01020211	毛巾	18
01020212	毛巾	8
01020213	钢笔	5
02110200	钢笔	8

R2		
商品编号	商品名	单价
01020211	毛巾	18
01020212	毛巾	8
02110200	钢笔	8

（31）A．$\sigma_{商品名='毛巾' \vee '钢笔'}(R1)$　　　B．$\sigma_{价格>'8'}(R1)$

C．$\pi_{1,2,3}(R1)$　　　D．$\sigma_{商品编号='01020211' \vee '02110200'}(R1)$

试题（31）分析

本题考查关系代数概念和性质。

选项 A 的结果有商品编号为 01020211、01020212、01020213 和 02110200 的商品，而 R2 中没有商品编号为 01020213 的商品，因此该选项是错误的。

选项 B 的结果只有价格大于 8 的商品，运算结果为表 2。所以，选项 B 是正确的。

选项 C 的结果只有商品编号为 01020211 和 02110200 的商品，而没有商品编号为 01020213 的商品，因此该选项是错误的。

选项 D 的结果等价于无条件对 R1 进行投影，运算结果就为 R1。所以，选项 D 是错误的。

参考答案

（31）B

试题（32）

关系规范化是在数据库设计的＿＿（32）＿＿阶段进行。

（32）A．需求分析　　　　B．概念设计　　　　C．逻辑设计　　　　D．物理设计

试题（32）分析

逻辑设计阶段的任务之一是对关系模式进一步的规范化处理。因为生成的初始关系模式并不能完全符合要求，还会有数据冗余、更新异常存在，这就需要根据规范化理论对关系模式进行分解，消除冗余和更新异常。不过有时根据处理要求，可能还需要增加部分冗余以满足处理要求。逻辑设计阶段的任务就需要作部分关系模式的处理，分解、合并或增加冗余属性，提高存储效率和处理效率。

参考答案

（32）C

试题（33）

若给定的关系模式为 R < U,F > ，U = {A,B,C}，F = {AB→C,C→B}，则关系 R ＿＿（33）＿＿。

（33）A．有 2 个候选关键字 AC 和 BC，并且有 3 个主属性

　　　 B．有 2 个候选关键字 AC 和 AB，并且有 3 个主属性

　　　 C．只有 1 个候选关键字 AC，并且有 1 个非主属性和 2 个主属性

　　　 D．只有 1 个候选关键字 AB，并且有 1 个非主属性和 2 个主属性

试题（33）分析

本题考查关系数据库规范化理论方面的基础知识。

根据函数依赖定义可知 AC→U、AB→U，所以 AC 和 AB 为候选关键字。根据主属性的定义"包含在任何一个候选码中的属性叫作主属性（Prime attribute），否则叫作非主属性（Nonprime attribute）"，所以，关系 R 中的 3 个属性都是主属性。

参考答案

（33）B

试题（34）

设关系模式 R<U, F>，其中 U 为属性集，F 是 U 上的一组函数依赖，那么 Armstrong 公理系统的伪传递律是指＿＿（34）＿＿。

（34）A．若 X→Y，Y→Z 为 F 所蕴涵，则 X→Z 为 F 所蕴涵

　　　 B．若 X→Y，X→Z，则 X→YZ 为 F 所蕴涵

　　　 C．若 X→Y，WY→Z，则 XW→Z 为 F 所蕴涵

D．若 X→Y 为 F 所蕴涵，且 Z⊆U，则 XZ→YZ 为 F 所蕴涵

试题（34）分析

本题考查关系数据库基础知识。

从已知的一些函数依赖，可以推导出另外一些函数依赖，这就需要一系列推理规则。函数依赖的推理规则最早出现在 1974 年 W.W.Armstrong 的论文里，这些规则常被称作"Armstrong 公理"。

选项 A "若 X→Y，Y→Z 为 F 所蕴涵，则 X→Z 为 F 所蕴涵"符合 Armstrong 公理系统的传递率。

选项 B "若 X→Y，X→Z，则 X→YZ 为 F 所蕴涵"符合 Armstrong 公理系统的合并规则。

选项 C "若 X→Y，WY→Z，则 XW→Z 为 F 所蕴涵"符合 Armstrong 公理系统的伪传递率。

选项 D "若 X→Y 为 F 所蕴涵，且 Z⊆U，则 XZ→YZ 为 F 所蕴涵"符合 Armstrong 公理系统的增广率。

参考答案

（34）C

试题（35）、（36）

给定关系 R(A,B,C,D) 和关系 S(C,D,E)，对其进行自然连接运算 R ⋈ S 后的属性列为 ___(35)___ 个；与 $\sigma_{R.B>S.E}(R ⋈ S)$ 等价的关系代数表达式为 ___(36)___。

（35）A．4　　　　　　B．5　　　　　　C．6　　　　　　D．7

（36）A．$\sigma_{2>7}(R \times S)$　　　　　　B．$\pi_{1,2,3,4,7}(\sigma_{'2'>'7' \wedge 3=5 \wedge 4=6}(R \times S))$

　　　　C．$\sigma_{'2'>'7'}(R \times S)$　　　　　　D．$\pi_{1,2,3,4,7}(\sigma_{2>7 \wedge 3=5 \wedge 4=6}(R \times S))$

试题（35）、（36）分析

本题考查关系代数运算方面的知识。

自然连接是一种特殊的等值连接，它要求两个关系中进行比较的分量必须是相同的属性组，并且在结果集中将重复属性列去掉。对关系 R(A,B,C,D) 和关系 S(C,D,E) 来说，进行等值连接后有 7 个属性列，去掉 2 个重复属性列 C 和 D 后应为 5 个，即为 R.A,R.B,R.C,R.D,S.E。

试题（36）的正确选项为 D。因为 R×S 的属性列为 R.A,R.B,R.C,R.D,S.C,S.D,S.E，显然，R.A 为第 1 属性列，R.B 为第 2 属性列，R.C 为第 3 属性列，R.D 为第 4 属性列，S.C 为第 5 属性列，S.D 为第 6 属性列，S.E 为第 7 属性列。分析表达式 $\sigma_{R.B>S.E}(R ⋈ S)$ 如下：

$\sigma_{R.B>S.E}$ 等价于 $\sigma_{2>7}$

$R ⋈ S$ 等价于 $\pi_{1,2,3,4,7}(\sigma_{3=5 \wedge 4=6}(R \times S))$

显然，$\sigma_{R.B>S.E}(R ⋈ S)$ 等价于 $\pi_{1,2,3,4,7}(\sigma_{3=5 \wedge 4=6}(R \times S))$。

参考答案

（35）B　（36）D

试题（37）

关系 R、S 如下表所示，元组演算表达式 $T=\{t\,|\,R(t)\wedge\forall u(S(u)\rightarrow t[3]>u[1])\}$ 运算的结果为__（37）__。

R

A	B	C
1	2	3
4	5	6
7	8	9
10	11	12

S

A	B	C
3	7	11
4	5	6
5	9	13
6	10	14

（37）A.

A	B	C
1	2	3
4	5	6

B.

A	B	C
3	7	11
4	5	6

C.

A	B	C
7	8	9
10	11	12

D.

A	B	C
5	9	13
6	10	14

试题（37）分析

试题（37）是考查关系代数运算和元组演算的基本知识。题干中的元组演算表达式所构成的关系为：从关系 R 中选择的元组 t 应满足该元组在 C 列上的分量大于关系 S 中的任意一个元组 u 在 A 列上的分量。

关系 R 中的第一个元组（1，2，3）中的第三个分量 t[3]＝3，由于 3 不满足大于 S 关系的第一个元组 u[1]=3 以及 S 关系的第二个元组 u[1]=4，故关系 R 中的第一个元组（1，2，3）不在新构成的关系中。

关系 R 中的第二个元组（4，5，6）中的第三个分量 t[3]＝6，由于 6 不满足大于 S 关系的第四个元组 u[1]=6，故关系 R 中的第二个元组（4，5，6）不在新构成的关系中。

关系 R 中的第三个元组（7，8，9）中的第三个分量 t[3]＝9，由于 9 大于 S 关系的任何一个元组，故关系 R 中的第三个元组（7，8，9）在新构成的关系中。

关系 R 中的第四个元组（10，11，12）中的第三个分量 t[3]＝12，由于 12 大于 S 关系的任何一个元组，故关系 R 中的第四个元组（10，11，12）在新构成的关系中。

根据上述分析可见，新构成的关系中有元组（7，8，9）和（10，11，12）。

参考答案

（37）C

试题（38）

关系 $R(A_1, A_2, A_3)$ 上的函数依赖集 $F=\{A_1A_3\rightarrow A_2,A_1A_2\rightarrow A_3\}$，若 R 上的一个分

解为 $\rho = \{(A_1, A_2), (A_1, A_3)\}$ ，则分解 ρ ___(38)___ 。

(38) A. 是无损联接的　　　　　　B. 是保持函数依赖的

C. 是有损联接的　　　　　　D. 无法确定是否保持函数依赖

试题（38）分析

本题考查关系数据库规范化理论方面的基础知识。

分解 $\rho = \{(A_1, A_2), (A_1, A_3)\}$ ， ρ 具有无损连接的充分必要的条件是： $U_1 \cap U_2 \rightarrow U_1 - U_2 \in F^+$ 或 $U_1 \cap U_2 \rightarrow U_2 - U_1 \in F^+$ 。本题中 $U_1 \cap U_2 = A_1$ ， $U_1 - U_2 = A_2$ ， $U_2 - U_1 = A_3$ ，而 $A_1 \rightarrow A_2 \notin F^+$ 和 $A_1 \rightarrow A_3 \notin F^+$ ，所以，分解 $\rho = \{(A_1, A_2), (A_1, A_3)\}$ 是有损联接的。

参考答案

(38) C

试题（39）

假设关系 $R(A_1, A_2, A_3)$ 上的函数依赖集 $F = \{A_1 \rightarrow A_2, A_1 \rightarrow A_3, A_2 \rightarrow A_3\}$ ，则函数依赖 ___(39)___ 。

(39) A. $A_1 \rightarrow A_2$ 是冗余的　　　　B. $A_1 \rightarrow A_3$ 是冗余的

C. $A_2 \rightarrow A_3$ 是冗余的　　　　D. $A_1 \rightarrow A_2, A_1 \rightarrow A_3, A_2 \rightarrow A_3$ 都不是冗余的

试题（39）分析

本题考查关系数据库规范化理论方面的基础知识。由于 $A_1 \rightarrow A_2$ ， $A_2 \rightarrow A_3$ 可以推出 $A_1 \rightarrow A_3$ （传递率），所以函数依赖集 $A_1 \rightarrow A_3$ 是冗余的。

参考答案

(39) B

试题（40）～（42）

某企业部门关系模式 Dept（部门号，部门名，负责人工号，任职时间），员工关系模式 EMP（员工号，姓名，年龄，月薪资，部门号，电话，办公室）。部门和员工关系的外键分别是 ___(40)___ 。查询每个部门中月薪资最高的员工号、姓名、部门名和月薪资的 SQL 查询语句如下：

```
SELECT 员工号, 姓名, 部门名, 月薪资
FROM EMP Y, Dept
WHERE ____(41)____ AND 月薪资 = (
        SELECT Max(月薪资)
        FROM EMP Z
        WHERE ____(42)____ );
```

(40) A. 员工号和部门号　　　　　　B. 负责人工号和部门号

　　　　C．负责人工号和员工号　　　　　　　D．部门号和员工号

（41）A．Y.部门号 = Dept.部门号　　　　B．EMP.部门号 = Dept.部门号

　　　　C．Y.员工号 = Dept.负责人工号　　D．EMP.员工号 = Dept.负责人工号

（42）A．Z.员工号=Y.员工号　　　　　　　B．Z.员工号=Y.负责人工号

　　　　C．Z.部门号=部门号　　　　　　　　D．Z.部门号=Y.部门号

试题（40）～（42）分析

　　本题考查关系数据库中关系模式和 SQL 查询基础知识。

　　作为主键，其值能唯一地标识元组的一个或多个属性，主键通常也称为主码。所谓外键是指如果关系模式 R 中的属性或属性组非该关系的码，但它是其他关系的码，那么该属性集对关系模式 R 而言是外键，通常也称外码。根据题意分析，员工关系中的主键是员工号，部门关系中的主键是部门号。显然，员工关系中的外键是部门号。但是，部门关系中的外键是负责人代码，为什么？因为题中说明部门负责人也是一个员工，这样负责人代码的取值域为员工号，所以根据外键定义部门关系中的外键是负责人代码。

　　正确查询每个部门中月薪资最高的员工号、姓名、部门名和月薪资的 SQL 查询语句如下：

```
SELECT 员工号, 姓名, 部门名, 月薪资
FROM EMP Y, Dept
WHERE Y.部门号 = Dept.部门号 AND 月薪资 = (
        SELECT Max(月薪资)
        FROM EMP Z
        WHERE Z.部门号= Y.部门号) ;
```

参考答案

　　（40）B　　（41）A　　（42）D

试题（43）～（45）

　　某公司数据库中的元件关系模式为 P（元件号，元件名称，供应商，供应商所在地，库存量），函数依赖集 F 如下所示：

　　F={元件号→元件名称，（元件号，供应商）→库存量，供应商→供应商所在地}

　　元件关系的主键为__（43）__，该关系存在冗余以及插入异常和删除异常等问题。为了解决这一问题需要将元件关系分解为__（44）__，分解后的关系模式最高可以达到__（45）__。

（43）A．（元件号，元件名称）　　　　　　B．（元件号，供应商）

　　　　C．（元件号，供应商所在地）　　　　D．（供应商，供应商所在地）

（44）A．元件 1（元件号，元件名称，供应商，供应商所在地，库存量）

　　　　B．元件 1（元件号，元件名称）、元件 2（供应商，供应商所在地，库存量）

　　　　C．元件 1（元件号，元件名称）、元件 2（元件号，供应商，库存量）

　　　　　　元件 3（供应商，供应商所在地）

D. 元件 1（元件号，元件名称）、元件 2（元件号，库存量）

元件 3（供应商，供应商所在地）、元件 4（供应商所在地，库存量）

（45）A. 1NF   B. 2NF   C. 3NF   D. BCNF

试题（43）～（45）分析

根据题意可知元件关系的主键为（元件号，供应商）。

试题（44）的正确选项为 C。因为关系 P 存在冗余以及插入异常和删除异常等问题，为了解决这一问题需要将元件关系分解。选项 A、选项 B 和选项 D 是有损连接的，且不保持函数依赖，故分解是错误的。例如，分解为选项 A、选项 B 和选项 D 后，用户无法查询某元件由哪些供应商来供应，原因是分解有损连接的，且不保持函数依赖。

试题（45）的正确选项为 D。根据 BCNF 定义：若关系模式 R∈1NF，若 X→Y 且 Y⊄X 时，X 必含有码，则关系模式 R∈BCNF。即当 3NF 消除了主属性对码的部分和传递函数依赖，则称为 BCNF。本题分解后的关系模式元件 1、元件 2 和元件 3 消除了非主属性对码的部分函数依赖，同时不存在传递依赖，故达到 BCNF。

参考答案

（43）B   （44）C   （45）D

试题（46）

事务有多种性质，"一旦事务成功提交，即使数据库崩溃，其对数据库的更新操作也将永久有效。"这一性质属于事务的   (46)   性质。

（46）A. 原子性   B. 一致性   C. 隔离性   D. 持久性

试题（46）分析

本题考查数据库并发控制方面的基础知识。

事务具有原子性、一致性、隔离性和持久性。这 4 个特性也称事务的 ACID 性质。

① 原子性（atomicity）：事务是原子的，要么都做，要么都不做。

② 一致性（consistency）：事务执行的结果必须保证数据库从一个一致性状态变到另一个一致性状态。因此，当数据库只包含成功事务提交的结果时，称数据库处于一致性状态。

③ 隔离性（isolation）：事务相互隔离。当多个事务并发执行时，任一事务的更新操作直到其成功提交的整个过程，对其他事务都是不可见的。

④ 持久性（durability）：一旦事务成功提交，即使数据库崩溃，其对数据库的更新操作也将永久有效。

参考答案

（46）D

试题（47）

下列关于关系的描述中，正确的是   (47)   。

（47）A. 交换关系中的两行构成新的关系

B．关系中两个列的值可以取自同一域

C．交换关系中的两列构成新的关系

D．关系中一个列可以由两个子列组成

试题（47）分析

本题考查关系定义的基础知识。

关系数据库中以关系来存储数据。对关系的要求如下：

① 关系中的列满足原子性；

② 关系中的行可交换；

③ 关系中的列可交换；

④ 关系中的列取自同一个域，可以有多个列取自同一个域。

一个列可以由两个子列组成，违反了原子性要求。交换关系中元组的行或列后，与原关系相同。职工表 Emp(Eno, Name, Sex, Birth, MEno)，其中工号 Eno 和经理工号 MEno 都取自职工工号域。

参考答案

（47）B

试题（48）、（49）

关系数据库中通常包含多个表，表与表之间的关联关系通过 __(48)__ 来实现，通过 __(49)__ 运算将两个关联的表合并成一张信息等价的表。

（48）A．指针　　　　　B．外码　　　　C．索引　　　　D．视图

（49）A．选择　　　　　B．投影　　　　C．笛卡儿积　　D．自然连接

试题（48）、（49）分析

本题考查关系模式的基础知识。

关系数据库中数据的逻辑组织是以多个表来实现的。为了合理的存储，将完整的企业信息分解到多个关系中，应用中可以通过自然连接运算合并成完整的企业信息。外码是自然连接的依据，体现了表与表之间的关联关系。

参考答案

（48）B　　（49）D

试题（50）

若系统使用频度最高的查询语句为

```
SELECT  *
FROM  SC
WHERE  Sno = x  AND  Cno = y ;        //其中x，y为变量
```

为使该查询语句的执行效率最高，应创建 __(50)__ 。

（50）A．Sno 上的索引　　　　　　　　　B．Cno 上的索引

C. Sno，Cno 上的索引　　　　　　D. SC 上的视图 SC_V(Sno, Cno)

试题（50）分析

本题考查索引的应用方法。

索引是提高查询效率的最有效手段，但索引又会引起更新操作（INSERT、UPDATE 和 DELETE）的效率降低。因此，应根据查询需求创建必要的索引。本题目给出了查询频度最高的语句，其执行效率的提高对整个系统的总体性能起到重要作用。SQL 查询中的 WHERE 语句是提取和筛选记录的条件，通过建立 WHERE 语句中使用的（Sno,Cno）属性组上的索引，可以快速定位给定取值的记录所在的页面，同时因为查询通常都是大量记录中查找到少量符合条件的记录，本例更是如此，满足给定条件的记录仅一条，有了索引，无须从硬盘读取所有记录到内存进行提取，而只需通过索引将满足条件的记录所在页面读至内存即可，会大大提高查询效率。

当然，有些 DBMS 会自动建立主码上的索引，本例中（Sno,Cno）为 SC 表的主码，可能无须再另行建立索引，需要根据具体的 DBMS 来决定用户是否另行建立索引。

参考答案

（50）C

试题（51）

将存储过程 p1 的执行权限授予用户 U2 的 SQL 语句为。

```
GRANT   (51)   ON PROCEDURE P1 TO U2;
```

（51）A. INSERT　　　B. UPDATE　　　C. DELETE　　　D. EXECUTE

试题（51）分析

本题考查授权语句的语法知识。

空缺处要填的是权限，题干中已明确指出执行权限，因此选 EXECUTE。

参考答案

（51）D

试题（52）、（53）

系统中同时运行多个事务，若其中一个事务因为自身故障被系统强行退出，而其他事务仍正常运行，这种故障称为___(52)___。该故障发生时，会造成数据库的不一致，解决的方法是___(53)___。

（52）A. 事务故障　　　B. 系统故障　　　C. 介质故障　　　D. 程序 BUG

（53）A. 由用户对该事务进行回滚　　　　B. 由程序对该事务进行补偿操作

　　　　C. 由 DBMS 对该事务进行回滚　　　D. 由 DBA 对该事务进行回滚

试题（52）、（53）分析

本题考查故障与恢复知识。

数据库系统的故障分为三类：事务故障、系统故障和介质故障。事务故障是单独一个事务出问题而不能执行下去，并不影响其他事务的执行；系统故障是故障导致系统重启，当前运行中的事务及刚刚提交的事务会导致数据库不一致；介质故障则是数据库文件的存储介质如硬盘发生故障导致数据丢失。DBMS 对不同类别的故障使用不同的恢复方法。其中事务故障和系统故障由 DBMS 来完成事务级别的恢复，即根据日志文件对未完成的事务进行 UNDO 操作，对已完成的事务进行 REDO 操作，使数据库恢复到故障前的一致性状态；介质故障需要 DBA 介入，装载备份文件后交由 DBMS 进行恢复。

参考答案

（52）A　（53）C

试题（54）、（55）

如右图所示的并发调度，假设事务 T_1、T_2 执行前数据项 X、Y 的初值为 X = 100，Y = 200。该调度执行完成后，X、Y 的值为 (54)；此类不一致性称为 (55)。

T_1	T_2
A <? Read(X);	
A <? (A − 30);	
Write(X, A);	
	A <? Read(X);
	B <? Read(Y);
B <? Read(Y);	
B <? (B + 30);	
Write(Y, B);	
	B <? (A + B)
	Write(Y, B);

（54）A．X = 70, Y = 300　　B．X = 70, Y = 330

　　　C．X = 70, Y = 270　　D．X = 70, Y = 230

（55）A．丢失修改　　　　B．读脏数据

　　　C．不可重复读　　　D．破坏事务原子性

试题（54）、（55）分析

本题考查并发调度知识。

事务并发执行能够充分利用系统资源，提高系统吞吐量。并发事务的执行，可能会因为冲突而产生数据的不一致。根据调度语句计算运行结果，是理解并发事务执行过程和对不一致性认识所必须的。根据上述调度，事务 T_1 的前三句执行后，A 的值 70 写入缓冲区中（可理解为写入了数据库中）X 的数据位；随后 T_2 的两句将 X、Y 的值读入变量 A（=70）、B（=200）中；之后 T1 将 B 的值 230 写入数据库中 Y 的数据位；再之后 T_2 将 B 的值（=270）写入数据库中 Y 的数据位。上述调度执行后，X = 70, Y = 270。

多个事务并发执行，正确的必要条件是其执行结果与某一种串行执行的结果相同。上述两个事务的串行执行过程为 T_1 执行完后执行 T_2 或 T_2 执行完后执行 T_1，即 $T_1 \rightarrow T_2$：X=70,Y = 300 和 $T_2 \rightarrow T_1$：X=70,Y = 330。上述并发调度的结果与任一串行结果都不同，故并发执行产生了数据的不一致。该调度中事务 T_1 对 Y 的修改被 T_2 所覆盖，未能体现 T_1 对 Y 曾进行过修改，即 T_1 对 Y 的修改丢失了，故该不一致性属于丢失修改。

参考答案

（54）C　　（55）A

试题（56）、（57）

运行中的系统因为故障导致服务器重启，正在执行的事务中断，破坏了事务的原子性，恢复的方法是利用日志进行 (56) 操作；而已经提交的事务在故障发生时尚未写入磁盘，破坏了事务的 (57)，恢复的方法是利用日志进行 Redo 操作。

　　（56）A．Undo 　　　　　B．Redo 　　　　C．Commit 　　　D．Rollback

　　（57）A．原子性 　　　　　B．一致性 　　　　C．隔离性 　　　D．持久性

试题（56）、（57）分析

　　本题考查故障与恢复的基础知识。

　　故障导致服务器重启，故障时正在执行的事务的原子性被破坏，即事务没有执行完，其对数据库的部分更新可能已经写入硬盘上的数据库文件，重启后这部分更新使得数据库处于不一致性状态，应对其进行处理，撤销故障时未完成的事务对数据库的更新，使数据库还原到未完成的事务执行前的状态，相当于这些事务没有执行。这种恢复操作借助于日志文件来完成。日志按照时间顺序记录了所有事务对数据库的更新操作，而且在对数据库的更新之前已被写入硬盘。可以逆向扫描日志记录，找出未完成的事务，将其对数据库的修改还原，称为 Undo 操作。

　　同样，故障发生时已经完成提交的事务，其对数据库的修改可能还在内存中的 I/O 缓冲区中，没来得及写入硬盘，重启后这部分修改会丢失，破坏了事务的持久性。同样借助于日志文件，找到故障前已完成的事务，将其对数据库的更新重做一遍，即可完成对应事务的更新操作。这一操作称为 Redo 操作。

参考答案

　　（56）A 　　（57）D

试题（58）

　　在数据库应用系统开发过程中，常采用　__（58）__　来实现对数据库的更新操作，其内部以事务程序的方式来编写。

　　（58）A．视图 　　　B．索引 　　　C．存储过程 　　　D．触发器

试题（58）分析

　　本题考查系统开发的知识。

　　对数据库的更新，应采用事务的方式，以对应现实中的业务。用户在现实业务过程中通过调用事务程序，将事务程序交由 DBMS 来执行，DBMS 通过其并发调度机制完成事务的并行执行。存储过程正是在服务器端所提供的功能调用，适用于编写更新数据库的事务程序。触发器是由更新语句来触发执行的，适用于数据的联动操作和复杂约束的实现，无法供应用程序主动调用。

参考答案

　　（58）C

试题（59）

　　以下关于扩展 E-R 图设计的描述中，正确的是　__（59）__　。

　　（59）A．联系可以看作实体，与另一实体产生联系，称为聚合

　　　　　B．联系的属性可以是其关联实体的标识符属性

　　　　　C．属性可以与其他实体产生联系

D. 三个实体之间的联系与三个实体之间的两两联系是等价的

试题（59）分析

本题考查概念设计的应用方法。

在扩展 E-R 图设计方法中，联系可以被看作实体，参与另一个联系；联系只能产生于实体（或被当作实体的联系）之间；属性只能依附于实体或联系用以刻画该实体或联系，而不能参与联系；语义上不属于某个实体或联系的属性不能作为其属性。E-R 图是对现实的描述，符合现实语义。联系对应的是事件，三元联系的事件即有三个参与方，而两两联系是两个参与方，描述的现实语义不同。

参考答案

（59）A

试题（60）、（61）

数据库重构是指因为性能原因，对数据库中的某个表进行分解，再通过建立与原表同名的　(60)　以保证查询该表的应用程序不变；通过修改更新原表的　(61)　以保证外部程序对数据库的更新调用不变。

（60）A. 视图　　　　　　B. 索引　　　　　　C. 存储过程　　　　D. 触发器

（61）A. 视图　　　　　　B. 索引　　　　　　C. 存储过程　　　　D. 触发器

试题（60）、（61）分析

本题考查系统设计及维护相关知识。

视图提供了数据的逻辑独立性，即关系模式发生改变之后，通过修改外模式/模式的映象，达到应用程序不变的目的，因为查询语句中不区分所查的对象是表还是视图。对数据的更新应使用存储过程实现，关系模式发生改变后，这部分对应的更新操作也应该在相应的存储过程中进行修改。

参考答案

（60）A　　（61）C

试题（62）

全局概念层是分布式数据库的整体抽象，包含了系统中全部数据的特性和逻辑结构，从其分布透明特性来说，包含的三种模式描述信息中不包括　(62)　模式。

（62）A. 全局概念　　　　B. 分片　　　　　　C. 分配　　　　　　D. 访问

试题（62）分析

本题考查分布式数据库的基础知识。

分布式数据库的全局概念层应具有三种模式描述信息：

全局概念模式描述分布式数据库全局数据的逻辑结构，是分布式数据库的全局概念视图。

分片模式描述全局数据逻辑划分的视图，是全局数据的逻辑结构根据某种条件的划分，每一个逻辑划分就是一个片段或分片。

分配模式描述局部逻辑的局部物理结构，是划分后的片段或分片的物理分配视图。

参考答案

（62）D

试题（63）

以下 NoSQL 数据库中，___（63）___是一种高性能的分布式内存对象缓存数据库，通过缓存数据库查询结果，减少数据库访问次数，以提高动态 Web 应用的速度，提高可扩展性。

（63）A. MongoDB　　　　B. Memcached　　　C. neo4j　　　　D. Hbase

试题（63）分析

本题考查 NoSQL 的基础知识。

四个选项均为 NoSQL 数据库。

Mongodb 是一种分布式文档存储数据库，旨在为 Web 应用提供可扩展的高性能数据存储解决方案。该数据库是一个高性能、开源、无模式的文档型数据库。

Memcached 是一种高性能的分布式内存对象缓存数据库，通过缓存数据库查询结果，减少数据库访问次数，以提高动态 Web 应用的速度，提高可扩展性。

Neo4j 是一个高性能的 NoSQL 图形数据库。该数据库使用图（graph）相关的概念来描述数据模型，把数据保存为图中的节点以及节点之间的关系。

HBase（Hadoop Database）是一个高可靠性、高性能、面向列、可伸缩的分布式存储系统。

参考答案

（63）B

试题（64）、（65）

聚类的典型应用不包括___（64）___，___（65）___是一个典型的聚类算法。

（64）A. 商务应用中，帮助市场分析人员发现不同的客户群

　　　　B. 对 WEB 上的文档进行分类

　　　　C. 分析 WEB 日志数据，发现相同的用户访问模式

　　　　D. 根据以往病人的特征，对新来的病人进行诊断

（65）A. 决策树　　　　B. Apriori　　　C. k-means　　　D. SVM

试题（64）、（65）分析

本题考查数据挖掘的基础知识。

简单地说，数据挖掘中的聚类是一种无监督的学习方法，基本思路是物以类聚人以群分，即把相似或相关的对象归为一类。在分析之前没有已知的类型信息。因此，（64）题的选项 A、B 和 C 均属于聚类分析的应用，而选项 D 则属于分类的应用，即对新病人进行诊断时，是根据历史的病人诊断结论来进行的。

（65）题的选项中，A 和 D 是典型的分类算法，B 是频繁模式挖掘算法，而 C 是聚类算法。

该题考核数据挖掘的基本概念，随着大数据时代的到来，数据挖掘是其中一个核心的技术，要求考生对数据挖掘的基本功能以及基本的算法有一定的了解和掌握。

参考答案

（64）D   （65）C

试题（66）、（67）

默认情况下，FTP 服务器的控制端口为___（66）___，上传文件时的端口为__（67）__。

（66）A．大于 1024 的端口　　　　　　B．20

　　　 C．80　　　　　　　　　　　　　D．21

（67）A．大于 1024 的端口　　　　　　B．20

　　　 C．80　　　　　　　　　　　　　D．21

试题（66）、（67）分析

本题考查 FTP 协议的基础知识。

默认情况下，FTP 服务器的控制端口为 21，数据端口为 20。

参考答案

（66）D   （67）B

试题（68）

使用 ping 命令可以进行网络检测，在进行一系列检测时，按照由近及远原则，首先执行的是___（68）___。

（68）A．ping 默认网关　　　　　　　　B．ping 本地 IP

　　　 C．ping 127.0.0.1　　　　　　　　D．ping 远程主机

试题（68）分析

使用 ping 命令进行网络检测，按照由近及远原则，首先执行的是 ping 127.0.0.1，其次是 ping 本地 IP，再次是 ping 默认网关，最后是 ping 远程主机。

参考答案

（68）C

试题（69）

某 PC 的 Internet 协议属性参数如下图所示，默认网关的 IP 地址是___（69）___。

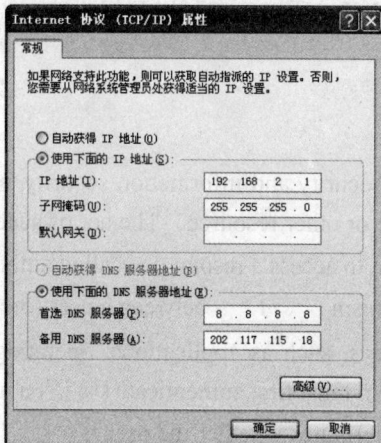

（69）A. 8.8.8.8　　B. 202.117.115.3　C. 192.168.2.254　D. 202.117.115.18

试题（69）分析

本题考查 Internet 协议属性参数的配置。

默认网关和本地 IP 地址应属同一网段。

参考答案

（69）C

试题（70）

在下图的 SNMP 配置中，能够响应 Manager2 的 getRequest 请求的是（70）　　。

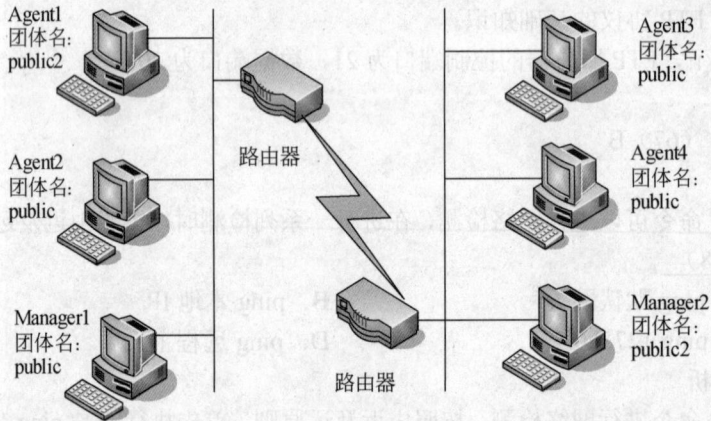

（70）A. Agent1　　　　B. Agent2　　　　C. Agent3　　　　D. Agent4

试题（70）分析

在 SNMP 管理中，管理站和代理之间进行信息交换时要通过团体名认证，这是一种简单的安全机制，管理站与代理必须具有相同的团体名才能互相通信。但是由于包含团体名的 SNMP 报文是明文传送，所以这样的认证机制是不够安全的。本题中的 Manager2 和 Agent1 的团体名都是 public2，所以二者可以互相通信。

参考答案

（70）A

试题（71）～（75）

In the fields of physical security and information security, access control is the selective restriction of access to a place or other resource. The act of accessing may mean consuming, entering, or using. Permission to access a resource is called authorization（授权）.

An access control mechanism　（71）　between a user (or a process executing on behalf of a user) and system resources, such as applications, operating systems, firewalls, routers, files, and databases. The system must first authenticate（验证）a user seeking access. Typically the authentication function determines whether the user is　（72）　to access the system at all. Then the access control function determines if the specific requested access by this user is permitted. A security administrator maintains an authorization database that specifies what type of access to which resources is allowed for this user. The access control function consults this database to determine whether to ＿（73）＿ access. An auditing function monitors and keeps a record of user accesses to system resources.

In practice, a number of ＿（74）＿ may cooperatively share the access control function. All operating systems have at least a rudimentary (基本的), and in many cases a quite robust, access control component. Add-on security packages can add to the ＿（75）＿ access control capabilities of the OS. Particular applications or utilities, such as a database management system, also incorporate access control functions. External devices, such as firewalls, can also provide access control services.

（71）A. cooperates　　B. coordinates　　C. connects　　　　D. mediates
（72）A. denied　　　　B. permitted　　　C. prohibited　　　D. rejected
（73）A. open　　　　　B. monitor　　　　C. grant　　　　　D. seek
（74）A. components　　B. users　　　　　C. mechanisms　　D. algorithms
（75）A. remote　　　　B. native　　　　　C. controlled　　　D. automated

参考译文

在物理安全和信息安全领域，访问控制是访问一个地方或其他资源的选择性限制。访问的行为可能是消耗、进入或使用。访问资源的权限称为授权。

访问控制机制介于用户（或代表用户的过程的执行）和系统资源之间，资源如应用程序、操作系统、防火墙、路由器、文件和数据库。系统必须首先认证用户的访问企图。典型的，认证功能确定一个用户是否被允许访问该系统。然后，访问控制功能确定此用户的特定访问请求是否允许。安全管理员维护授权数据库，其中指定用户可以访问对那个资源具有什么类型的访问权限。访问控制功能查询数据库以确定是否授权访问。审计功能监控和记录用户对系统资源的访问。

实际上，很多组件可以一起合作提供访问控制功能。所有操作系统至少具有基本的访问控制组件，而且这些组件大多情况下非常健壮。附加安全包可以添加到操作系统的本地安全控制功能。特定的应用和实用工具，如数据管理系统，也并入了访问控制功能。如防火墙等外部设备也能够提供访问控制服务。

参考答案

（71）D　　（72）B　　（73）C　　（74）A　　（75）B

第10章 2016上半年数据库系统工程师下午试题分析与解答

试题一（共15分）

阅读下列说明和图，回答问题1至问题4，将解答填入答题纸的对应栏内。

【说明】

某会议中心提供举办会议的场地设施和各种设备，供公司与各类组织机构租用。场地包括一个大型报告厅、一个小型报告厅以及诸多会议室。这些报告厅和会议室可提供的设备有投影仪、白板、视频播放/回放设备、计算机等。为了加强管理，该中心欲开发一会议预订系统，系统的主要功能如下。

（1）检查可用性。客户提交预订请求后，检查预订表，判定所申请的场地是否在申请日期内可用；如果不可用，返回不可用信息。

（2）临时预订。会议中心管理员收到客户预定请求的通知之后，提交确认。系统生成新临时预订存入预订表，并对新客户创建一条客户信息记录加以保存。根据客户记录给客户发送临时预订确认信息和支付定金要求。

（3）分配设施与设备。根据临时预订或变更预定的设备和设施需求，分配所需设备（均能满足用户要求）和设施，更新相应的表和预订表。

（4）确认预订。管理员收到客户支付定金的通知后，检查确认，更新预订表，根据客户记录给客户发送预订确认信息。

（5）变更预订。客户还可以在支付余款前提交变更预订请求，对变更的预订请求检查可用性，如果可用，分配设施和设备；如果不可用，返回不可用信息。管理员确认变更后，根据客户记录给客户发送确认信息。

（6）要求付款。管理员从预订表中查询距预订的会议时间两周内的预定，根据客户记录给满足条件的客户发送支付余款要求。

（7）支付余款。管理员收到客户余款支付的通知后，检查确认，更新预订表中的已支付余款信息。

现采用结构化方法对会议预定系统进行分析与设计，获得如图1-1所示的上下文数据流图和图1-2所示的0层数据流图（不完整）。

【问题1】（2分）

使用说明中的词语，给出图1-1中的实体E1～E2的名称。

【问题2】（4分）

使用说明中的词语，给出图1-2中的数据存储D1～D4的名称。

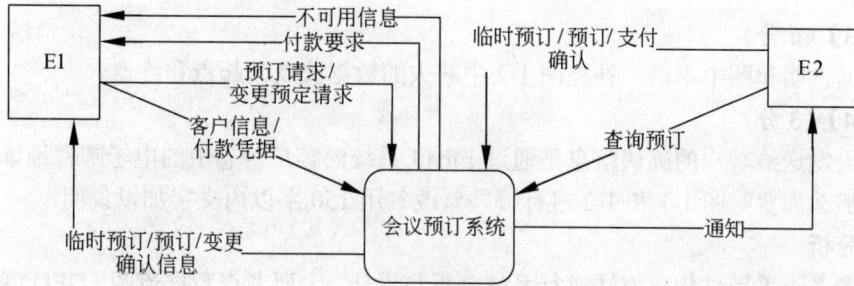

图 1-1 上下文数据流图

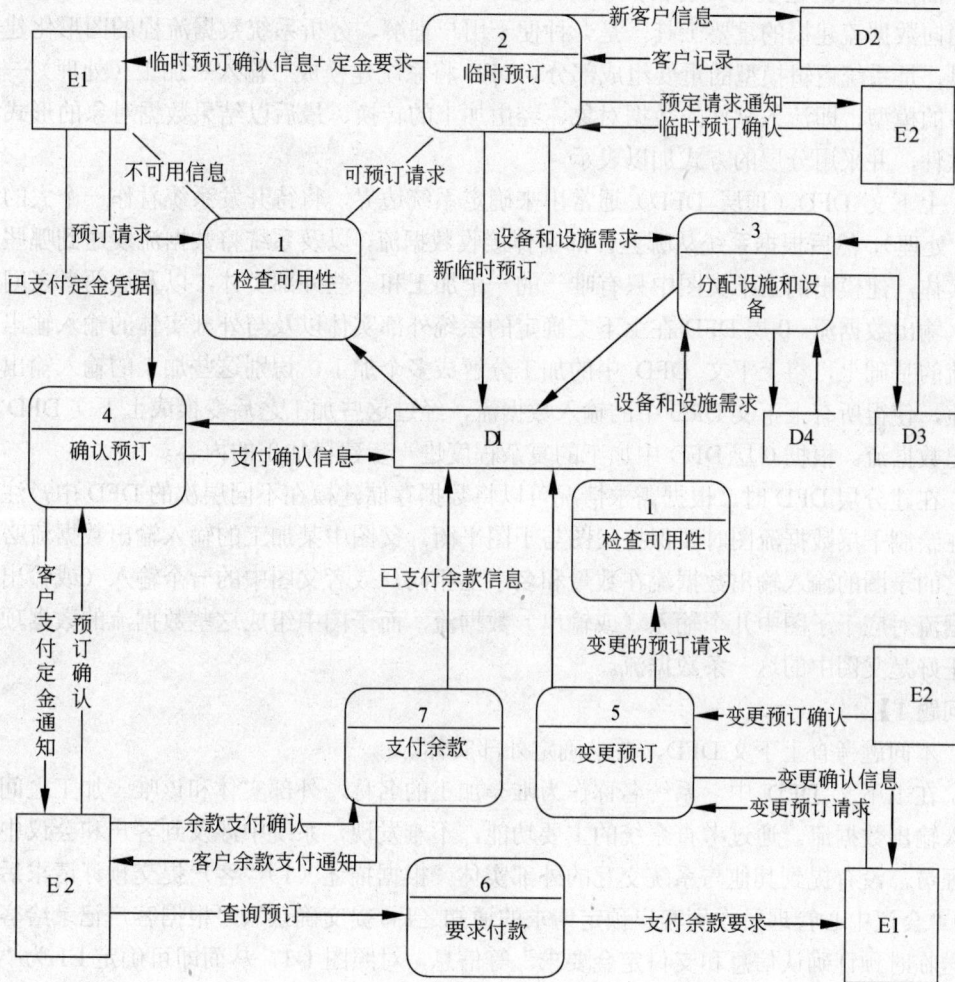

图 1-2 0 层数据流图

【问题 3】（6 分）

根据说明和图中术语，补充图 1-2 中缺失的数据流及其起点和终点。

【问题 4】（3 分）

如果发送给客户的确认信息是通过 Email 系统向客户信息中的电子邮件地址进行发送的，那么需要对图 1-1 和 1-2 进行哪些修改？用 150 字以内文字加以说明。

试题一分析

本题考查采用结构化方法进行系统分析与设计，主要考查数据流图（DFD）的应用，是比较传统的题目，考点与往年类似，要求考生细心分析题目中所描述的内容。

面向数据流建模是目前仍然被广泛使用的结构化分析与设计的方法之一，而 DFD 是面向数据流建模的重要工具，是一种便于用户理解、分析系统数据流程的图形化建模工具，是系统逻辑模型的重要组成部分。DFD 将系统建模成"输入—加工（处理）—输出"的模型，即流入软件的数据对象、经由加工的转换、最后以结果数据对象的形式流出软件，并采用分层的方式加以表示。

上下文 DFD（顶层 DFD）通常用来确定系统边界，将待开发系统看作一个大的加工（处理），然后根据系统从哪些外部实体接收数据流，以及系统将数据流发送到哪些外部实体，建模出的上下文图中只有唯一的一个加工和一些外部实体，以及这两者之间的输入输出数据流。0 层 DFD 在上下文确定的系统外部实体以及与外部实体的输入输出数据流的基础上，将上下文 DFD 中的加工分解成多个加工，识别这些加工的输入输出数据流，使得所有上下文 DFD 中的输入数据流，经过这些加工之后变换成上下文 DFD 的输出数据流。根据 0 层 DFD 中加工的复杂程度进一步建模加工的内容。

在建分层 DFD 时，根据需求情况可以将数据存储建模在不同层次的 DFD 中，注意要在绘制下层数据流图时要保持父图与子图平衡。父图中某加工的输入输出数据流必须与它的子图的输入输出数据流在数量和名字上相同，或者父图中的一个输入（或输出）数据流对应于子图中几个输入（或输出）数据流，而子图中组成这些数据流的数据项全体正好是父图中的这一条数据流。

【问题 1】

本问题考查上下文 DFD，要求确定外部实体。

在上下文 DFD 中，系统名称作为唯一加工的名称，外部实体和该唯一加工之间有输入输出数据流。通过考查系统的主要功能，不难发现，系统中涉及到客户和会议中心管理员，没有提到其他与系统交互的外部实体。根据描述（1）"客户提交预订请求后"，(2)"会议中心管理员收到客户预定请求的通知之后，提交确认"、"根据客户记录给客户发送临时预订确认信息和支付定金要求"等信息，对照图 1-1，从而即可确定 E1 为"客户"实体，E2 为"管理员"实体。

【问题 2】

本问题要求确定图 1-2 所示的 0 层数据流图中的数据存储。

重点分析说明中与数据存储有关的描述。根据（1）"客户提交预订请求后，检查预订表"，（2）"系统生成新临时预订存入预订表，并对新客户创建一条客户信息记录加以保存"，可知 D1 为预订表、D2 为客户表；根据"会议中心提供举办会议的场地设施和各种设备"，（3）"根据临时预订或变更预定的设备和设施需求，分配所需设备（均能满足用户要求）和设施，更新相应的表和预订表"，"分配设施和设备"可知 D3 为和 D4 分别为场地（设施）表和设备表。

【问题 3】

本问题要求补充缺失的数据流及其起点和终点。

对照图 1-1 和图 1-2 的输入、输出数据流，数量不同，考查图 1-1 中从加工"会议预订系统"输出至 E1 的数据流，有"临时预订/预订/变更确认信息"，而图 1-2 中从加工输出至 E1 的数据流"临时预订确认信息"和"变更预订确认信息"，但缺少了其中一条数据流"预订确认信息"。

另外，图 1-1 中有"付款凭据"，图 1-2 中没有"付款凭据"，而只有"已支付定金凭据"，没有针对说明（7）中"管理员收到客户余款支付的通知后"中的"支付余款凭据"。上述两条数据流的遗失，使父图和子图数据流没有达到平衡。所以需要确定这两条条数据流或者其分解的数据流的起点或终点。

考查说明中的功能，先考查"确认预定"，功能（4）中"给客户发送预订确认信息"，对照图 1-2，加工 4 没有到实体 E1 客户的"预订确认信息"数据流；功能（7）中"管理员收到客户余款支付的通知后"，对照图 1-2，加工 7 没有从实体 E1 客户输入的数据流"余款支付凭据"。图中"余款支付凭据"数据流是上下文数据流图中数据流"支付凭据"的分解，与另一条分解出的数据流"已支付定金凭据"对照，改名为"已支付余款凭据"。

下面再仔细核对说明和图 1-2 之间是否还有遗失的数据流。

不难发现，功能（4）中"根据客户记录给客户发送预订确认信息"，而图 1-2 中加工 4 从 D1 预订表中读取预订信息，并没有读取客户信息，所以，此处遗失了数据流"客户记录"，起点是 D2 客户表，终点是加工 4 确认预订；功能（5）中"管理员确认变更后，根据客户记录给客户发送确认信息"，而图 1-2 中加工 5 并没有所根据的"客户记录"输入数据流，所以，此处遗失了数据流"客户记录"，起点是 D2 客户表，终点是加工 5 变更预订；功能（6）中"根据客户记录给满足条件的客户发送支付余款要求"，而图 1-2 中加工 6 并没有所根据的"客户记录"输入数据流，所以，此处遗失了数据流"客户记录"，起点是 D2 客户表，终点是加工 6 要求预订。

继续核对说明和图 1-2，不难发现，功能（6）中"管理员从预订表中查询距预订的会议时间两周内的预订"，而图 1-2 中没有从 D1 预订表到加工 6 的输入流，所以，此处遗失了数据流"距预订会议时间两周内的预订"，其起点是 D1 预订表，终点是加工 6 要求付款。

【问题 4】

　　DFD 中，外部实体可以是用户，也可以是与本系统交互的其他系统。如果某功能交互的是外部系统（在本题中是 Email 系统），则本系统需要将发送给客户的确认信息发送给 Email 系统。然后由第三方 Email 系统向客户发送邮件，此时第三方 Email 系统即为外部实体，而非本系统内部加工，因此需要对图 1-1 和图 1-2 进行修改，添加外部实体"Email 系统"，并将数据流确认信息的终点全部改为 Email 系统。即将数据流"临时预订确认信息""预订确认信息""变更确认信息"数据流的终点改为新的外部实体"Email 系统"。

参考答案

【问题 1】

　　E1：客户　　　　　E2：管理员

【问题 2】

　　D1：预订表　　　　D2：客户表

　　D3：场地表（设施表 或 场地设施表）

　　D4：设备表

　　注：D3 和 D4 可互换

【问题 3】

数　据　流	起　　点	终　　点
已支付余款凭据	E1 或 客户	7 或 支付余款
距预订会议时间两周内的预订	D1 或 预订表	6 或 要求付款
预订确认信息	4 或 确认预订	E1 或 客户
客户记录	D2 或 客户表	6 或 要求付款
客户记录	D2 或 客户表	5 或 变更预定
客户记录	D2 或 客户表	4 或 确认预定

　　注：上述 6 条数据流无顺序要求。

【问题 4】

　　将 Email 系统作为外部实体，并将发送给客户（E1）的确认信息数据流的终点全部改为 Email 系统（或具体说明确认信息数据流：临时预订确认信息、预订确认信息、变更确认信息，终点均改为 Email 系统）。

试题二（共 15 分）

　　阅读下列说明，回答问题 1 至问题 3，将解答填入答题纸的对应栏内。

【说明】

　　某单位公用车辆后勤服务部门数据库的部分关系模式如下：

　　驾驶员：EMP(<u>Eno</u>, Ename, Age, Sex, telephone)，各属性分别表示驾驶员工号、姓名、年龄、性别和电话号码；

车辆：CAR(<u>Cno</u>, Brand, Capacity)，各属性分别表示汽车车牌号、品牌名和排量；

调度：SCHEDULE(<u>Sno</u>, Eno, Cno, StartTime, EndTime)，各属性分别表示调度号、驾驶员工号、汽车车牌号、发车时间和收车时间。

奖金：BONUS(<u>Eno, Year, Month</u>, Amount)，各属性分别表示驾驶员工号、年、月和当月的奖金数量。

有关车辆调度的相关说明如下：

公车的行驶时间只能在工作时间内，因此规定调度表中每天安排发车的时间在上午 07:00:00 至下午 18:00:00 范围内。

【问题 1】（4 分）

请将下面创建调度关系的 SQL 语句的空缺部分补充完整，要求指定关系的主码、外码，以及调度表中每天安排发车的时间在上午 07:00:00 至下午 18:00:00 范围内的约束（由函数 Time Get_time(DATETIME StartTime)返回出车的时间）。

```
CREATE TABLE SCHEDULE (
    Sno CHAR(10),
    Eno CHAR(10) _____(a)_____ ,
Cno CHAR(8) _____(b)_____ ,
StartTime DATETIME _____(c)_____ ,
EndTime DATETIME ,
PRIMARY KEY_____(d)_____ ) ;
```

【问题 2】（6 分）

（1）创建所有"奥迪"品牌汽车的调度信息的视图 AudiSCHEDULE，属性有 Eno、Ename、Cno、Brand、StartTime 和 EndTime，请将下面 SQL 语句的空缺部分补充完整。

```
CREATE_____(e)_____
AS
SELECT  EMP.Eno, Ename, CAR.Cno, Brand, StartTime, EndTime
    FROM  EMP, CAR, SCHEDULE
    WHERE_____(f)_____ ;
```

（2）驾驶员的奖金在收车时间写入时，由出车时间段自动计算，并用触发器来实现奖金的自动维护，函数 float Bonus_value(DATETIME StartTime, DATETIME EndTime) 依据发车时间和收车时间来计算本次出车的奖金。系统在每月初自动增加一条该员工的当月奖金记录，初始金额为零。请将下面 SQL 语句的空缺部分补充完整。

```
CREATE  _____(g)_____ Bonus _TRG AFTER _____(h)_____ ON SCHEDULE
    REFERENCING new row AS nrow
FOR EACH ROW
    BEGIN
```

```
UPDATE BONUS
SET _____(i)_____
    WHERE _____(j)_____ AND Year = Get_Year(nrow.StartTime)
AND Month = Get_ Month (nrow.StartTime) ;
END
```

【问题 3】（5 分）

请将下面 SQL 语句的空缺部分补充完整。

（1）查询调度次数最多的汽车车牌号及其品牌。

```
SELECT  CAR.Cno, Brand
FROM  CAR, SCHEDULE
WHERE  CAR.Cno = SCHEDULE.Cno
GROUP BY_____(k)_____
HAVING _____(l)_____ ( SELECT  COUNT(*)
                             FROM  SCHEDULE
                             GROUP BY Cno );
```

（2）查询所有在调度表中没有安排过'大金龙'品牌车辆的驾驶员工号和姓名。

```
SELECT  Eno, Ename
FROM  EMP
WHERE Eno_____(m)_____ (
SELECT  Eno
FROM  _____(n)_____
    WHERE _____(o)_____
AND  Brand = '大金龙' );
```

试题二分析

本题考查 SQL 语句的基本语法与结构知识。

此类题目要求考生掌握 SQL 语句的基本语法和结构，认真阅读题目给出的关系模式，针对题目的要求具体分析并解答。本试题已经给出了 4 个关系模式，需要分析每个实体的属性特征及实体之间的联系，补充完整 SQL 语句。

【问题 1】分析

由题目说明可知 Sno 属性是 SCHEDULE 关系表的主键，所以在 PRIMARY KEY 后填的应该是 Sno；Eno 和 Cno 分别作为外键引用到 EMP 和 CAR 关系表的主键，因此需要用 REFERENCES 对这两个属性进行外键约束；由"每天安排发车的时间在上午 07:00:00 至下午 18:00:00 范围内"的约束，可知需要限制 StartTime 属性值的取值范围，通过 CHECK 约束来实现。从上分析可见，完整的 SQL 语句如下：

```
CREATE TABLE SCHEDULE (
```

```
    Sno CHAR(10),
    Eno CHAR(10)  REFERENCES EMP(Eno) ,
Cno CHAR(8)  REFERENCES CAR(Cno) ,
StartTime  DATETIME  CHECK(  Get time(StartTime)  BETWEEN  '07:00:00'
AND '18:00:00') ,
EndTime  DATETIME ,
PRIMARY KEY  Sno ) ;
```

【问题 2】分析

（1）创建视图需要通过 CREATE VIEW 语句来实现，由题目可知视图的属性有(Eno, Ename, Cno, Brand, StartTime, EndTime)；通过公共属性列 Eno 和 Cno 对使用的三个基本表进行连接；由于只创建奥迪汽车的视图，所以还要在 WHERE 后加入 Brand='奥迪'的约束条件。从上分析可见，完整的 SQL 语句如下：

```
CREATE  VIEW AudiSCHEDULE (Eno, Ename, Cno, Brand, StartTime, EndTime)
AS
SELECT  EMP.Eno, Ename, CAR.Cno, Brand, StartTime, EndTime
    FROM  EMP, CAR, SCHEDULE
    WHERE EMP.Eno=SCHEDULE.Eno AND CAR.Cno = SCHEDULE.Cno AND Brand='奥迪';
```

（2）创建触发器通过 CREATE TRIGGER 语句实现，要求考生掌握触发器的基本语法结构。按照问题要求，在 SCHEDULE 关系中更新调度信息时触发器应自动执行，故需要创建基于 UPDATE 类型的触发器；最后添加表连接条件。完整的触发器实现的方案如下：

```
CREATE  TRIGGER Bonus _TRG AFTER UPDATE ON SCHEDULE
    REFERENCING new row AS nrow
FOR EACH ROW
    BEGIN
UPDATE BONUS
SET  Bonus = Bonus + Bonus value( nrow. StartTime, nrow. EndTime)
    WHERE  BONUS. Eno= nrow. Eno AND  Year = Get_Year(nrow.StartTime)
AND Month = Get_ Month (nrow.StartTime) ;
    END
```

【问题 3】分析

SQL 查询通过 SELECT 语句实现。

（1）根据问题要求，可通过子查询实现"调度次数最多的汽车车牌号及其品牌"的查询；对 COUNT 函数计算的结果应通过 HAVING 条件语句进行约束；通过 Cno 和 Brand 的组合来进行分组查询。完整的 SQL 语句如下：

```
SELECT  CAR.Cno, Brand
FROM  CAR, SCHEDULE
WHERE  CAR.Cno = SCHEDULE.Cno
GROUP BY CAR.Cno, Brand
HAVING  COUNT(*) >= ALL ( SELECT  COUNT(*)
                                 FROM   SCHEDULE
GROUP BY Cno );
```

（2）根据问题要求，需要使用嵌套查询。先将 WORKS 和 COMPANY 表进行连接，查找出所有在"安排过'大金龙'品牌车辆的驾驶员"；然后在雇员表中使用"NOT IN"或者"<>ANY"查询不在前述结果里面的员工即可。完整的 SQL 语句如下：

```
SELECT Eno, Ename
FROM  EMP
WHERE Eno  NOT IN 或  <>ANY (
SELECT  Eno
FROM  SCHEDULE, CAR
    WHERE  SCHEDULE.Cno = CAR.Cno  AND  Brand = '大金龙' );
```

参考答案
【问题 1】
(a) REFERENCES EMP(Eno)

(b) REFERENCES CAR(Cno)

(c) CHECK(Get_time(StartTime) BETWEEN '07:00:00' AND '18:00:00')

(d) Sno

【问题 2】
（1）(e) VIEW AudiSCHEDULE (Eno, Ename, Cno, Brand, StartTime, EndTime)

    (f) EMP.Eno = SCHEDULE.Eno AND CAR.Cno = SCHEDULE.Cno AND Brand='奥迪'

（2）(g) TRIGGER

    (h) UPDATE

    (i) Bonus = Bonus + Bonus_value(nrow. StartTime, nrow. EndTime)

    (j) BONUS. Eno= nrow. Eno

【问题 3】
（1）(k) CAR.Cno, Brand

    (l) COUNT(*) >= ALL

（2）(m) NOT IN 或 <>ANY （注：两者填其中一个即可）

    (n) SCHEDULE, CAR

    (o) SCHEDULE.Cno = CAR.Cno

试题三（共 15 分）

阅读下列说明，回答问题 1 至问题 3，将解答填入答题纸的对应栏内。

【说明】

某销售公司当前的销售业务为商城实体店销售。现该公司拟开展网络销售业务，需要开发一个信息化管理系统。请根据公司现有业务及需求完成该系统的数据库设计。

【需求描述】

（1）记录公司所有员工的信息。员工信息包括工号、身份证号、姓名、性别、出生日期和电话，并只登记一部电话。

（2）记录所有商品的信息。商品信息包括商品名称、生产厂家、销售价格和商品介绍。系统内部用商品条码唯一区别每种商品。一种商品只能放在一个仓库中。

（3）记录所有顾客的信息。顾客信息包括顾客姓名、身份证号、登录名、登录密码和电话号码。一位顾客只能提供一个电话号码。系统自动生成唯一的顾客编号。

（4）顾客登录系统之后，可以在网上商城购买商品。顾客可将选购的商品置入虚拟的购物车内，购物车可长期存放顾客选购的所有商品。顾客可在购物车内选择商品、修改商品数量后生成网购订单。订单生成后，由顾客选择系统提供的备选第三方支付平台进行电子支付，支付成功后系统需要记录唯一的支付凭证编号，然后由商城根据订单进行线下配送。

（5）所有的配送商品均由仓库统一出库。为方便顾客，允许每位顾客在系统中提供多组收货地址、收货人及联系电话。一份订单所含的多个商品可能由多名分拣员根据商品的所在仓库信息从仓库中进行分拣操作，分拣后的商品交由配送员根据配送单上的收货地址进行配送。

（6）新设计的系统要求记录实体店的每笔销售信息，包括营业员、顾客、所售商品及其数量。

【概念模型设计】

根据需求阶段收集的信息，设计的实体联系图（不完整）如图 3-1 所示。

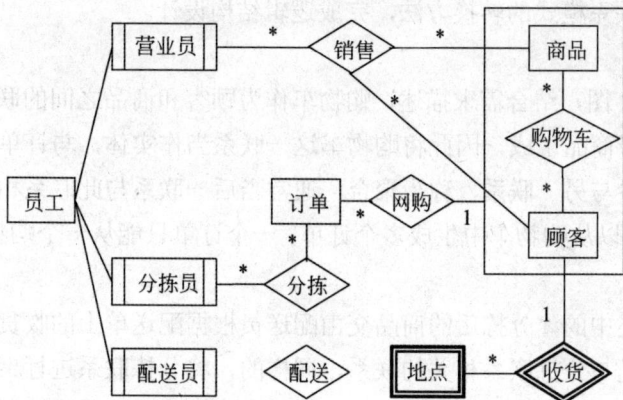

图 3-1　实体联系图

【逻辑结构设计】

根据概念模型设计阶段完成的实体联系图，得出如下关系模式（不完整）：

员工(工号,身份证号,姓名,性别,出生日期,电话)

商品(条码,商品名称,生产厂家,销售价格,商品介绍,＿＿＿(a)＿＿＿)

顾客(编号,姓名,身份证号,登录名,登录密码,电话)

收货地点(收货 ID,顾客编号,收货地址,收货人,联系电话)

购物车(顾客编号,商品条码,商品数量)

订单(订单 ID,顾客编号,商品条码,商品数量,＿＿＿(b)＿＿＿)

分拣(分拣 ID,分拣员工号,＿＿＿(c)＿＿＿,分拣时间)

配送(配送 ID,分拣 ID,配送员工号,收货 ID,配送时间,签收时间,签收快照)

销售(销售 ID,营业员编号,顾客编号,商品条码,商品数量)

【问题 1】（4 分）

补充图 3-1 中的"配送"联系所关联的对象及联系类型。

【问题 2】（6 分）

补充逻辑设计结果中的（a）、（b）、（c）三处空缺。

【问题 3】（5 分）

对于实体店销售，如要增加送货上门服务，由营业员在系统中下订单，与网购的订单进行后续的统一管理。请根据此需求，对图 3-1 进行补充，并修改订单关系模式。

试题三分析

本题考查数据库概念结构设计和逻辑结构设计。

此类题目要求考生认真阅读题目中的需求描述，配合已给出的 E-R 图，理解概念结构设计中设计者对实体及联系的划分和组织方法，结合需求描述完成 E-R 图中空缺部分，并使用 E-R 图向关系模式的转换方法，完成逻辑结构设计。

【问题 1】

根据所给 E-R 图，结合需求描述，购物车作为顾客和商品之间的联系，而订单由顾客从购物车中选择商品生成，因此将购物车这一联系当作实体，与订单实体产生联系。将联系当作实体参与另一联系，称为聚合，通常当后一联系与此联系相关时，采用这种设计方法。顾客可以从购物车中生成多个订单，一个订单只能从一个购物车里提取商品，属于一对多联系。

根据需求描述中的"分拣后的商品交由配送员根据配送单上的收货地址进行配送。"可以知道，配送是与分拣联系相关的联系，同样的，将分拣联系进行聚合，参与配送联系，同时参与配送联系的还有配送员和地点，为多对多对多联系，语义为配送员根据分拣结果按照收货地点进行配送，与需求相符。

【问题 2】

　　本问题考查 E-R 图向关系模式的转换。由于 E-R 图中没有画出实体及联系的属性，需要根据需求描述进行补充。根据需求中的"一种商品只能放在一个仓库中"和"一份订单所含的多个商品可能由多名分拣员根据商品的所在仓库信息从仓库中进行分拣操作"，可以确定"所在仓库"作为商品实体的属性，转入商品关系中。

　　订单关系由 E-R 图中的订单实体和一对多联系网购合并而成，取一方的主码，即购物车这一联系的主码，为参与该联系的实体的主码商品条码和顾客编号，加上网购联系的属性数量，并入到订单实体转成的关系模式中。订单 ID 为订单实体的标识符，订单实体的其他属性需要通过需求描述中获取。根据需求"订单生成后，由顾客选择系统提供的备选第三方支付平台进行电子支付，支付成功后系统需要记录唯一的支付凭证编号"，支付凭证编号应为订单的属性，转入订单关系中。

　　E-R 图中的分拣联系为分拣员与订单之间的多对多联系，转换成独立的分拣关系模式，应包含分拣员实体的标识符分拣员工号和订单实体的标识符订单 ID，及分拣联系的属性分拣时间。

【问题 3】

　　实体店的订单是营业员根据销售结果生成的，将销售联系聚合成实体，与订单产生联系。一笔销售对应一个订单，一个订单对应一笔销售，为一对一联系。转换为关系模式时，将此联系归入订单关系，即取销售的标识符销售 ID 加入到订单关系模式中。

参考答案

【问题 1】

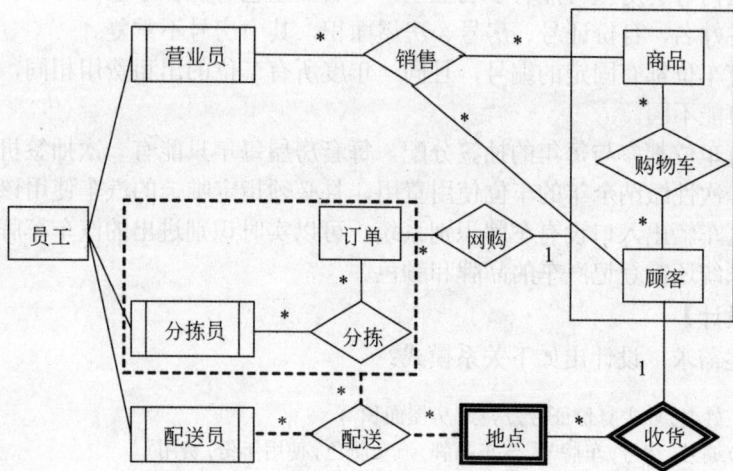

【问题 2】

　　（a）所在仓库　　（b）支付凭证　　（c）订单 ID

【问题 3】

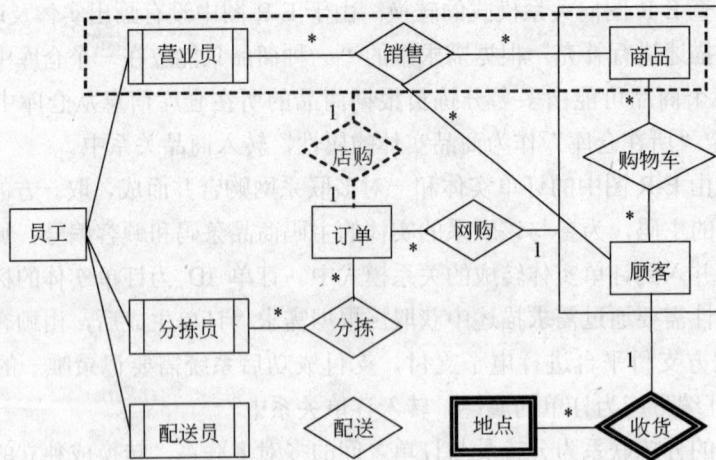

关系模式：订单（<u>订单 ID</u>，顾客编号，<u>商品条码</u>，商品数量，销售 ID）

试题四（共 15 分）

阅读下列说明，回答问题 1 至问题 3，将解答填入答题纸的对应栏内。

【说明】

某小区由于建设时间久远，停车位数量无法满足所有业主的需要，为公平起见，每年进行一次抽签来决定车位分配。小区物业拟建立一个信息系统，对停车位的使用和收费进行管理。

【需求描述】

（1）小区内每套房屋可能有多名业主，一名业主也可能在小区内有多套房屋。业主信息包括业主姓名、身份证号、房号、房屋面积，其中房号不重复。

（2）所有车位都有固定的编号，且同一年度所有车位的出租费用相同，但不同年份的出租费用可能不同。

（3）所有车位都参与每年的抽签分配。每套房屋每年只能有一次抽签机会。抽中车位的业主需一次性缴纳全年的车位使用费用，且必须指定唯一的汽车使用该车位。

（4）小区车辆出入口设有车牌识别系统，可以实时识别进出的汽车车牌号。为方便门卫确认，系统还需登记汽车的品牌和颜色。

【逻辑结构设计】

根据上述需求，设计出如下关系模式：

业主 (业主姓名, 业主身份证号, 房号, 房屋面积)

车位 (车位编号, 房号, 车牌号, 汽车品牌, 汽车颜色, 使用年份, 费用)

【问题 1】（6 分）

对关系"业主"，请回答以下问题：

（1）给出"业主"关系的候选键。

（2）它是否为 2NF，用 60 字以内文字简要叙述理由。

（3）将其分解为 BCNF，分解后的关系名依次为：A1，A2，…，并用下画线标示分解后的各关系模式的主键。

【问题 2】（6 分）

对关系"车位"，请回答以下问题：

（1）给出"车位"关系的候选键。

（2）它是否为 3NF，用 60 字以内文字简要叙述理由。

（3）将其分解为 BCNF，分解后的关系名依次为：B1，B2，…，并用下划线标示分解后的各关系模式的主键。

【问题 3】（3 分）

若临时车辆进入小区，按照进入和离开小区的时间进行收费（每小时 2 元）。试增加"临时停车"关系模式，用 100 字以内文字简要叙述解决方案。

试题四分析

本题考查数据库理论规范化及应用，属于比较传统的题目，考查点也与往年类似。

【问题 1】

本问题考查候选键和第二范式。

"业主"关系的候选键为：房号，业主身份证号。

分析"业主"关系的函数依赖可知：

房号，业主身份证号→业主姓名，业主身份证号，房号，房屋面积

根据第二范式的要求：每一个非主属性完全函数依赖于码，而根据 "业主"关系的函数依赖：

房号→房屋面积

可知，存在非主属性对候选键的部分依赖。所以，"业主"关系模式不满足第二范式。

分解后的关系模式为：

A1(房号,业主身份证号)

A2(房号,房屋面积)

A3(业主身份证号,业主姓名)

【问题 2】

本问题考查第三范式。

根据第三范式的要求：每一个非主属性既不部分依赖于码也不传递依赖于码。

"车位"关系的候选键为：（车位编号，使用年份），（房号，使用年份）或（车牌号，使用年份）

存在非主属性"汽车品牌"（或"汽车颜色"）对候选键"车位编号，使用年份"的传递依赖：（车位编号，使用年份）→车牌号，车牌号→汽车品牌。故（车位编号，使用年份）→汽车品牌，为传递依赖。

所以，"车位"关系模式不满足第三范式。

分解后的关系模式为：

B1(<u>使用年份</u>,费用)
B2(<u>车牌号</u>,汽车品牌,汽车颜色)
B3(<u>车位编号，使用年份</u>,房号,车牌号) 或
B3(<u>车位编号，使用年份，房号</u>,车牌号) 或
B3(<u>车位编号，使用年份，车牌号</u>,房号)

【问题 3】

本问题考查增加新的关系。

因为需要根据进入和离开小区的时间进行收费，所以在增加的"临时停车"关系模式中只需要体现车牌号、进入时间和离开时间即可，即增加的关系模式为：

临时停车(<u>车牌号</u>,进入时间,离开时间)

需要注意的是：这三个属性是必须有的，也可以出现其他属性。

参考答案

【问题 1】

对关系"业主"：

（1）候选键：（房号，业主身份证号）

（2）不是 2NF。候选键（房号，业主身份证号）部分决定非主属性"房屋面积"。

（3）分解后的关系模式：

A1(房号,业主身份证号)
A2(房号,房屋面积)
A3(业主身份证号,业主姓名)

【问题 2】

对关系"车位"：

（1）候选键：（车位编号，使用年份），（房号，使用年份），（车牌号，使用年份）
注：给出三个之一即可。

（2）不是 3NF。存在非主属性"汽车品牌"（或"汽车颜色"）对候选键"车位编号，使用年份"的传递依赖：（车位编号，使用年份）→车牌号，车牌号→汽车品牌。故（车位编号，使用年份）→汽车品牌，为传递依赖。

（3）分解后的关系模式：

B1(<u>使用年份</u>,费用)
B2(<u>车牌号</u>,汽车品牌,汽车颜色)
B3(<u>车位编号</u>,<u>使用年份</u>,房号,车牌号) 或
B3(<u>车位编号</u>,<u>使用年份</u>,<u>房号</u>,车牌号) 或
B3(<u>车位编号</u>,<u>使用年份</u>,<u>车牌号</u>,房号) 注：三个 B3 任一个均可。

【问题 3】

因为需要根据进入和离开小区的时间进行收费，所以在增加的"临时停车"关系模式中只需要体现车牌号，进入时间和离开时间即可，即增加的关系模式为：

临时停车(<u>车牌号</u>,进入时间,离开时间)。注：可以有其他属性

试题五（共 15 分）

阅读下列说明，回答问题 1 和问题 2，将解答填入答题纸的对应栏内。

【说明】

某图书馆的图书借还业务使用如下关系模式：

书目(<u>ISBN</u>,书名,出版社,在库数量)
图书(<u>书号</u>,<u>ISBN</u>,当前位置)

其中在库数量为当前书目可借出的图书的数量，每本图书入库后都会有当前位置，借出后当前位置字段改为空值。每一条书目信息对应多本相同的图书，每一本图书只能对应一条书目。

借还书业务的基本流程如下描述：

（1）读者根据书名查询书目，当前书目的在库数量大于 0 时可借阅。

（2）读者借出一本图书时，进行出库操作：根据该图书的书号将该图书的当前位置字段值改为空值，并根据其 ISBN 号将对应书目的在库数量减 1。

（3）读者归还一本图书时，进行入库操作：系统根据当前书架的空余位置自动生成该本书的存放位置，并根据该图书的书号将其当前位置字段值改为生成的存放位置，然后将对应书目的在库数量加 1。

（4）借还书时，逐一扫描每本图书的书号并进行出、入库操作。

【问题 1】（7 分）

引入两个伪指令：$a = R(X)$ 表示将在库数量 X 值读入到变量 a 中；W(a, X)表示将变量 a 的值写入到在库数量 X 中。入库操作用下标 I 表示，出库操作用下标 O 表示。

将出库和入库操作分别定义为两个事务，针对并发序列：$a_O=R_O(X)$, $a_I = R_I(X)$, $a_O = a_O-1$, $W_O(a_O, X)$, $a_I = a_I + 1$, $W_I(a_I, X)$。其中变量 a_I 和 a_O 分别代表入库事务和出库事务中的局部变量。

（1）假设当前 X 的值为 3，则执行完上述并发序列的伪指令后，X 的值是多少？简述产生这一错误的原因（100 字以内）。

（2）为了解决上述问题，引入独占锁指令 XLock(X)对数据 X 进行加锁，解锁指令 Unlock(X)对数据 X 进行解锁。入库操作用下标 I 表示，如 $XLock_I(X)$；出库操作用下标 O 表示，如 $Unlock_O(X)$。请根据上述的并发序列，给出一种可能的执行序列，使其满足 2PL 协议。

【问题 2】（8 分）

下面是用 SQL 实现的出入库业务程序的一部分，请补全空缺处的代码。

```
CREATE PROCEDURE IOstack(IN BookNo VARCHAR(20), IN Amount INT){
        //输入合法性验证
    if not (Amount = 1 or Amount = -1) return -1;
    //修改图书表当前位置
    UPDATE 图书 SET 当前位置 = GetPos(BookNo, Amount)//系统生成
    WHERE _____(a)_____ ;
            if error then { ROLLBACK; return -2;}
    //修改在库数量
    UPDATE 书目 SET 在库数量 = _____(b)_____
    WHERE EXISTS (
    SELECT *
    FROM 图书
    WHERE  书号 = BookNo  AND
        _____©_____ );
            if error then { ROLLBACK; return -3;}
    _____(d)_____ ;
    return 0;
}
```

试题五分析

本题考查事务并发控制知识的应用和事务程序的编写技能。

【问题 1】

（1）根据问题中给出的并发序列：" $a_O = R_O(X)$, $a_I = R_I(X)$, $a_O = a_O - 1$, $W_O(a_O, X)$, $a_I = a_I + 1$, $W_I(a_I, X)$ "及指令的说明，该序列为一个入库事务和一个出库事务的并发调度。X 的当前值为 3，执行完" $a_O = R_O(X)$, $a_I = R_I(X)$ "后，变量 a_O 和 a_I 的值均为 3；执行完" $a_O = a_O - 1$, $W_O(a_O, X)$ "后，X 的值被改为 2；执行完" $a_I = a_I + 1$, $W_I(a_I, X)$ "后，X 的值被改为 4，即并发序列执行完后 X 的值。

这两个事务分别是同一书目下两本书的出库和入库操作。根据事务并发正确性的判定，其正确的必要条件是与某一次串行的结果相同。在 X 当前值为 3 的情况下，出库一本书和入库一本书，两个事务两种串行方式下，其结果都为 3。因而题目给出的并发序列的执行结果是错误的。

错误原因在于出库事务的指令 "$W_O(a_O, X)$" 写入 X 的值后，被入库事务的指令 "$W_I(a_I, X)$" 所覆盖，即丢失修改错误，出库事务的修改丢失了。

（2）根据 2PL 协议的规定，在修改数据前需对该数据加独占锁，前提是在该数据上没有其他事务所加的锁，否则只能等待其他事务释放锁后再加锁。题目要求只加独占锁，因此出库事务的第一条语句 "$a_O = R_O(X)$" 前应有加锁语句 "$XLock_O(X)$"；入库事务第一条指令 "$a_I = R_I(X)$" 之前应有加锁语句 "$XLock_I(X)$"，但此时 X 上已有出库事务上的锁，故入库事务加锁被拒绝，只能等待，到出库事务释放锁之后才能加上锁，入库事务的后续指令才能得以执行。

【问题 2】

本问题将出入库两项操作使用同一程序完成，通过形参 Amount 的值（1 表示入库，-1 表示出库）进行区别。空缺（a）处应根据形参 BookNo 值确定要修改的图书记录。空缺（b）处为新的在库数量值，将形参 Amount 的值累加到在库数量上即可。空缺（c）处要通过当前图书记录确定要修改的书目记录。空缺（d）处应为提交指令。

参考答案

【问题 1】

（1）X 的值为 4。

该序列实现的是出库一本书和入库一本书两个事务的并发执行，其结果应该是 3。错误原因在于出库时 X 的值 2 被随后的入库操作改成了 4，出库操作的值被覆盖。这类问题称为丢失修改。

（2）加锁后的执行序列：$XLock_O(X)$，$XLock_I(X)$，$a_O = R_O(X)$，$a_O = a_O - 1$，$W_O(a_O, X)$，$Unlock_O(X)$，$a_I = R_I(X)$，$a_I = a_I + 1$，$W_I(a_I, X)$，$Unlock_I(X)$。

【问题 2】

（a）书号 = BookNo

（b）在库数量 + Amount

（c）图书.ISBN = 书目.ISBN

（d）COMMIT

第11章 2017上半年数据库系统工程师上午试题分析与解答

试题（1）

CPU 执行算术运算或者逻辑运算时，常将源操作数和结果暂存在 ___(1)___ 中。

（1）A．程序计数器（PC） B．累加器（AC）
　　　C．指令寄存器（IR） D．地址寄存器（AR）

试题（1）分析

本题考查计算机系统基础知识。

CPU 中常设置多个寄存器，其中，程序计数器的作用是保存待读取指令在内存中的地址，累加器是算逻运算单元中用来暂存源操作数和计算结果的寄存器，指令寄存器暂存从内存读取的指令，地址寄存器暂存要访问的内存单元的地址。

参考答案

（1）B

试题（2）

要判断字长为 16 位的整数 a 的低四位是否全为 0，则 ___(2)___ 。

（2）A．将 a 与 0x000F 进行"逻辑与"运算，然后判断运算结果是否等于 0
　　　B．将 a 与 0x000F 进行"逻辑或"运算，然后判断运算结果是否等于 F
　　　C．将 a 与 0xFFF0 进行"逻辑异或"运算，然后判断运算结果是否等于 0
　　　D．将 a 与 0xFFF0 进行"逻辑与"运算，然后判断运算结果是否等于 F

试题（2）分析

本题考查计算机系统基础知识。

在位级表示中，将 x 与 y 进行"逻辑与""逻辑或"和"逻辑异或"的结果如下表所示。

x	y	逻 辑 与	逻 辑 或	逻 辑 异 或
0	0	0	0	0
0	1	0	1	1
1	0	0	1	1
1	1	1	1	0

将整数 a 与 0x000F 进行"逻辑与"运算，则运算结果中高 12 位都为 0，而低 4 位则完全是 a 的低 4 位，所以"逻辑与"运算的结果为 0 则说明 a 的低 4 位为 0。

将整数 a 与 0x000F 进行"逻辑或"运算，则运算结果中高 12 位都保留的是 a 的高 12 位，而低 4 位则全为 1，所以"逻辑或"运算的结果不能判定 a 的低 4 位是否为 0。

将整数 a 与 0xFFF0 进行"逻辑异或"运算，则运算结果中高 12 位是将 a 的高 12 取反，而低 4 位则保留了 a 的低 4 位，所以"逻辑异或"运算的结果不能判定 a 的低 4 位是否为 0，因为高 12 位中可能有 0 有 1。

将整数 a 与 0xFFF0 进行"逻辑或"运算，则运算结果中高 12 位全是 1，而低 4 位则保留了 a 的低 4 位，所以"逻辑或"运算的结果不能判定 a 的低 4 位是否为 0，因为高 12 位全是 1。

参考答案

（2）A

试题（3）

计算机系统中常用的输入/输出控制方式有无条件传送、中断、程序查询和 DMA 方式等。当采用　(3)　方式时，不需要 CPU 执行程序指令来传送数据。

（3）A．中断　　　　　B．程序查询　　　　　C．无条件传送　　　　D．DMA

试题（3）分析

本题考查计算机系统基础知识。

中断方式、程序查询方式和无条件传送方式都是通过 CPU 执行程序指令来传送数据的，DMA 方式下是由 DMA 控制器直接控制数据的传送过程，CPU 需要让出对总线的控制权，并不需要 CPU 执行程序指令来传送数据。

参考答案

（3）D

试题（4）

某系统由下图所示的冗余部件构成。若每个部件的千小时可靠度都为 R，则该系统的千小时可靠度为　(4)　。

（4）A．$(1-R^3)(1-R^2)$　　　　　　　　　B．$(1-(1-R)^3)(1-(1-R)^2)$

　　　C．$(1-R^3)+(1-R^2)$　　　　　　　　D．$(1-(1-R)^3)+(1-(1-R)^2)$

试题（4）分析

本题考查计算机系统基础知识。

可靠度为 R_1 和 R_2 的两个部件并联后的可靠度为 $(1-(1-R_1)(1-R_2))$，这两个部件串联后的可靠度为 R_1R_2，因此图中所示系统的可靠度为 $(1-(1-R)^3)(1-(1-R)^2)$。

参考答案

（4）B

试题（5）

已知数据信息为 16 位，最少应附加 __(5)__ 位校验位，才能实现海明码纠错。

（5）A. 3　　　　　B. 4　　　　　C. 5　　　　　D. 6

试题（5）分析

本题考查计算机系统基础知识。

设数据位是 n 位，校验位是 k 位，则海明码中 n 和 k 必须满足以下关系：$2^k - 1 \geqslant n + k$。

若 $n = 16$，则 k 为 5 时可满足 $2^5 \geqslant 16 + 5$。

海明码的编码规则如下。

设 k 个校验位为 P_k，P_{k-1}，…，P_1，n 个数据位为 D_{n-1}，D_{n-2}，…，D_1，D_0，对应的海明码为 H_{n+k}，H_{n+k-1}，…，H_1，那么：

① P_i 在海明码的第 2^{i-1} 位置，即 $H_j = P_i$，且 $j = 2^{i-1}$；数据位则依序从低到高占据海明码中剩下的位置。

② 海明码中的任一位都是由若干个校验位来校验的。其对应关系如下：被校验的海明位的下标等于所有参与校验该位的校验位的下标之和，而校验位则由自身校验。

参考答案

（5）C

试题（6）

以下关于 Cache（高速缓冲存储器）的叙述中，不正确的是 __(6)__ 。

（6）A. Cache 的设置扩大了主存的容量

　　　B. Cache 的内容是主存部分内容的拷贝

　　　C. Cache 的命中率并不随其容量增大线性地提高

　　　D. Cache 位于主存与 CPU 之间

试题（6）分析

本题考查计算机系统基础知识。

高速缓存（Cache）是随着 CPU 与主存之间的性能差距不断增大而引入的，其速度比主存快得多，所存储的内容是 CPU 近期可能会需要的信息，是主存内容的副本，因此 CPU 需要访问数据和读取指令时要先访问 Cache，若命中则直接访问，若不命中再去访问主存。

评价 Cache 性能的关键指标是 Cache 的命中率，影响命中率的因素有其容量、替换算法、其组织方式等。Cache 的命中率随容量的增大而提高，其关系如下图所示。

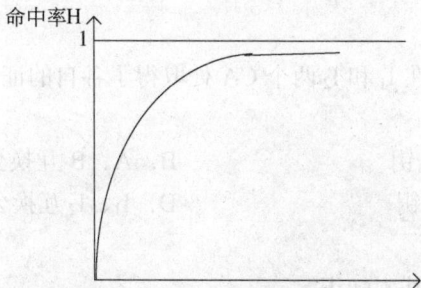

Cache 的设置不以扩大主存容量为目的，事实上也并没有扩大主存的容量。

参考答案

（6）A

试题（7）

HTTPS 使用___(7)___协议对报文进行封装。

（7）A．SSH　　　　　　B．SSL　　　　　C．SHA-1　　　　D．SET

试题（7）分析

本题考查 HTTPS 基础知识。

HTTPS（Hyper Text Transfer Protocol over Secure Socket Layer）是以安全为目标的 HTTP 通道，即使用 SSL 加密算法的 HTTP。

参考答案

（7）B

试题（8）

以下加密算法中适合对大量的明文消息进行加密传输的是___(8)___。

（8）A．RSA　　　　　　B．SHA-1　　　　C．MD5　　　　D．RC5

试题（8）分析

本题考查加密算法的基本知识。

根据题意，要求选出适合对大量明文进行加密传输的加密算法。备选项中的 4 种加密算法均能够对明文进行加密。

RSA 是一种非对称加密算法，由于加密和解密的密钥不同，因此便于密钥管理和分发，同时在用户或者机构之间进行身份认证方面有较好的应用；

SHA-1 是一种安全散列算法，常用于对接收到的明文输入产生固定长度的输出，来确保明文在传输过程中不会被篡改；

MD5 是一种使用最为广泛的报文摘要算法。

RC5 是一种用于对明文进行加密的算法，在加密速度和强度上，均较为合适，适用于大量明文进行加密并传输。

参考答案

（8）D

试题 (9)

假定用户 A、B 分别在 I_1 和 I_2 两个 CA 处取得了各自的证书，下面 __(9)__ 是 A、B 互信的必要条件。

(9) A. A、B 互换私钥
B. A、B 互换公钥
C. I_1、I_2 互换私钥
D. I_1、I_2 互换公钥

试题 (9) 分析

本题考查证书认证的基本知识。

用户可在一定的认证机构 (CA) 处取得各自能够认证自身身份的数字证书，与该用户在同一机构取得的数字证书可通过相互的公钥认证彼此的身份；当两个用户所使用的证书来自于不同的认证机构时，用户双方要相互确定对方的身份之前，首先需要确定彼此的证书颁发机构的可信度。即两个 CA 之间的身份认证，需交换两个 CA 的公钥以确定 CA 的合法性，然后再进行用户的身份认证。

参考答案

(9) D

试题 (10)

甲软件公司受乙企业委托安排公司软件设计师开发了信息系统管理软件，由于在委托开发合同中未对软件著作权归属作出明确的约定，所以该信息系统管理软件的著作权由 __(10)__ 享有。

(10) A. 甲　　　　 B. 乙　　　　 C. 甲与乙共同　　　　 D. 软件设计师

试题 (10) 分析

本题考查知识产权知识。

依照《计算机软件保护条例》的相关规定，计算机软件著作权的归属可以分为以下情况。

① 独立开发。

这种开发是最普遍的情况。此时，软件著作权当然属于软件开发者，即实际组织开发、直接进行开发，并对开发完成的软件承担责任的法人或者其他组织；或者依照自己具有的条件独立完成软件开发，并对软件承担责任的自然人。

② 合作开发。

由两个以上的自然人、法人或者其他组织合作开发的软件，一般是合作开发者签定书面合同约定软著作权归属。如果没有书面合同或者合同并未明确约定软件著作权的归属，合作开发的软件如果可以分割使用的，开发者对各自开发的部分可以单独享有著作权；但是行使著作权时，不得扩展到合作开发的软件整体的著作权。如果合作开发的软件不能分割使用，其著作权由各合作开发者共同享有，通过协商一致行使；不能协商一致，又无正当理由的，任何一方不得阻止他方行使除转让权以外的其他权利，但是所提收益应当合理分配给所有合作开发者。

③ 委托开发。

接受他人委托开发的软件，一般也是由委托人与受托人签订书面合同约定该软件著作权的归属；如无书面合同或者合同未作明确约定的，则著作权人由受托人享有。

④ 国家机关下达任务开发。

由国家机关下达任务开发的软件，一般是由国家机关与接受任务的法人或者其他组织依照项目任务书或者合同规定来确定著作权的归属与行使。这里需要注意的是，国家机关下达任务开发，接受任务的人不能是自然人，只能是法人或者其他组织。但如果项目任务书或者合同中未作明确规定的，软件著作权由接受任务的法人或者其他组织享有。

⑤ 职务开发。

自然人在法人或者其他组织中任职期间所开发的软件有下列情形之一的，该软件著作权由该法人或者其他组织享有。首先，针对本职工作中明确指定的开发目标所开的软件；还有，开发的软件是从事本职工作活动所预见的结果或者自然的结果；最后，主要使用了法人或者其他组织的资金、专用设备、未公开的专门信息等物质技术条件所开发并由法人或者其他组织承担责任的软件。但该法人或者其他组织可以对开发软件的自然人进行奖励。

⑥ 继承和转让。

软件著作权是可以继承的。软件著作权是属于自然人的，该自然人死亡后，在软件著作权的保护期内，软件著作权法的继承人可以依照继承法的有关规定，继承除署名权以外的其他软件著作权权利，包括人身权利和财产权利。软件著作权属于法人或者其他组织的，法人或者其他组织变更、终止后，其著作权在条例规定的保护期内由承受其权利义务的法人或者其他组织享有；没有承受其权利义务的法人或者其他组织的，由国家享有。

参考答案

（10）A

试题（11）

根据我国商标法，下列商品中必须使用注册商标的是　__(11)__　。

（11）A．医疗仪器　　　B．墙壁涂料　　　C．无糖食品　　　　D．烟草制品

试题（11）分析

本题考查法律法规知识。

我国商标法第六条规定："国家规定必须使用注册商标的商品，必须申请商标注册，未经核准注册的，不得在市场销售。"

目前根据我国法律法规的规定必须使用注册商标的是烟草类商品。

参考答案

（11）D

试题（12）

甲、乙两人在同一天就同样的发明创造提交了专利申请，专利局将分别向各申请人

通报有关情况，并提出多种可能采用的解决办法。下列说法中，不可能采用___(12)___。

(12) A. 甲、乙作为共同申请人

　　 B. 甲或乙一方放弃权利并从另一方得到适当的补偿

　　 C. 甲、乙都不授予专利权

　　 D. 甲、乙都授予专利权

试题（12）分析

本题考查知识产权知识。

专利权是一种具有财产权属性的独占权以及由其衍生出来和相应处理权。专利权人的权利包括独占实施权、转让权、实施许可权、放弃权和标记权等。专利权人对其拥有的专利权享有独占或排他的权利，未经其许可或者出现法律规定的特殊情况，任何人不得使用，否则即构成侵权。这是专利权（知识产权）最重要的法律特点之一。

参考答案

(12) D

试题（13）

数字语音的采样频率定义为 8kHz，这是因为___(13)___。

(13) A. 语音信号定义的频率最高值为 4 kHz

　　 B. 语音信号定义的频率最高值为 8 kHz

　　 C. 数字语音传输线路的带宽只有 8 kHz

　　 D. 一般声卡的采样频率最高为每秒 8k 次

试题（13）分析

本题考查多媒体基础知识。

语音信号频率范围是 300Hz～3.4kHz，也就是不超过 4kHz，按照奈奎斯特定律，要保持话音抽样以后再恢复时不失真，最低抽样频率是 2 倍的最高频率，即 8kHz 就可以保证信号能够正确恢复，因此将数字语音的采样频率定义为 8kHz。

参考答案

(13) A

试题（14）

使用图像扫描仪以 300DPI 的分辨率扫描一幅 3×4 平方英寸的图片，可以得到___(14)___像素的数字图像。

(14) A. 300×300　　　　 B. 300×400　　　　 C. 900×4　　　　 D. 900×1200

试题（14）分析

本题考查多媒体基础知识。

$3*300*4*300=900*1200$。

参考答案

(14) D

试题（15）、（16）

某软件项目的活动图如下图所示，其中顶点表示项目里程碑，连接顶点的边表示包含的活动，边上的数字表示活动的持续时间（天），则完成该项目的最少时间为　(15)　天。活动 BD 和 HK 最早可以从第　(16)　天开始。（活动 AB、AE 和 AC 最早从第 1 天开始）

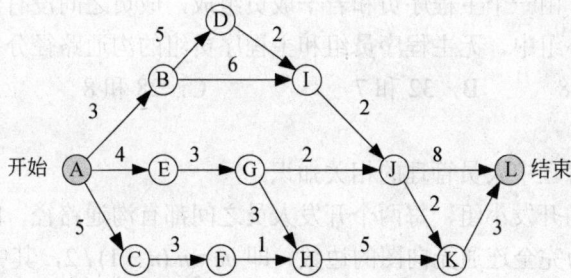

（15）A．17　　　　　　　B．18　　　　　　　C．19　　　　　　　D．20
（16）A．3 和 10　　　B．4 和 11　　　　C．3 和 9　　　　D．4 和 10

试题（15）、（16）分析

本题考查软件项目管理的基础知识。

活动图是描述一个项目中各个工作任务相互依赖关系的一种模型，项目的很多重要特性可以通过分析活动图得到，如估算项目完成时间，计算关键路径和关键活动等。

根据上图计算出关键路径为 A-B-D-I-J-L，其长度为 20。

活动弧 BD 对应的活动的最早开始时间为第 4 天。活动弧 HK 对应活动的最早开始时间为第 11 天。

参考答案

（15）D　　（16）B

试题（17）、（18）

在采用结构化开发方法进行软件开发时，设计阶段接口设计主要依据需求分析阶段的　(17)　。接口设计的任务主要是　(18)　。

（17）A．数据流图　　　　B．E-R 图　　　　C．状态-迁移图　　D．加工规格说明
（18）A．定义软件的主要结构元素及其之间的关系
　　　　B．确定软件涉及的文件系统的结构及数据库的表结构
　　　　C．描述软件与外部环境之间的交互关系，软件内模块之间的调用关系
　　　　D．确定软件各个模块内部的算法和数据结构

试题（17）、（18）分析

本题考查结构化分析与设计的相关知识。

结构化分析的输出是结构化设计的输入，设计活动依据分析结果进行。接口设计是描述软件与外部环境之间的交互关系，软件内模块之间的调用关系，而这些关系的依据主要是分析阶段的数据流图。

参考答案

（17）A   （18）C

试题（19）

在进行软件开发时，采用无主程序员的开发小组，成员之间相互平等；而主程序员负责制的开发小组，由一个主程序员和若干成员组成，成员之间没有沟通。在一个由 8名开发人员构成的小组中，无主程序员组和主程序员组的沟通路径分别是__（19）__。

（19）A．32 和 8   B．32 和 7   C．28 和 8   D．28 和 7

试题（19）分析

本题考查项目管理中人员管理的相关知识。

无主程序员组的开发小组，每两个开发人员之间都有沟通路径，因此，8 人组成的开发小组沟通路径为完全连通无向图的边数，即 $m = n(n-1)/2$，其中 n 和 m 分别表示图的顶点数和边数。当 $n=8$ 时，$m = 28$。

主程序员组中，除了主程序员外的每个开发人员只能和主程序员沟通，因此 8 人组成的开发小组的沟通路径 $8 - 1 = 7$。

参考答案

（19）D

试题（20）

在高级语言源程序中，常需要用户定义的标识符为程序中的对象命名，常见的命名对象有__（20）__。

①关键字（或保留字）   ②变量   ③函数   ④数据类型   ⑤注释

（20）A．①②③   B．②③④   C．①③⑤   D．②④⑤

试题（20）分析

本题考查程序语言基础知识。

在程序中，可由用户（程序员）命名的有变量、函数和数据类型。

参考答案

（20）B

试题（21）

在仅由字符 a、b 构成的所有字符串中，其中以 b 结尾的字符串集合可用正规式表示为__（21）__。

（21）A．(b|ab)*b   B．(ab*)*b   C．a*b*b   D．(a|b)*b

试题（21）分析

本题考查程序语言基础知识。

(b|ab)*b 表示的字符串集合为 {b, bb, abb, bbb, abab, bbbb, abbb, babb, ...}，除了以 b 结尾，还要求每个 a 后面至少有 1 个 b 的特点。

(ab*)*b 表示的字符串集合为 {b, ab, abb, aab, abbb, aaab, abab, ...}，除了以 b 结尾，

还要求以 a 开头的特点（除了仅有 1 个 b 的情形）。

a*b*b 表示的字符串集合为{b, ab, bb, abb, aab, bbb, abbb, aabb, aaab, bbbb, … }。

(a|b)*b 表示的字符串集合为{b, ab, bb, aab, abb, bab, bbb, aaab, aabb, abab, abbb, baab, babb, bbab,… }

参考答案

（21）D

试题（22）

在以阶段划分的编译过程中，判断程序语句的形式是否正确属于___(22)___阶段的工作。

（22）A. 词法分析　　　　　B. 语法分析　　　　　C. 语义分析　　　D. 代码生成

试题（22）分析

本题考查程序语言基础知识。

程序语言中的词（符号）的构成规则可由正规式描述，词法分析的基本任务就是识别出源程序中的每个词。

语法分析是分析语句及程序的结构是否符合语言定义的规范，对于语法正确的语句，语义分析是判断语句的含义是否正确，因此判断语句的形式是否正确时语法分析阶段的工作。

参考答案

（22）B

试题（23）

某计算机系统页面大小为 4K，进程的页面变换表如下所示。若进程的逻辑地址为 2D16H。该地址经过变换后，其物理地址应为___(23)___。

页号	物理块号
0	1
1	3
2	4
3	6

（23）A. 2048H　　　　　B. 4096H　　　　　C. 4D16H　　　　D. 6D16H

试题（23）分析

根据题意页面大小为 4K，逻辑地址为十六进制 2D16H 其页号为 2，页内地址为 D16H，查页表后可知物理块号为 4，该地址经过变换后，其物理地址应为物理块号 4 拼上页内地址 D16H，即十六进制 4D16H。

参考答案

（23）C

试题（24）

某系统中有 3 个并发进程竞争资源 R，每个进程都需要 5 个 R，那么至少有 __(24)__ 个 R，才能保证系统不会发生死锁。

（24）A. 12   B. 13   C. 14   D. 15

试题（24）分析

本题考查操作系统进程管理方面的基础知识。

选项 A 是错误的，因为假设系统为每个进程分配了 4 个资源，系统剩余数为 0，导致这 3 个进程互相都要求对方占用的资源无法继续运行，产生死锁。对选项 B 系统为每个进程分配了 4 个资源，还剩余 1 个，能保证 3 个进程中的一个进程运行完毕。当该进程释放其占有的资源，系统可用资源数为 5 个，能保证未完成的 2 个进程分别得到 1 个资源而运行完毕，故不会发生死锁。选项 C 和选项 D 虽然不会使系统发生死锁，但不满足"那么至少有几个该类资源，才能保证系统不会发生死锁"的题意。

参考答案

（24）B

试题（25）

以下关于 C/S（客户机/服务器）体系结构的优点的叙述中，不正确的是 __(25)__。

（25）A. 允许合理的划分三层的功能，使之在逻辑上保持相对独立

       B. 允许各层灵活地选用平台和软件

       C. 各层可以选择不同的开发语言进行并行开发

       D. 系统安装、修改和维护均只在服务器端进行

试题（25）分析

本题考查软件体系结构的相关知识。

三层 C/S 体系结构由逻辑上相互分离的表示层、业务层和数据层构成。其中表示层向客户提供数据，业务层实施业务和数据规则，数据层定义数据访问标准。该体系结构具有许多优点，如逻辑上相对独立，不同层可以用不同的平台、软件和开发语言，但是系统的安装、修改和维护在各层都可能进行。

参考答案

（25）D

试题（26）

在设计软件的模块结构时，__(26)__ 不能改进设计质量。

（26）A. 尽量减少高扇出结构

       B. 模块的大小适中

       C. 将具有相似功能的模块合并

       D. 完善模块的功能

试题（26）分析

本题考查软件设计的相关知识。

在软件设计中，人们总结了一些启发式原则，根据这些原则进行设计，可以设计出较高质量的软件系统。其中，模块的扇入扇出适中，模块大小适中以及完善模块功能都可以改进设计质量。而将相似功能的模块合并可能会降低模块内聚和提高模块之间的耦合，因此并不能改进设计质量。

参考答案

（26）C

试题（27）

在面向对象方法中，多态指的是__(27)__。

（27）A．客户类无需知道所调用方法的特定子类的实现

　　　　B．对象动态地修改类

　　　　C．一个对象对应多张数据库表

　　　　D．子类只能够覆盖父类中非抽象的方法

试题（27）分析

本题考查面向对象的基本知识。

多态的实现受到继承的支持，利用类的继承的层次关系，把具有通用功能的消息存放在高层次，而不同的实现这一功能的行为放在较低层次。当一个客户类对象发送通用消息请求服务时，它无需知道所调用方法的特定子类的实现，是根据接收对象的具体情况将请求的操作与实现的方法进行连接，即动态绑定，以实现在这些低层次上生成的对象给通用消息以不同的响应。

参考答案

（27）A

试题（28）

在数据库系统运行维护阶段，通过重建视图能够实现__(28)__。

（28）A．程序的逻辑独立性　　　　B．程序的物理独立性

　　　　C．数据的逻辑独立性　　　　D．数据的物理独立性

试题（28）分析

本题考查数据库系统原理的基本知识。

视图对应了数据库系统三级模式/两级映象中的外模式，重建视图即是修改外模式及外模式/模式映象，实现了数据的逻辑独立性，独立性是指数据的独立性，而不是程序的独立性。

参考答案

（28）C

试题（29）

数据库概念结构设计阶段是在 ___(29)___ 的基础上，依照用户需求对信息进行分类、聚集和概括，建立概念模型。

（29）A. 逻辑设计　　　B. 需求分析　　　C. 物理设计　　　D. 运行维护

试题（29）分析

本题考查数据库系统基本概念。

数据库概念结构设计阶段是在需求分析的基础上，依照需求分析中的信息要求，对用户信息加以分类、聚集和概括，建立信息模型，并依照选定的数据库管理系统软件，转换成为数据的逻辑结构，再依照软硬件环境，最终实现数据的合理存储。

参考答案

（29）B

试题（30）

数据模型通常由 ___(30)___ 三要素构成。

（30）A. 网状模型、关系模型、面向对象模型

　　　B. 数据结构、网状模型、关系模型

　　　C. 数据结构、数据操纵、关系模型

　　　D. 数据结构、数据操纵、完整性约束

试题（30）分析

本题考查的是数据库系统原理的基本知识。

数据模型是数据库中非常核心的内容。一般来讲，数据模型是严格定义的一组概念的集合。这些概念精确的描述了系统的静态特性、动态特性和完整性约束条件。因此数据模型通常由数据结构、数据操纵和完整性约束三要素构成。外模式、模式和内模式是数据库系统的三级模式结构。数据库领域中常见的数据模型有网状模型、层次模型、关系模型和面向对象模型，这些指的是数据模型的种类。实体、联系和属性是概念模型的三要素，概念模型又称为信息模型，是数据库中的一类模型，它和数据模型不同，是按用户的观点来对数据和信息建模的。

参考答案

（30）D

试题（31）

给定关系模式 R＜U, F＞，其中 U 为关系 R 的属性集，F 是 U 上的一组函数依赖，X、Y、Z、W 是 U 上的属性组。下列结论正确的是 ___(31)___ 。

（31）A. 若 $WX \rightarrow Y$，$Y \rightarrow Z$ 成立，则 $X \rightarrow Z$ 成立

　　　B. 若 $WX \rightarrow Y$，$Y \rightarrow Z$ 成立，则 $W \rightarrow Z$ 成立

　　　C. 若 $X \rightarrow Y$，$WY \rightarrow Z$ 成立，则 $XW \rightarrow Z$ 成立

D. 若 $X \to Y$，$Z \subseteq U$ 成立，则 $X \to YZ$ 成立

试题（31）分析

本题考查的是关系数据库理论方面的基础知识。

Armstrong 公理系统推导出下面三条推理规则：

选项 A 是错误的。若 $WX \to Y$，$Y \to Z$ 成立，但 $X \to Z$ 不一定为 F 所蕴涵。

选项 B 是错误的。若 $WX \to Y$，$Y \to Z$ 成立，但 $W \to Z$ 不一定为 F 所蕴涵。

选项 C 是正确的。该选项符合 Armstrong 公理系统的伪传递规则，因为若 $X \to Y$，$WY \to Z$ 成立，则 $XW \to Z$ 为 F 所蕴涵。

选项 D 是错误的。例如，假设学生关系为（学号，姓名，课程号，成绩），该关系的主键为（学号，课程号），其中学号能决定姓名，但是学号不能决定（姓名，课程号），学号也不能决定（姓名，成绩）。

参考答案

（31） C

试题（32）、（33）

在关系 $R(A_1, A_2, A_3)$ 和 $S(A_1, A_2, A_3)$ 上进行 $\pi_{A_1, A_4} \left(\sigma_{A_2 < '2017' \wedge A_4 = '95'} (R \bowtie S) \right)$ 关系运算，与该关系表达式等价的是 ___（32）___ 。

（32） A. $\pi_{1,4} \left(\sigma_{2 < '2017' \vee 4 = '95'} (R \bowtie S) \right)$

B. $\pi_{1,6} \left(\sigma_{2 < '2017'} (R) \bowtie \sigma_{3 = '95'} (S) \right)$

C. $\pi_{1,4} \left(\sigma_{2 < '2017'} (R) \bowtie \sigma_{6 = '95'} (S) \right)$

D. $\pi_{1,6} \left(\sigma_{2 = 4 \wedge 3 = 5} \left(\sigma_{2 < '2017'} (R) \times \sigma_{3 = '95'} (S) \right) \right)$

将该查询转换为等价的 SQL 语句如下：

```
SELECT DISTINCT A₁,A₄ FROM R,S WHERE R.A₂ <'2017'   (33)   ;
```

（33） A. OR S.A_4 < '95' OR R.A_2 = S.A_2 OR R.A_3 = S.A_3

B. AND S.A_4 < '95' OR R.A_2 = S.A_2 AND R.A_3 = S.A_3

C. AND S.A_4 < '95' AND R.A_2 = S.A_2 AND R.A_3 = S.A_3

D. OR S.A_4 < '95' AND R.A_2 = S.A_2 OR R.A_3 = S.A_3

试题（32）、（33）分析

本题考查的是关系代数表达式和 SQL 的等价性方面的基本知识。

试题（32）正确的选项为 D。$R \bowtie S$ 运算后的属性列为 R.A_1,R.A_2,R.A_3,S.A_4，其对应的列号分别为 1、2、3、4。$R \times S$ 运算后的属性列为 R.A_1,R.A_2,R.A_3,S.A_2,S.A_3,S.A_4，其对应的列号分别为 1、2、3、4、5、6。选项 A 是错误的，因为该选项选取条件 $\sigma_{2 < '2017' \vee 4 = '95'}$ 中的运算符 "$\vee$" 与题意不符，故为不正确的选项；选项 B 是错误的，因为该选项自然

连接后只有 4 个属性列，所以 $\pi_{1,6}$ 的投影列号 6 不存在；选项 C 是错误的，因为关系 $S(A_2,A_3,A_4)$只有 3 个属性列，而该选项中的 $\sigma_{6='95'}(S)$ 的选取条件列号 6 不存在，故为不正确的选项。

试题（33）正确的选项为 C。在关系 $R(A_1,A_2,A_3)$ 和 $S(A_2,A_3,A_4)$ 上进行关系运算可以看出，应该先进行 R×S 运算，然后在结果集中进行满足条件 " $R.A_2 < '2017' \wedge$ $S.A_4 < '95' \wedge R.A_3 = S.A_3$ " 的选取运算 σ，最后再进行属性 A_1,A_4 的投影运算 π。可见，选项 C 的转换结果符合题意。

参考答案

（32）D　　（33）C

试题（34）、（35）

给定关系模式 R < U,F >，U = {A,B,C,D,E}，F = {B→A，D→A，A→E，AC→B}，则 R 的候选关键字为 ___（34）___，分解 $\rho = \{R_1(ABCE),R_2(CD)\}$ ___（35）___。

（34）A. CD　　　　　B. ABD　　　　C. ACD　　　　　D. ADE

（35）A. 具有无损连接性，且保持函数依赖

B. 不具有无损连接性，但保持函数依赖

C. 具有无损连接性，但不保持函数依赖

D. 不具有无损连接性，也不保持函数依赖

试题（34）、（35）分析

本题考查的是关系数据库中候选关键字和关系模式的分解问题。

试题（34）的正确的选项为 A。根据求属性闭包的算法，可以求得$(CD)_F^+ = U$，而在 CD 中不存在一个真子集能决定全属性，故 CD 为 R 的候选码。

试题（35）的正确的选项为 D。在关系数据库基础理论的相关定义可知，关系模式 R < U,F > 的一个分解 $\rho = \{R_1(U_1,F_1),R_2(U_2,F_2)\}$ 具有无损连接的充分必要的条件是：$U_1 \cap U_2 \rightarrow (U_1 - U_2) \in F^+$ 或 $U_1 \cap U_2 \rightarrow (U_2 - U_1) \in F^+$。根据题意可知：

$R_1(ABCE) \cap R_2(CD) \rightarrow R_1(ABCE) - R_2(CD) \notin F^+$

$R_1(ABCE) \cap R_2(CD) \rightarrow R_2(CD) - R_1(ABCE) \notin F^+$

分解 $\rho = \{R_1(ABCE),R_2(CD)\}$ 不满足条件，故不具有无损连接性。

又因为 $F_1 = \{B\rightarrow A, A\rightarrow E, AC \rightarrow C\}$，$F_2 = \{\phi\}$，$F_1 \cup F_2 \neq F^+$ 故分解不保持函数依赖。

参考答案

（34）A　　（35）D

试题（36）、（37）

并发执行的三个事务 T_1、T_2 和 T_3，事务 T_1 对数据 D_1 加了共享锁，事务 T_2、T_3 分别对数据 D_2、D_3 加了排它锁，之后事务 T_1 对数据 ___（36）___；事务 T_2 对数据___（37）___。

（36）A．D_2、D_3 加排它锁都成功

　　　B．D_2、D_3 加共享锁都成功

　　　C．D_2 加共享锁成功，D_3 加排它锁失败

　　　D．D_2、D_3 加排它锁和共享锁都失败

（37）A．D_1、D_3 加共享锁都失败

　　　B．D_1、D_3 加共享锁都成功

　　　C．D_1 加共享锁成功，D_3 加排它锁失败

　　　D．D_1 加排它锁成功，D_3 加共享锁失败

试题（36）、（37）分析

本题考查的是数据库并发控制方面的基础知识。

在多用户共享的系统中，许多用户可能同时对同一数据进行操作，带来的问题是数据的不一致性。为了解决这一问题数据库系统必须控制事务的并发执行，保证数据库处于一致的状态，在并发控制中引入两种锁：排它锁（Exclusive Locks，简称 X 锁）和共享锁（Share Locks，简称 S 锁）。

排它锁又称为写锁，用于对数据进行写操作时进行锁定。如果事务 T 对数据 A 加上 X 锁后，就只允许事务 T 对读取和修改数据 A，其他事务对数据 A 不能再加任何锁，从而也不能读取和修改数据 A，直到事务 T 释放 A 上的锁。

共享锁又称为读锁，用于对数据进行读操作时进行锁定。如果事务 T 对数据 A 加上了 S 锁后，事务 T 就只能读数据 A 但不可以修改，其他事务可以再对数据 A 加 S 锁来读取，只要数据 A 上有 S 锁，任何事务都只能再对其加 S 锁读取而不能加 X 锁修改。

参考答案

（36）D　　（37）C

试题（38）

数据库概念结构设计阶段的工作步骤依次为　__(38)__　。

（38）A．设计局部视图→抽象→修改重构消除冗余→合并取消冲突

　　　B．设计局部视图→抽象→合并取消冲突→修改重构消除冗余

　　　C．抽象→设计局部视图→修改重构消除冗余→合并取消冲突

　　　D．抽象→设计局部视图→合并取消冲突→修改重构消除冗余

试题（38）分析

本题考查的是应试者对数据库系统基本概念掌握程度。

数据库概念结构设计阶段是在需求分析的基础上，依照需求分析中的信息要求，对用户信息加以分类、聚集和概括，建立信息模型，并依照选定的数据库管理系统软件，转换成为数据的逻辑结构，再依照软硬件环境，最终实现数据的合理存储。

概念结构设计工作步骤包括：选择局部应用、逐一设计分 E-R 图和 E-R 图合并，如下图所示。

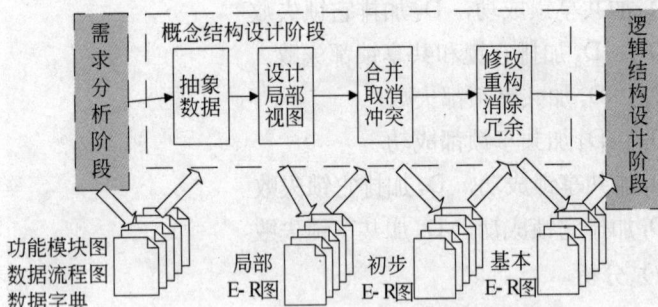

图　概念结构设计工作步骤

参考答案

（38）D

试题（39）

在数据传输过程中，为了防止被窃取可以通过　（39）　来实现的。

（39）A．用户标识与鉴别　　　B．存取控制　　　C．数据加密　　　D．审计

试题（39）分析

本题考查的是数据安全方面的基础知识。

在数据传输过程中，为了防止被窃取可以通过数据加密来实现的

参考答案

（39）C

试题（40）～（44）分析

在某企业的工程项目管理数据库中供应商关系 Supp、项目关系 Proj 和零件关系 Part 的 E-R 模型和关系模式如下：

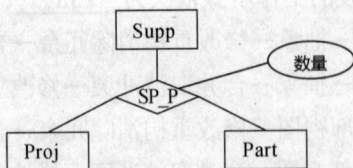

Supp (供应商号,供应商名,地址,电话)　　//供应商号唯一标识 Supp 中的每一个元组
Proj (项目号,项目名,负责人,电话)　　//项目号唯一标识 Proj 中的每一个元组
Part (零件号,零件名)　　//零件号唯一标识 Part 中的每一个元组

其中，每个供应商可以为多个项目供应多种零件，每个项目可以由多个供应商供应多种零件，每种零件可以由多个供应商供应给多个项目。SP_P 的联系类型为　（40）　，　（41）　。

(40) A. *:*:*　　　　　B. 1:*:*　　　　　C. 1:1:*　　　　　D. 1:1:1

(41) A. 不需要生成一个独立的关系模式

　　　B. 需要生成一个独立的关系模式，该模式的主键为（项目号，零件号，数量）

　　　C. 需要生成一个独立的关系模式，该模式的主键为（供应商号，数量）

　　　D. 需要生成一个独立的关系模式，该模式的主键为（供应商号，项目号，零件号）

给定关系模式 SP_P（供应商号，项目号，零件号，数量），查询至少给 3 个（包含 3 个）不同项目供应了零件的供应商，要求输出供应商号和供应零件数量的总和，并按供应商号降序排列。

```
SELECT  供应商号,SUM(数量)FROM SP_P
    (42)
    (43)
    (44)   ;
```

(42) A. ORDER BY 供应商号　　　　　　B. GROUP BY 供应商号

　　　C. ORDER BY 供应商号 ASC　　　　D. GROUP BY 供应商号 DESC

(43) A. WHERE 项目号 > 2

　　　B. WHERE COUNT(项目号) > 2

　　　C. HAVING (DISTINCT 项目号) > 2

　　　D. HAVING COUNT(DISTINCT 项目号) > 2

(44) A. ORDER BY 供应商号　　　　　　B. GROUP BY 供应商号

　　　C. ORDER BY 供应商号 DESC　　　　D. GROUP BY 供应商号 DESC

试题（40）～（44）分析

本题考查应试者对 SQL 语言的掌握程度。

试题（40）正确的选项是 A，试题（41）正确的选项是 D。根据题意"一个供应商可以为多个项目供应多种零件，每个项目可由多个供应商供应多种零件。"可知，SP_P 的联系类型为多对多对多（*:*:*），其 ER 模型如下图所示。而多对多对多的联系必须生成一个独立的关系模式，该模式是由多端的码即"供应商号""项目号""零件号"加上 SP_P 联系的属性"数量"构成。

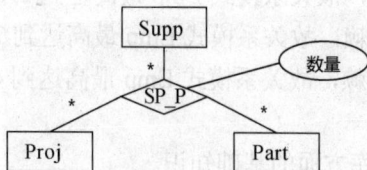

试题（42）正确的选项是 B，因为根据题意查询至少供应了 3 个项目（包含 3 项）的供应商，应该按照供应商号分组，而且应该加上条件项目号的数目。

试题（43）正确的选项是 D。一个供应商可能为同一个项目供应了多种零件，因此，在统计工程项目数的时候需要加上 DISTINCT，以避免重复统计导致错误的结果。

假如按供应商号='S1'分组，结果如表 1：

表 1　按供应商号='S1'分组

供 应 商 号	零 件 号	项 目 号	数　　量
S1	P1	J1	200
S1	P3	J1	400
S1	P3	J2	200
S1	P5	J2	100
S1	P1	J3	200
S1	P6	J3	300
S1	P3	J3	200

从表 1 我们可以看出，如果不加 DISTINCT，统计的数为 7，而加了 DISTINCT，统计的数是 3。

由于题目要求按供应商号降序排列，所以应采用"ORDER BY 供应商号 DESC"语句。这样试题（44）正确的答案是选项 C。

参考答案

（40）A　　（41）D　　（42）B　　（43）D　　（44）C

试题（45）、（46）

某企业的信息系统管理数据库中的员工关系模式为 Emp（员工号，姓名，部门号，岗位，联系地址，薪资），函数依赖集 F = {员工号→（姓名，部门号，岗位，联系地址），岗位→薪资}。Emp 关系的主键为　__(45)__　，函数依赖集 F　__(46)__　。

（45）A. 员工号，Emp 存在冗余以及插入异常和删除异常的问题

　　　 B. 员工号，Emp 不存在冗余以及插入异常和删除异常的问题

　　　 C.（员工号，岗位），Emp 存在冗余以及插入异常和删除异常的问题

　　　 D.（员工号，岗位），Emp 不存在冗余以及插入异常和删除异常的问题

（46）A. 存在传递依赖，故关系模式 Emp 最高达到 1NF

　　　 B. 存在传递依赖，故关系模式 Emp 最高达到 2NF

　　　 C. 不存在传递依赖，故关系模式 Emp 最高达到 3NF

　　　 D. 不存在传递依赖，故关系模式 Emp 最高达到 4NF

试题（45）、（46）分析

本题考查的是关系数据库方面的基础知识。

试题（45）正确的选项是 A。根据题意可知，员工号可以决定全属性，故员工号为 Emp 关系的主键。

试题（46）正确的选项是 B。由于"员工号→岗位""岗位→薪资"，按照 Armstrong 公理系统的传递规则，可得"员工号→薪资"，即存在传递依赖。依据排除法，选项 C、选项 D 都是不正确的选项。有由于该关系的主键只有一个属性，不存在属性对主键的部分函数依赖，故 Emp 关系模式最高达到 2NF。

参考答案

（45）A　（46）B

试题（47）

满足 BCNF 范式的关系　__(47)__ 。

（47）A. 允许属性对主键的部分依赖　　　　B. 能够保证关系的实体完整性

　　　C. 没有传递函数依赖　　　　　　　　D. 可包含组合属性

试题（47）分析

本题考查数据库中 BCNF 范式的基础知识。

是由 Boyce 和 Codd 提出的，比 3NF 又进了一步，也被称为修正的第三范式。第三范式的定义：关系模式 R<U, F>中若不存在这样的键 X，属性组 Y 及非主属性 Z，使得 X—>Y，Y—>Z 成立，(不存在 Y—>X)，则称 R<U, F>为 3NF。

即当 2NF（第二范式）消除了非主属性对键的传递函数依赖，则称为 3NF。

对 3NF 关系进行分解，可消除原关系中主属性对键的部分依赖和传递依赖，得到一组 BCNF 关系。

BCNF 范式关系没有传递依赖。

参考答案

（47）C

试题（48）

数据的物理存储结构，对于程序员来讲，　__(48)__ 。

（48）A. 如果采用数据库方式管理数据是可见的，如果采用文件方式管理数据是不可见的

　　　B. 如果采用数据库方式管理数据是不可见的，如果采用文件方式管理数据是可见的

　　　C. 如果采用数据库方式管理数据是可见的，如果采用文件方式管理数据是可见的

　　　D. 如果采用数据库方式管理数据是不可见的，如果采用文件方式管理数据是不可见的

试题（48）分析

本题考查数据存储方式的基础知识。

如果采用数据库方式管理数据，数据的物理存储结构由数据库来进行设置和处理，程序员无法更改具体的存储结构。相反，如果采用文件方式来管理数据，那么数据的物

理存储结构就需要程序员来进行设计和管理，存储结构自然也就对程序员可见。

参考答案

（48）B

试题（49）

在 SQL 中，用户 ___(49)___ 获取权限。

（49）A．只能通过数据库管理员授权

B．可通过对象的所有者执行 GRANT 语句

C．可通过自己执行 GRANT 语句

D．可由任意用户授权

试题（49）分析

本题考查数据库权限授予的基础知识。

数据库管理员（DBA）拥有数据库的最高权限，即数据库中的所有对象的所有权限，不需要授权。数据库对象的创建者（即所有者）具有该对象的所有权限。只有具有权限者才可授出该权限给其他用户。若 DBA 或对象所有者给某用户授权限时带有 With grant option 子句，则该用户获得权限后，可使用 GRANT 语句将该权限授予其他用户。

因此，用户获取权限只能通过拥有该权限且具授权权限的用户处获得。

参考答案

（49）B

试题（50）

保证并发调度的可串行化，是为了确保事务的 ___(50)___ 。

（50）A．原子性和一致性　　　　　　　B．原子性和持久性

C．隔离性和持久性　　　　　　　D．隔离性和一致性

试题（50）分析

本题考查数据库事务并发调度的基础知识。

事务应该具有 4 个属性：原子性、一致性、隔离性、持久性。这四个属性通常称为 ACID 特性。

原子性（Atomicity）。一个事务是一个不可分割的工作单位，事务中包括的诸操作要么都做，要么都不做。

一致性（Consistency）。事务必须是使数据库从一个一致性状态变到另一个一致性状态。一致性与原子性是密切相关的。

隔离性（Isolation）。一个事务的执行不能被其他事务干扰。即一个事务内部的操作及使用的数据对并发的其他事务是隔离的，并发执行的各个事务之间不能互相干扰。

持久性（Durability）。持久性也称永久性（permanence），指一个事务一旦提交，它对数据库中数据的改变就应该是永久性的。接下来的其他操作或故障不应该对其有任何影响。

可串行化调度可以保证事务的执行互不干扰，最终保证执行结果的一致性。

参考答案

（50）D

试题（51）

满足两阶段封锁协议的调度一定是　__(51)__　。

（51）A．无死锁的调度 　　　　　　　　 B．可串行化调度

　　　 C．可恢复调度 　　　　　　　　　 D．可避免级联回滚的调度

试题（51）分析

本题考查数据库两阶段封锁协议的基础知识。

两阶段封锁协议是由 Eswaran 等人在 1976 年提出的。

两阶段封锁协议的定义：每个事务的执行分为两个阶段：

· 增长阶段：事务可以获得锁，但不能释放锁；

· 缩减阶段：事务可以释放锁，但不能获得新锁。

对于一个事务而言，刚开始事务处于增长阶段，它可以根据需要获得锁；一旦该事务开始释放锁，它就进入了缩减阶段，就不能再发出加锁请求。

如果并行执行的所有事务均遵守两段锁协议，则这些事务的所有并行调度策略都是可串行化的。事务遵守两段锁协议是可串行化调度的充分条件，而不是必要条件。可串行化的调度中，不一定所有事务都必须符合两段锁协议。

参考答案

（51）B

试题（52）

下图中两个事务的调度属于　__(52)__　。

（52）A．可串行化调度 　　　　　　　　 B．串行调度

　　　 C．非可串行化调度 　　　　　　　 D．产生死锁的调度

T_1	T_2
read(A)	
A:=A+100	
write(A)	
	read(B)
	B:=B*0.2
	write(B)
read(B)	
B:=B-100	
write(B)	
	read(A)
	A:=A*0.3
	write(A)

试题（52）分析

本题考查事务调度和可串行化的基础知识。

调度：一个调度是各事务所有执行指令的一个执行序列，来源于任一事务 T 的任意两个指令在该序列中出现的顺序和它们在事务 T 中出现的顺序应保持一致。

串行调度：非交错的依此执行给定事务集合中的每一个事务的全部动作。

并发调度：交错执行各事务中操作的一个动作序列。

可串行化调度：如果一个并发调度可以通过将各事务中非冲突指令的执行顺序进行交换而变换成某个串行调度，则该调度是可串行化调度。

题中的调度无法通过非冲突指令的顺序交换变成串行调度，所以是非可串行化调度。

参考答案

（52）C

试题（53）

以下对数据库故障的描述中，不正确的是　(53)　。

（53）A．系统故障指软硬件错误导致的系统崩溃

　　　B．由于事务内部的逻辑错误造成该事务无法执行的故障属于事务故障

　　　C．可通过数据的异地备份来减少磁盘故障可能给数据库系统造成数据丢失

　　　D．系统故障一定会导致磁盘数据丢失

试题（53）分析

本题考查数据库故障的基础知识。

在数据库运行过程中，可能会出现各种各样的故障，这些故障主要有以下两类：事务故障和系统故障。

事务故障：某个事务在运行过程中由于种种原因未运行至正常终止状态。常见原因：事务内部逻辑错误、违反了某些完整性限制、运算溢出、并行事务发生死锁等。

系统故障：指软硬件错误导致的系统崩溃。由于某种原因造成整个系统的正常运行突然停止，致使所有正在运行的事务都以非正常方式终止。发生系统故障时，存储在外部存储设备上的数据不一定会受到影响。系统故障的常见原因：操作系统或 DBMS 代码错误、突然停电等。

发生系统故障时，存储在外部存储设备上的数据不一定会受到影响。

参考答案

（53）D

试题（54）

有两个关系模式 R(A, B, C, D) 和 S(A, C, E, G)，则 X = R×S 的关系模式是　(54)　。

（54）A．X(A, B, C, D, E, G)　　　　　　B．X(A, B, C, D)

　　　C．X(R.A, B, R.C, D, S.A, S.C, E, G)　　D．X(B, D, E, G)

试题（54）分析

本题考查数据库关系模式运算的知识。

题目中的×运算为笛卡儿积。结果模式应包含 R 和 S 中的所有属性，并且不去除重名属性。

参考答案

（54）C

试题（55）

给定关系模式 R < U, F >，其中属性集 U = { A, B, C, D, E, G, H }，函数依赖集 F = {A→B, AE→H, BG→DC, E→C, H→E }，下列函数依赖不成立的是　(55)　。

（55）A．A→AB　　　　B．H→C　　　　C．AEB→C　　D．A→BH

试题（55）分析

本题考查数据库函数依赖的基础知识。

函数依赖的定义：设 R(U) 是属性集 U={A_1，A_2，…，A_n}上的关系模式，X 和 Y 是 U 的子集。若对 R(U) 的任一具体关系 r 中的任意两个元组 t_1 和 t_2，只要 $t_1[X]=t_2[X]$ 就有 $t_1[Y]=t_2[Y]$。则称"X 函数确定 Y"或"Y 函数依赖于 X"，记作 X→Y。

对于选项 A，集合 AB 为 B 集合的子集，由于函数依赖集中有 A→B，而 A→A 一定成立，由合并规则，则 A→AB。

对于选项 B，在函数依赖集中，H→E，E→C，则 H→C。

对于选项 C，在函数依赖集中 AE→H，经过选项 B 的分析得 H→C，即可得到 AE→C，有由于 AE 为 AEB 的子集，那么 AEB→C。

选项 D，计算关于 F 的闭包为 AB，不包含 H，故 A→BH 不成立。

参考答案

（55）D

试题（56）

在日志中加入检查点，可　(56)　。

（56）A．减少并发冲突　　　　　　　　B．提高故障恢复的效率

　　　C．避免级联回滚　　　　　　　　D．避免死锁

试题（56）分析

本题考查数据库恢复的基础知识。

在日志中加入检查点，是 CHECH POINT 技术的核心。基本策略就是周期性的对日志做检查点，以避免故障恢复时检查整个日志。事务出现故障时，检查点前已提交的事务无需恢复。因此，可提升系统故障恢复的效率。

参考答案

（56）B

试题（57）、（58）

某销售公司需开发数据库应用系统管理客户的商品购买信息。该系统需记录客户的姓名、出生日期、年龄和身份证号信息，记录客户每次购买的商品名称和购买时间等信息。如果在设计时将出生日期和年龄都设定为客户实体的属性，则年龄属于 __(57)__，数据库中购买记录表中每条购买记录对应的客户必须在客户表中存在，这个约束属于 __(58)__。

（57）A．派生属性　　　B．多值属性　　　C．主属性　　　D．复合属性

（58）A．参与约束　　　　　　　　　　B．参照完整性约束

　　　 C．映射约束　　　　　　　　　　D．主键约束

试题（57）、（58）分析

本题考查数据库属性和约束的基础知识。

在数据库中属性分为以下几类：

① 原子属性：不能再划分为更小部分的属性。

② 复合属性：可以再划分为更小的部分的属性。

③ 多值属性：在某些情况下对某个特定实体而言，一个属性可能对应一组值。

④ 派生属性：这类属性的值可以从别的相关属性或实体派生出来（也就是可通过别的属性计算出来）。

本题中，如果出生日期和年龄都作为属性，年龄属性的值就可以通过当前日期和出生日期计算出来，所以是派生属性。

参照完整性约束属于表间规则。对于具有参照完整性约束的相关表，在更新、插入或删除记录时，如果只改其一不改其二，就会影响数据的完整性。

本题中，购买记录必须对应有客户记录存在，属于参照完整性约束。

参考答案

（57）A　（58）B

试题（59）、（60）

NULL 值在数据库中表示 __(59)__，逻辑运算 UNKNOWN OR TRUE 的结果是 __(60)__。

（59）A．空集　　　　　　　　　　　　B．零值

　　　 C．不存在或不知道　　　　　　　D．无穷大

（60）A．NULL　　　　　　　　　　　　B．UNKNOWN

　　　 C．TRUE　　　　　　　　　　　　D．FALSE

试题（59）、（60）分析

本题考查数据库数据类型和逻辑运算的基础知识。

数据库中的 NULL 表示"不存在或不知道"。

数据库逻辑运算符分为三种：AND（与）、NOT（非）、OR（或）

And：与运算，只有同为真时才为真。

Or：或运算，只有同为假时才为假。

NOT：非运算，意为取相反结果。

UNKNOWN OR TRUE 并非都为假，因此结果为 TURE。

参考答案

（59）C　　（60）C

试题（61）

CAP 理论是 NoSQL 理论的基础，下列性质不属于 CAP 的是　__(61)__　。

（61）A．分区容错性　　　　　　　　　　　B．原子性

　　　　C．可用性　　　　　　　　　　　　　D．一致性

试题（61）分析

本题考查 NoSQL 数据库的基础知识。

分布式系统的 CAP 理论：把分布式系统中的三个特性进行了如下归纳：

一致性（Consistency）：在分布式系统中的所有数据备份，在同一时刻有同样的值。

可用性（Availability）：集群中一部分节点出现故障时，集群整体是否还能响应客户端的读写请求。

分区容错性（Partition tolerance）：系统应该能持续提供服务，即使系统内部有分区丢失。

传统的 SQL 数据库的事务通常都是支持 ACID 的强事务机制。A 代表原子性；C 代表一致性；I 代表隔离性；D 表示持久化。

原子性是事务的四个特性之一，CAP 理论不包括原子性。

参考答案

（61）B

试题（62）

以下是并行数据库的四种体系结构，在　__(62)__　体系结构中，所有处理器共享一个公共的主存储器和磁盘。

（62）A．共享内存　　　B．共享磁盘　　　C．无共享　　　D．层次

试题（62）分析

本题考查校并行数据库的基本概念。

并行数据库要求尽可能的并行执行所有的数据库操作，从而在整体上提高数据库系统的性能。根据所在的计算机的处理器、内存及存储设备的相互关系，并行数据库可以归纳为三种基本的体系结构，即共享内存结构、共享磁盘结构和无共享结构。

共享内存结构包括多个处理器、一个全局共享的内存（主存储器）和多个磁盘存储，各个处理器通过高速通信网络与共享内存连接，并均可直接访问系统中的一个、多个或全部的磁盘存储，在系统中，所有的内存和磁盘存储均由多个处理器共享。

共享磁盘结构由多个具有独立内存（主存储器）的处理器和多个磁盘存储构成，各个处理器相互之间没有任何直接的信息和数据的交换，多个处理器和磁盘存储由高速通信网络连接，每个处理器都可以读写全部的磁盘存储。

无共享结构由多个完全独立的处理节点构成，每个处理节点具有自己独立的处理器、独立的内存（主存储器）和独立的磁盘存储，多个处理节点在处理器级由高速通信网络连接，系统中的各个处理器使用自己的内存独立地处理自己的数据。

参考答案

（62）A

试题（63）

数据仓库中的数据组织是基于___（63）___模型的。

（63）A．网状　　　　B．层次　　　　　　C．关系　　　　D．多维

试题（63）分析

本题考查数据仓库的基础知识。

数据仓库是一个面向主题的、集成的、不可更新的、随时间不断变化的数据集合，它用于支持企业或组织的决策分析处理。与传统的网状数据库、层次数据库和关系数据库不同，其数据组织是基于多维模型的，由一个事实表和多个维度表组成。

参考答案

（63）D

试题（64）、（65）

数据挖掘中分类的典型应用不包括___（64）___，___（65）___可以用于数据挖掘的分类任务。

（64）A．识别社交网络中的社团结构，即连接稠密的子网络

　　　　B．根据现有的客户信息，分析潜在客户

　　　　C．分析数据，以确定哪些贷款申请是安全的，哪些是有风险的

　　　　D．根据以往病人的特征，对新来的病人进行诊断

（65）A．EM　　　　　B．Apriori　　　　　C．K-means　　　　D．SVM

试题（64）、（65）分析

本题考查数据挖掘的相关知识。

数据挖掘的典型功能包括分类、聚类、关联规则和异常检测。

数据挖掘中要实现分类功能主要包含两个步骤：构建模型和应用模型。构建模型是采用训练数据基于某种分类算法构建分类模型；应用模型是首先采用测试数据对分类模型进行评估，然后对新的数据用分类模型预测数据的类型。数据的类型是事先已知的。根据以上叙述，选项 A 在社交网络中去寻找连接稠密的子网络不是分类应用。而选项 B 中分析潜在客户是在原有的客户信息之上，事先确定的类型是客户和不是客户。选项 C 分析贷款申请来预测哪些是安全或者有风险也是实现确定的类型。选项 D 是明显的分类

应用，根据现有的病人特征，预测新来的病人的信息。

考生应该了解数据挖掘的典型功能以及每类功能的典型算法。四个选项中，EM 和 K-means 是典型的聚类算法，Apriori 是关联规则算法，而 SVM 是一个典型的分类算法。

参考答案

（64）A　　（65）D

试题（66）

在浏览器地址栏输入一个正确的网址后，本地主机将首先在　（66）　中查询该网址对应的 IP 地址。

（66）A．本地 DNS 缓存　　　　　　　　B．本机 hosts 文件

　　　　C．本地 DNS 服务器　　　　　　　D．根域名服务器

试题（66）解析

本题考查 DNS 的基本知识。

DNS 域名查询的次序是：

本地的 hosts 文件→本地 DNS 缓存→本地 DNS 服务器→根域名服务器

参考答案

（66）B

试题（67）

下面关于 Linux 目录的描述中，正确的是　（67）　。

（67）A．Linux 只有一个根目录，用 "/root" 表示

　　　　B．Linux 中有多个根目录，用 "/" 加相应目录名称表示

　　　　C．Linux 中只有一个根目录，用 "/" 表示

　　　　D．Linux 中有多个根目录，用相应目录名称表示

试题（67）解析

本题考查 Linux 操作系统的基础知识。

在 Linux 操作系统中，只有一个根目录，根目录使用 "/" 来表示。根目录是一个非常重要的目录，其他的文件目录均有根目录衍生而来。

参考答案

（67）C

试题（68）

以下 IP 地址中，属于网络 10.110.12.29 / 255.255.255.224 的主机 IP 是　（68）　。

（68）A．10.110.12.0　　　　　　　　　　B．10.110.12.30

　　　　C．10.110.12.31　　　　　　　　　 D．10.110.12.32

试题（68）分析

本题考查 IP 地址相关基础知识。

10.110.12.29 / 255.255.255.224 的地址展开为：**0000 1010.0110 1110.0000 1100.0001**

1101，可分配主机地址范围为 10.110.12.1～10.110.12.30。

参考答案

（68）B

试题（69）

在异步通信中，每个字符包含 1 位起始位、7 位数据位和 2 位终止位，若每秒钟传送 500 个字符，则有效数据速率为__(69)__。

（69）A．500b/s   B．700b/s   C．3500b/s   D．5000b/s

试题（69）分析

本题考查异步传输协议基础知识。

每秒传送 500 字符，每字符 7 比特，故有效速率为 3500b/s。

参考答案

（69）C

试题（70）

以下路由策略中，依据网络信息经常更新路由的是__(70)__。

（70）A．静态路由   B．洪泛式   C．随机路由   D．自适应路由

试题（70）分析

本题考查路由策略基础知识。

静态路由是固定路由，从不更新除非拓扑结构发生变化；洪泛式将路由信息发送到连接的所有路由器，不利用网络信息；随机路由是洪范式的简化；自适应路由依据网络信息进行代价计算，依据最小代价实时更新路由。

参考答案

（70）D

试题（71）～（75）

The beauty of software is in its function, in its internal structure, and in the way in which it is created by a team. To a user, a program with just the right features presented through an intuitive and __(71)__ interface is beautiful. To a software designer, an internal structure that is partitioned in a simple and intuitive manner, and that minimizes internal coupling is beautiful. To developers and managers, a motivated team of developers making significant progress every week, and producing defect-free code, is beautiful. There is beauty on all these levels.

Our world needs software -- lots of software. Fifty years ago software was something that ran in a few big and expensive machines. Thirty years ago it was something that ran in most companies and industrial settings. Now there is software running in our cell phones, watches, appliances, automobiles, toys, and tools. And need for new and better software never __(72)__.

As our civilization grows and expands, as developing nations build their infrastructures, as developed nations strive to achieve ever greater efficiencies, the need for more and more software ___（73）___ to increase. It would be a great shame if, in all that software, there was no beauty.

We know that software can be ugly. We know that it can be hard to use, unreliable, and carelessly structured. We know that there are software systems whose tangled and careless internal structures make them expensive and difficult to change. We know that there are software systems that present their features through an awkward and cumbersome interface. We know that there are software systems that crash and misbehave. These are ___（74）___ systems. Unfortunately, as a profession, software developers tend to create more ugly systems than beautiful ones.

There is a secret that the best software developers know. Beauty is cheaper than ugliness. Beauty is faster than ugliness. A beautiful software system can be built and maintained in less time, and for less money, than an ugly one. Novice software developers don't understand this. They think that they have to do everything fast and quick. They think that beauty is ___（75）___. No! By doing things fast and quick, they make messes that make the software stiff, and hard to understand. Beautiful systems are flexible and easy to understand. Building them and maintaining them is a joy. It is ugliness that is impractical. Ugliness will slow you down and make your software expensive and brittle. Beautiful systems cost the least to build and maintain, and are delivered soonest.

（71）A. simple   B. hard   C. complex   D. duplicated

（72）A. happens   B. exists   C. stops   D. starts

（73）A. starts   B. continues   C. appears   D. stops

（74）A. practical   B. useful   C. beautiful   D. ugly

（75）A. impractical   B. perfect   C. time-wasting   D. practical

参考译文

软件之美在于它的功能、内部结构以及团队创建它的过程。对用户而言，通过直观、简单的界面呈现出恰当特性的程序就是美的。对软件设计者而言，被简单、直观地分割，并具有最小内部耦合的内部结构就是美的。对开发人员和管理者而言，每周都会取得重大进展，并且编写出无缺陷代码的具有活力的团队就是美的。美存在于所有这些层次之中。

人们需要软件——需要许多软件。50 年前，软件还只是运行在少量大型、昂贵的机器之上。30 年前，软件可以运行在大多数公司和工业环境之中。现在，移动电话、手表、电器、汽车、玩具以及工具中都运行有软件，并且对更新、更好的软件的需求永远不会停止。随着人类文明的发展和壮大，随着发展中国家不断构建基础设施，随着发达国家努力追求更高的效率，对越来越多的软件的需求不断增加。如果在所有这些软件之中，都没有美存在，这将会是一个很大的遗憾。

我们知道软件可能会是丑陋的。我们知道软件可能会难以使用、不可靠并且是粗制滥造的；我们知道有一些软件系统，其混乱、粗糙的内部结构使得对它们的更改既昂贵又困难；我们还见过那些通过笨拙、难以使用的界面展现其特性的软件系统；我们同样也见过那些易崩溃且行为不当的软件系统。这些都是丑陋的系统。糟糕的是，作为一种职业，软件开发人员所创建出来的美的东西却往往少于丑的东西。

最好的软件开发人员都知道一个秘密：美的东西比丑的东西创建起来更廉价，也更快捷。构建、维护一个美的软件系统所花费的时间、金钱都要少于丑的系统。软件开发新手往往不理解这一点。他们认为做每件事情都必须要快，他们认为美是不实用的。错！由于事情做得过快，他们造成的混乱致使软件僵化，难以理解。美的系统是灵活、易于理解的，构建、维护它们就是一种快乐。丑陋的系统才是不实用的。丑陋会降低你的开发速度，使你的软件昂贵而又脆弱。构建、维护美的系统所花费的代价最少，交付起来也最快。

参考答案

　　（71）A　　（72）C　　（73）B　　（74）D　　（75）A

第12章　2017 上半年数据库系统工程师下午试题分析与解答

试题一（共 15 分）

阅读下列说明和图，回答问题 1 至问题 4，将解答填入答题纸的对应栏内。

【说明】

某医疗器械公司作为复杂医疗产品的集成商，必须保持高质量部件的及时供应。为了实现这一目标，该公司欲开发一采购系统。系统的主要功能如下：

1．检查库存水平。采购部门每天检查部件库存量，当特定部件的库存量降至其订货点时，返回低存量部件及库存量。

2．下达采购订单。采购部门针对低存量部件及库存量提交采购请求，向其供应商（通过供应商文件访问供应商数据）下达采购订单，并存储于采购订单文件中。

3．交运部件。当供应商提交提单并交运部件时，运输和接收（S/R）部门通过执行以下三步过程接收货物：

（1）验证装运部件。通过访问采购订单并将其与提单进行比较来验证装运的部件，并将提单信息发给 S/R 职员。如果收货部件项目出现在采购订单和提单上，则已验证的提单和收货部件项目将被送去检验。否则，将 S/R 职员提交的装运错误信息生成装运错误通知发送给供应商。

（2）检验部件质量。通过访问质量标准来检查装运部件的质量，并将已验证的提单发给检验员。如果部件满足所有质量标准，则将其添加到接受的部件列表用于更新部件库存。如果部件未通过检查，则将检验员创建的缺陷装运信息生成缺陷装运通知发送给供应商。

（3）更新部件库存。库管员根据收到的接受的部件列表添加本次采购数量，与原有库存量累加来更新库存部件中的库存量。标记订单采购完成。

现采用结构化方法对该采购系统进行分析与设计，获得如图 1-1 所示的上下文数据流图和图 1-2 所示的 0 层数据流图。

【问题 1】（5 分）

使用说明中的词语，给出图 1-1 中的实体 E1～E5 的名称。

【问题 2】（4 分）

使用说明中的词语，给出图 1-2 中的数据存储 D1～D4 的名称。

【问题 3】（4 分）

根据说明和图中术语，补充图 1-2 中缺失的数据流及其起点和终点。

【问题 4】（2 分）

用 200 字以内文字，说明建模图 1-1 和图 1-2 时如何保持数据流图平衡。

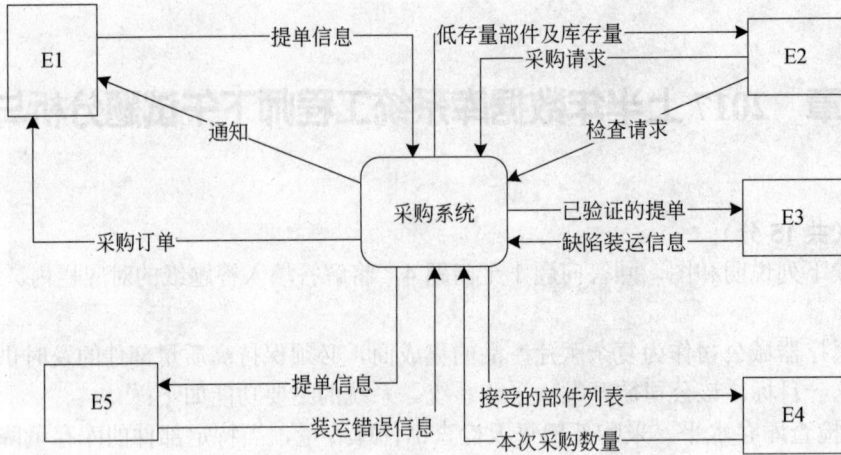

图 1-1　上下文数据流图

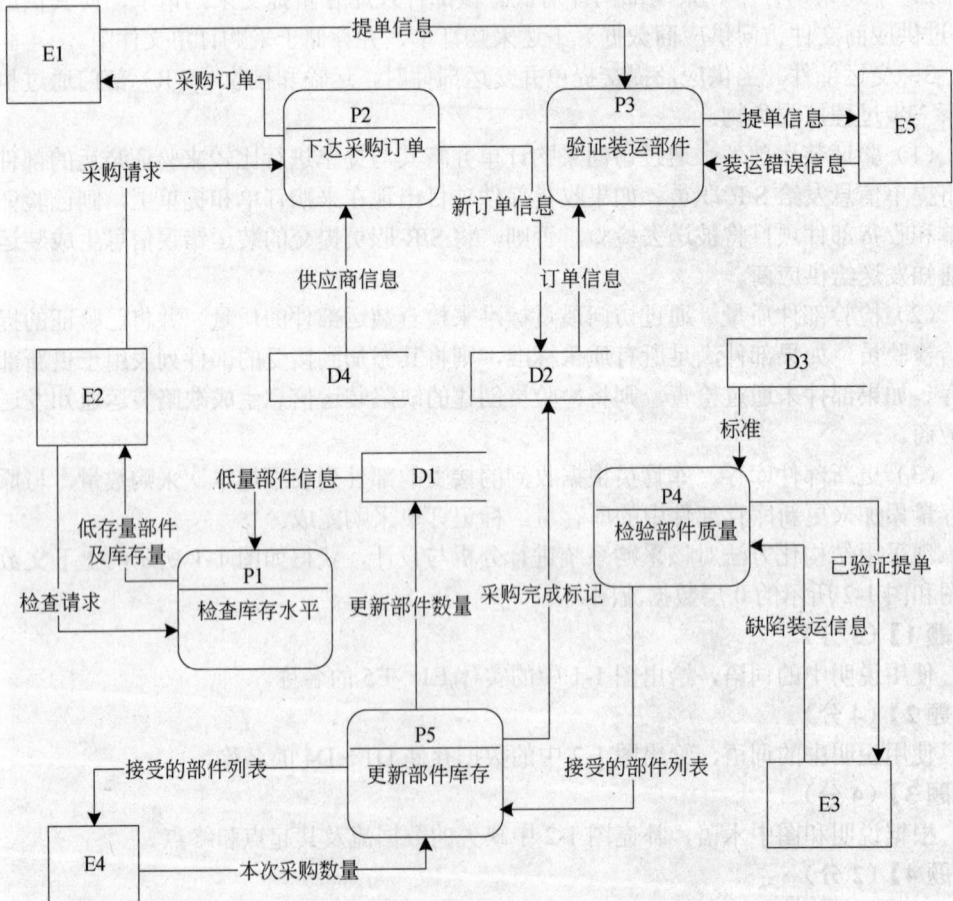

图 1-2　0 层数据流图

试题一分析

本题考查采用结构化方法进行系统分析与设计，主要考查数据流图（DFD）的应用，考点与往年类似，要求考生细心分析题目中所描述的内容。题干描述较为清晰，易于分析。

DFD 是面向数据流建模的结构化分析与设计方法的工具。DFD 将系统建模成输入、加工（处理）、输出的模型，即流入软件的数据对象经由加工进行转换，最后以结果数据对象的形式流出软件，并采用自顶向下分层且逐层细化的方式，建模不同详细程度的数据流图模型。

上下文数据流图（顶层 DFD）通常用来确定系统边界，将待开发系统看作一个大的加工，然后根据为系统提供输入数据流以及接受系统发送的数据流，来确定系统的外部实体，以及外部实体和加工之间的输入输出数据流。

在上下文图中确定系统外部实体以及与外部实体的输入输出数据流的基础上，将上下文 DFD 中的加工分解成多个加工，识别这些加工的输入数据流以及结果经加工变换后的输出数据流，建模 0 层 DFD。根据 0 层 DFD 中加工的复杂程度进一步建模加工的内容。

在建模分层 DFD 时，根据需求情况可以将数据存储建模在不同层次的 DFD 中。建模时，需要注意加工和数据流的正确使用，一个加工必须既有输入又有输出；数据流必须和加工相关，即从加工流向加工、数据源流向加工或加工流向数据源。注意在绘制下层数据流图时要保持父图与子图平衡。

【问题 1】

本问题考查上下文 DFD，要求确定外部实体。

在上下文 DFD 中，待开发系统的名称用"采购系统"作为唯一加工的名称，外部实体为该加工提供输入数据流或者接收其输出数据流。通过考查系统的主要功能发现，系统中涉及到供应商、采购部、检验员、库管员以及 S/R 职员。根据描述 1 中"采购部门每天检查部件库存量"，描述 2 中"向其供应商下达采购订单"、描述 3.（1）中"并将提单信息发给 S/R 职员"，3.（2）中"并将已验证的提单发给检验员"，以及 3.（3）中"库管员根据收到的接受的部件列表添加本次采购数量"等信息，对照图 1-1，从而即可确定 E1 为"供应商"实体，E2 为"采购部"实体，E3 为"检验员"实体，E4 为"库管员"实体，E5 为"S/R 职员"实体。

【问题 2】

本问题要求确定图 1-2 0 层数据流图中的数据存储。

重点分析说明中与数据存储有关的描述。说明 1 中"每天检查部件库存量"以及说明 3 的（3）中"与原有库存量累加来更新库存部件中的库存量"，可知 D1 为库存；说明 2 中"向其供应商（通过供应商文件访问供应商数据）下达采购订单，并存储于采购订单文件中"，可知 D2 为采购订单、D4 为供应商；说明 3 的（2）中"通过访问质量标准来检查装运部件的质量"，可知 D3 为质量标准。

【问题 3】

本问题要求补充缺失的数据流及其起点和终点。

对照图 1-1 和图 1-2 的输入、输出数据流，缺少了从加工到外部实体 E1（供应商）的数据流，即"通知"。根据描述，发给供应商的通知分为两种情况，一种是在验证装运部件时出现不符合采购订单和提单信息的情况下，"将 S/R 职员提交的装运错误信息生成装运错误通知发送给供应商"；另一种情况是在检验部件质量时，"如果部件未通过检查，则将检验员创建的缺陷装运信息生成缺陷装运通知发送给供应商"。所以缺少了两条数据流，加工"验证装运部件"流出的数据流"装运错误通知"和加工"检验部件质量"流出的数据流"缺陷装运通知"，这两条数据流的综合即为上下文 DFD 中的"通知"。

再考查说明中的功能来判定是否缺失内部的数据流，以及找出缺失的数据流。先考查说明 3 的（2）中"如果收货部件项目出现在采购订单和提单上，则已验证的提单和收货部件项目将被送去检验"，发现在图 1-2 中缺失，起点为"验证装运部件"，终点为"更新部件库存"。再考查说明 3 的（3）中"与原有库存量累加来更新库存部件中的库存量"，加工"更新部件库存"需要从数据存储"库存（D1）"中取出原有部件库存量，与"接收到的部件量"累加后得到"更新部件数量"更新库存部件中的库存量，图 1-2 中缺失了从 D1 到 P5 的数据流"原有部件库存量"。

【问题 4】

在自顶向下建模分层 DFD 时，会因为加工的细分而发生数据流分解的情况，需要注意保持数据流图之间的平衡（本题中图 1-1 和图 1-2）。父图中某加工的输入输出数据流必须与其子图的输入输出数据流在数量和名字上相同，或者父图中的一个输入（或输出）数据流对应子图中几个输入（或输出）数据流，而子图中组成这些数据流的数据项全体正好是父图中的这一条数据流。

参考答案

【问题 1】

E1：供应商　　E2：采购部　　　E3：检验员　　　　E4：库管员　　E5：S/R 职员

【问题 2】

D1：库存　　　D2：采购订单　　D3：质量标准　　　D4：供应商

（注：名称后面可以带有"文件"）

【问题 3】

数　据　流	起　　点	终　　点
装运错误通知	P3 或 验证装运部件	E1 或 供应商
缺陷装运通知	P4 或 检验部件质量	E1 或 供应商
原有部件库存量	D1 或 库存	P5 或 更新部件库存
已验证的提单信息	P3 或 验证装运部件	P4 或 检验部件质量

注：表中数据流顺序无关

【问题 4】

图 1-1（或父图）中某加工的输入输出数据流必须与图 1-2（或子图）的输入输出数据流在数量和名字上相同；图 1-1（或父图）中的一个输入（或输出）数据流对应于图 1-2（或子图）中几个输入（或输出）数据流，而图 1-2（或子图）中组成这些数据流的数据项全体正好是父图中的这一条数据流。

试题二（共 15 分）

阅读下列说明，回答问题 1 至问题 3，将解答填入答题纸的对应栏内。

【说明】

某房屋租赁公司拟开发一个管理系统用于管理其持有的房屋、租客及员工信息。请根据下述需求描述完成系统的数据库设计。

【需求描述】

1. 公司拥有多幢公寓楼，每幢公寓楼有唯一的楼编号和地址。每幢公寓楼中有多套公寓，每套公寓在楼内有唯一的编号（不同公寓楼内的公寓号可相同）。系统需记录每套公寓的卧室数和卫生间数。

2. 员工和租客在系统中有唯一的编号（员工编号和租客编号）。

3. 对于每个租客，系统需记录姓名、多个联系电话、一个银行账号（方便自动扣房租）、一个紧急联系人的姓名及联系电话。

4. 系统需记录每个员工的姓名、一个联系电话和月工资。员工类别可以是经理或维修工，也可兼任。每个经理可以管理多幢公寓楼。每幢公寓楼必须由一个经理管理。系统需记录每个维修工的业务技能，如：水暖维修，电工，木工等。

5. 租客租赁公寓必须和公司签定租赁合同。一份租赁合同通常由一个或多个租客（合租）与该公寓楼的经理签定，一个租客也可租赁多套公寓。合同内容应包含签定日期、开始时间、租期、押金和月租金。

【概念模型设计】

根据需求阶段收集的信息，设计的实体联系图（不完整）如图 2-1 所示。

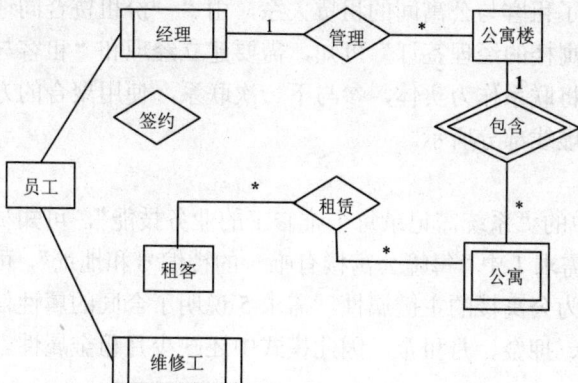

图 2-1　实体联系图

【逻辑结构设计】

根据概念模型设计阶段完成的实体联系图，得出如下关系模式（不完整）：

联系电话(电话号码,租客编号)

租客(租客编号,姓名,银行账号,联系人姓名,联系人电话)

员工(员工编号,姓名,联系电话,类别,月工资, (a))

公寓楼((b) ,地址,经理编号)

公寓(楼编号,公寓号,卧室数,卫生间数)

合同(合同编号,租客编号,楼编号,公寓号,经理编号,签订日期,起始日期,租期, (c) ,押金)

【问题 1】（4.5 分）

补充图 2-1 中的"签约"联系所关联的实体及联系类型。

【问题 2】（4.5 分）

补充逻辑结构设计中的（a）、（b）、（c）三处空缺。

【问题 3】（6 分）

在租期内，公寓内设施如出现问题，租客可在系统中进行故障登记，填写故障描述，每项故障由系统自动生成唯一的故障编号，由公司派维修工进行故障维修，系统需记录每次维修的维修日期和维修内容。请根据此需求，对图 2-1 进行补充，并将所补充的 ER 图内容转换为一个关系模式，请给出该关系模式。

试题二分析

本题考查数据库概念设计及逻辑设计中 E-R 图与关系模式的转换方法。

此类题目要求考生认真阅读题目中对需求问题的描述，用分类、聚集、概括等方法，来确定实体及其联系。题目已经给出了 6 个实体以及部分实体之间的联系，需要根据需求描述，将实体之间的联系补充完整。

【问题 1】

题目中已经给出了租客与公寓间的租赁关系，由"一份租赁合同通常由一个或多个租客（合租）与该公寓楼的经理签订"可知，需要建立经理和"租客与公寓间的租赁关系"之间的联系，即将联系作为实体，参与下一次联系，使用聚合的方法。因此，解答如参考答案所示图的虚线部分所示。

【问题 2】

从需求描述 4 中的"系统需记录每个维修工的业务技能"，可知员工的属性信息需要业务技能属性。由需求 1 中"每幢公寓楼有唯一的楼编号和地址"，可知楼编号是唯一的，不会重复，可作为公寓楼的主键属性。需求 5 说明了合同的属性信息中包含签订日期、开始时间、租期、押金、月租金，因此模式中还缺少月租金属性。完整的关系模式如下：

联系电话(电话号码,租客编号)

租客(租客编号,姓名,银行账号,联系人姓名,联系人电话)

员工(员工编号,姓名,联系电话,类别,月工资,业务技能)

公寓楼(楼编号 ,地址,经理编号)

公寓(楼编号,公寓号,卧室数,卫生间数)

合同(合同编号,租客编号,楼编号,公寓号,经理编号,签订日期,起始日期,租期, 月租金 ,押金)

【问题 3】

此题 E-R 图不唯一,这里给出两种备选的解答。

答案一:由"公寓内设施如出现问题,租客可在系统中进行故障登记",但公寓出现问题的次数不止一次,可知租客和公寓之间存在着 m:n 联系。系统故障生成之后会派维修工进行维修,因此可建立维修工和特定故障记录之间的联系。

答案二:也可直接建立租客、公寓和维修工之间的三元联系。

参考答案

【问题 1】补充内容如图 2-2 中虚线所示。

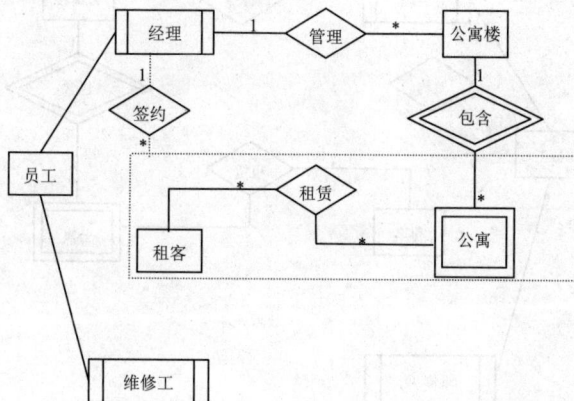

图 2-2

【问题 2】

(a)业务技能

(b)楼编号

(c)月租金

【问题 3】

ER 图的补充方式不唯一,补充内容如图 2-3 或图 2-4 中的虚线所示。

关系模式:维修记录(故障编号,租客编号,楼编号,公寓号,故障描述,员工编号,维修日期,维修内容)

备注:此联系名称能够合理表达需求即可。

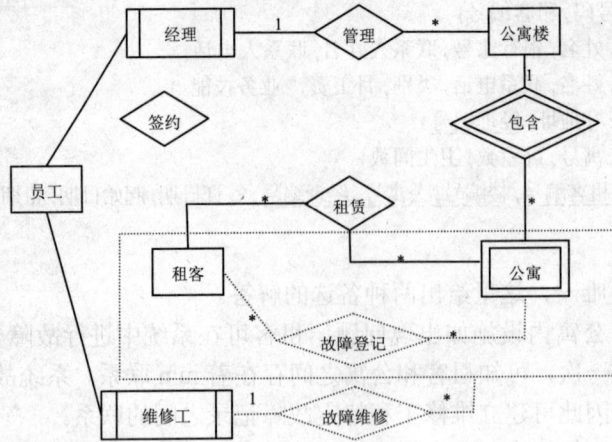

图 2-3 ER 图一

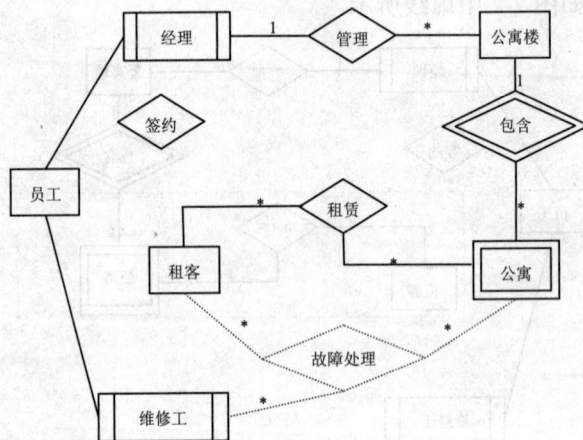

图 2-4 ER 图二

试题三（共 15 分）

阅读下列说明，回答问题 1 至问题 3，将解答填入答题纸的对应栏内。

【说明】

某社会救助基金会每年都会举办多项社会公益救助活动，需要建立一个信息系统，对之进行有效管理。

【需求描述】

1. 任何一个实名认证的个人或者公益机构都可以发起一项公益救助活动，基金会需要记录发起者的信息。如果发起者是个人，需要记录姓名、身份证号和一部电话号码；如果发起者是公益机构，需要记录机构名称、统一社会信用代码、一部电话号码、唯一的法人代表身份证号和法人代表姓名。一个自然人可以是多个机构的法人代表。

2．公益救助活动需要提供翔实的资料供基金会审核，包括被捐助人姓名、身份证号、一部电话号码、家庭住址。

3．基金会审核并确认项目后，发起公益救助的个人或机构可以公开宣传并募捐，募捐得到的款项进入基金会账户。

4．发起公益救助的个人或机构开展救助行动，基金会根据被捐助人所提供的医疗发票或其他信息，直接将所筹款项支付给被捐助者。

5．救助发起者针对任一被捐助者的公益活动只能开展一次。

【逻辑结构设计】

根据上述需求，设计出如下关系模式：

公益活动（发起者编号，被捐助者身份证号，发起者电话号码，发起时间，结束时间，募捐金额），其中对于个人发起者，发起者编号为身份证号；对于机构发起者，发起者编号为统一社会信用代码

个人发起者（姓名，身份证号，电话号码）

机构发起者（机构名称，统一社会信用代码，电话号码，法人代表身份证号，法人代表姓名）

被捐助者（姓名，身份证号，电话号码，家庭住址）

【问题 1】（6 分）

对关系"机构发起者"，请回答以下问题：

（1）列举出所有候选键。

（2）它是否为 3NF，用 100 字以内文字简要叙述理由。

（3）将其分解为 BC 范式，分解后的关系名依次为：机构发起者 1，机构发起者 2，……并用下画线标示分解后的各关系模式的主键。

【问题 2】（6 分）

对关系"公益活动"，请回答以下问题：

（1）列举出所有候选键。

（2）它是否为 2NF，用 100 字以内文字简要叙述理由。

（3）将其分解为 BC 范式，分解后的关系名依次为：公益活动 1，公益活动 2，……并用下画线标示分解后的各关系模式的主键。

【问题 3】（3 分）

基金会根据被捐助人提供的医疗发票或其他信息，将所筹款项支付给被捐助者。可能存在分期多次支付的情况，为了统计所筹款项支付情况（详细金额和时间），试增加"支付记录"关系模式，用 100 字以内文字简要叙述解决方案。

试题三分析

本题考查数据库理论的规范化，属于比较传统的题目。

【问题 1】

本问题考查候选键和第三范式。

"机构发起者"关系的候选键为：统一社会信用代码。

分析"机构发起者"关系的函数依赖可知：存在非主属性"法人代表姓名"对候选

键"统一社会信用代码"的传递依赖：统一社会信用代码→法人代表身份证号，法人代表身份证号→法人代表姓名。所以统一社会信用代码→法人代表姓名，为传递依赖。所以，"机构发起者"关系模式不满足第三范式。

分解后的关系模式为：

机构发起者 1(机构名称, 统一社会信用代码, 电话号码, 法人代表身份证号)

机构发起者 2(法人代表身份证号, 法人代表姓名)

【问题 2】

本问题考查候选键和第二范式。

"公益活动"关系的候选键为：（发起者编号，被捐助者身份证号）。

候选键（发起者编号，被捐助者身份证号）部分决定非主属性"发起者电话号码"。所以，"公益活动"关系模式不满足第二范式。

分解后的关系模式为：

公益活动 1(发起者编号, 被捐助者身份证号, 发起时间, 结束时间, 募捐金额)

因为"发起者电话号码"已在个人发起者和机构发起者中出现，所以无需再用关系模式处理。

【问题 3】

本问题考查新关系的增加。

因为需要针对每个公益活动，统计每次支付的金额和时间，所以在增加的"支付记录"关系模式中需要体现发起者编号、被捐助者身份证号、金额和时间，从而确定新增加的关系模式为：

支付记录(发起者编号, 被捐助者身份证号, 金额, 时间)

参考答案

【问题 1】

对关系"机构发起者"：

（1）候选键：统一社会信用代码

（2）不是 3NF。存在非主属性"法人代表姓名"对候选键"统一社会信用代码"的传递依赖：统一社会信用代码→法人代表身份证号，法人代表身份证号→法人代表姓名。所以统一社会信用代码→法人代表姓名，为传递依赖。

（3）分解后的关系模式：

机构发起者 1(机构名称, 统一社会信用代码, 电话号码, 法人代表身份证号)

机构发起者 2(法人代表身份证号, 法人代表姓名)

【问题 2】

对关系"公益活动":

(1) 候选键:(发起者编号,被捐助者身份证号)

(2) 不是 2NF。　候选键(发起者编号,被捐助者身份证号)部分决定非主属性"发起者电话号码"。

(3) 分解后的关系模式:

公益活动 1(<u>发起者编号,被捐助者身份证号</u>,发起时间,结束时间,募捐金额)

"发起者电话号码"已在个人发起者和机构发起者中出现,无需再用关系模式处理。

【问题 3】

因为需要针对每个公益活动,统计每次支付的金额和时间,所以在增加的"支付记录"关系模式中需要体现发起者编号、被捐助者身份证号、金额和时间,即增加的关系模式为:

支付记录(发起者编号,被捐助者身份证号,金额,时间)

试题四（共 15 分）

阅读下列说明,回答问题 1 至问题 5,将解答填入答题纸的对应栏内。

【说明】

某公司要对其投放的自动售货机建立商品管理系统,其数据库的部分关系模式如下:

售货机:VEM(<u>VEMno</u>, Location),各属性分别表示售货机编号、部署地点;

商品:GOODS(<u>Gno</u>, Brand, Price),各属性分别表示商品编号、品牌名和价格;

销售单:SALES(<u>Sno</u>, VEMno, Gno, SDate, STime),各属性分别表示销售号、售货机编号、商品编号、日期和时间。

缺货单:OOS(<u>VEMno, Gno, SDate</u>, STime),各属性分别表示售货机编号、商品编号、日期和时间。

相关关系模式的属性及说明如下:

(1) 售货机摆放固定种类的商品,售货机内每种商品最多可以储存 10 件。管理员在每天结束的时候将售货机中所有售出商品补全。

(2) 每售出一件商品,就自动向销售单中添加一条销售记录。如果一天内某个售货机上某种商品的销售记录达到 10 条,则表明该售货机上该商品已售完,需要通知系统立即补货,通过自动向缺货单中添加一条缺货记录来实现。

根据以上描述,回答下列问题,将 SQL 语句的空缺部分补充完整。

【问题 1】（3 分）

请将下面创建销售单表的 SQL 语句补充完整,要求指定关系的主码和外码约束。

```
CREATE TABLE SALES (
    Sno CHAR(8)        (a)        ,
    VEMno CHAR(5)        (b)        ,
    Gno CHAR(8)        (c)        ,
    SDate DATE,
    STime TIME ) ;
```

【问题 2】（4 分）

创建销售记录详单视图 SALES_Detail，要求按日期统计每个售货机上各种商品的销售数量，属性有 VEMno、Location、Gno、Brand、Price、amount 和 SDate。为方便实现，首先建立一个视图 SALES_Total，然后利用 SALES_Total 完成视图 SALES_Detail 的定义。

```
CREATE VIEW SALES_Total(VEMno, Gno, SDate, amount)  AS
SELECT VEMno, Gno, SDate, Count(*)
    FROM SALES
    GROUP BY      (d)      ;
CREATE VIEW      (e)      AS
    SELECT  VEM.VEMno, Location, GOODS.Gno, Brand, Price, amount, SDate
    FROM VEM, GOODS, SALES_Total
    WHERE      (f)      AND      (g)      ;
```

【问题 3】（3 分）

每售出一件商品，就自动向销售单中添加一条销售记录。如果一天内某个售货机上某种商品的销售记录达到 10 条，则自动向缺货单中添加一条缺货记录。需要用触发器来实现缺货单的自动维护。程序中的 GetTime()获取当前时间。

```
CREATE      (h)      OOS_TRG AFTER      (i)      ON SALES
REFERENCING new row AS nrow
FOR EACH ROW
BEGIN
    INSERT INTO OOS
        SELECT SALES.VEMno,      (j)      , GetTime()
        FROM SALES
        WHERE SALES.VEMno = nrow.VEMno AND SALES.Gno = nrow.Gno
            AND SALES.SDate = nrow.SDate
        GROUP BY SALES.VEMno, SALES.Gno, SALES.SDate
            HAVING count(*) > 0 AND mod(count(*), 10) = 0;
END
```

【问题 4】（3 分）

查询当天销售最多的商品编号、品牌和数量。程序中的 GetDate()获取当天日期。

```
SELECT GOODS.Gno, Brand, _____(k)_____
FROM GOODS, SALES
WHERE GOODS.Gno = SALES.Gno AND SDate = GetDate()
GROUP BY _____(l)_____
      HAVING _____(m)_____   ( SELECT count(*)
                                  FROM SALES
                                  WHERE SDate = GetDate()
                                  GROUP BY Gno );
```

【问题 5】（2 分）

查询一件都没有售出的所有商品编号和品牌。

```
SELECT Gno, Brand
FROM GOODS
WHERE Gno_____(n)_____  (
      SELECT DISTINCT Gno
      FROM _____(o)_____ );
```

试题四分析

本题考查 SQL 应用，是比较传统的题目，要求考生细心分析题目中所描述的内容。

【问题 1】

本问题考查 SQL 数据定义语言 DDL 和完整性约束。

完整性约束包括三类，实体完整性、参照完整性和用户定义的完整性。实体完整性约束规定关系的主属性不能取空值，关系模型中以主码作为唯一性标识；参照完整性约束规定：若属性（或属性组）A 是关系 R 上的主码，B 是关系 S 上的外码，A 与 B 相对应（来自相同的域），则 B 取值为空或者来自于 R 上的某个 A 的值；用户定义的完整性约束是针对具体的数据库应用而定义的，它反映该应用所涉及的数据必须满足用户定义的语义要求。

（a）空考查实体完整性约束，Sno 是 SALES 的主码，用关键字 PRIMARY KEY 约束。（b）和（c）考查参照完整性约束，VEMno 属性参照 VEM 关系模式中的 VEMno 属性，Gno 属性参照 GOODS 关系模式中的 Gno 属性，空白处分别填入 "REFERENCES VEM(VEMno)" 和 "REFERENCES GOODS(Gno)"。

【问题 2】

本问题考查 SQL 创建视图的操作及应用。

需创建的第一个视图 SALES_Total(VEMno, Gno, SDate, amount) 来自 SALES 表，属性分别对应 SALES 表中的 VEMno、Gno、SDate、Count(*)，其中，Count(*)要对 SALES 表中的 VEMno、Gno、SDate 进行分组计数，因此空（d）应填入 "VEMno, Gno, SDate"。

需要创建的第二个视图 SALES_Detail 基于第一个已经创建的视图 SALES_TOTAL

和基本表 VEM、GOODS。因此只需要把题意中需要统计的 VEMno、Location、Gno、Brand、Price、amount、SDate 从上述三个表中提取出来即可。空（e）应填入"SALES_Detail (VEMno, Location, Gno, Brand, Price, amount, SDate)"。

WHERE 条件后需要将三个表按照公共属性列连接起来，因此空（f）和（g）分别填入 "VEM.VEMno = SALES_Total.VEMno" 和 "GOODS.Gno = SALES_Total.Gno" 即可（顺序可以互换）。

【问题 3】

本问题考查触发器的设计与应用。

触发器是一个能由系统自动执行对数据库修改的语句。一个触发器由三部分组成：①事件，即对数据库的插入、删除和修改等操作。触发器在这些事件发生时，将开始工作；②条件，触发器将测试条件是否成立，若成立就执行相应的动作，否则就什么也不做；③动态，若触发器测试满足预定的条件，那么就由数据库管理系统执行这些动作。本题判断销售记录达到 10 条，则自动向缺货单中添加一条缺货记录。因此空（h）处应填入 "TRIGGER"，（i）处应填入 "INSERT"，而（j）处应填入 SALES 表中的两个必要属性 "SALES.Gno" 和 "SALES.SDate"。

【问题 4】

本问题考查 SQL 的查询操作。

题意要求查询当天销售最多的商品编号、品牌和数量。SELECT 语句后缺少数量，可以用 count(*)来对分组后的商品销售数量进行统计。GROUP BY 分组条件是商品号和品牌的组合，也就是 GOODS.Gno 和 Brand。需要统计销售最多的商品，只需要在嵌套子查询前面使用 count(*) >= ALL 即可达到目的。

【问题 5】

本问题考查 SQL 的查询操作。

题意要求查询一件都没有售出的所有商品编号和品牌，因此外层查询的 Gno 不在销售表中即可，空（n）处应填 "NOT IN" 或 "<>ANY"。内层子查询统计的 Gno 来自于销售表 SALES，因此空（o）处应填 "SALES"。

参考答案

【问题 1】

（a）PRIMARY KEY

（b）REFERENCES VEM(VEMno)

（c）REFERENCES GOODS(Gno)

【问题 2】

（d）VEMno, Gno, SDate

（e）SALES_Detail (VEMno, Location, Gno, Brand, Price, amount, SDate)

（f）VEM.VEMno = SALES_Total.VEMno

（g）GOODS.Gno = SALES_Total.Gno

注：（f）、（g）可互换

【问题 3】

（h）TRIGGER

（i）INSERT

（j）SALES.Gno, SALES.SDate

【问题 4】

（k）count(*)

（l）GOODS.Gno, Brand

（m）count(*) >= ALL

【问题 5】

（n）NOT　IN　或　　<>ANY　（注：两者填其一个即可）

（o）SALES

试题五（共 15 分）

阅读下列说明，回答问题 1 和问题 2，将解答填入答题纸的对应栏内。

【说明】

某抢红包软件规定发红包人可以一次抛出多个红包，由多个人来抢。要求每个抢红包的人最多只能抢到同一批次中的一个红包，且存在多个人同时抢同一红包的情况。给定的红包关系模式如下：

```
Red(ID, BatchID, SenderID, Money, ReceiverID)
```

其中 ID 唯一标识每一个红包；BatchID 为发红包的批次，一个 BatchID 值可以对应多个 ID 值；SenderID 为发红包人的标识；Money 为红包中的钱数；ReceiverID 记录抢到红包的人的标识。

发红包人一次抛出多个红包，即向红包表中插入多条记录，每条记录表示一个红包，其 ReceiverID 值为空值。

抢某个红包时，需要判定该红包记录的 ReceiverID 值是否为空，不为空时表示该红包已被抢走，不能再抢，为空时抢红包人将自己的标识写入到 ReceiverID 字段中，即为抢到红包。

【问题 1】（9 分）

引入两个伪指令 a = R(X)和 W(b, X)。其中 a = R(X)表示读取当前红包记录的 ReceiverID 字段（记为数据项 X）到变量 a 中，W(b, X)表示将抢红包人的唯一标识 b 的值写入到当前红包记录的 ReceiverID 字段（数据项 X）中，变量 a 为空值时才会执行 W(b, X)操作。假设有多个人同时抢同一红包（即同时对同一记录进行操作），用 $a_i = R_i(X)$ 和 $W_i(b_i, X)$表示系统依次响应的第 i 个人的抢红包操作。假设当前数据项 X 为空值，同

时有三个人抢同一红包，则

（1）如下的调度执行序列：

$$a_1 = R_1(X), a_2 = R_2(X), W_1(b_1, X), W_2(b_2, X), a_3 = R_3(X)$$

抢到红包的是第几人？并说明理由。

（2）引入共享锁指令 $SLock_i(X)$、独占锁指令 $XLock_i(X)$ 和解锁指令 $UnLock_i(X)$，其中下标 i 表示第 i 个抢红包人的指令。如下的调度执行序列：

$$SLock_1(X), a_1 = R_1(X), SLock_2(X), a_2 = R_2(X), XLock_1(X)\cdots$$

是否会产生死锁？并说明理由。

（3）为了保证系统第一个响应的抢红包人为最终抢到红包的人，请使用上述（2）中引入的锁指令，对上述（1）中的调度执行序列进行修改，在满足 2PL 协议的前提下，给出一个不产生死锁的完整的调度执行序列。

【问题 2】（6 分）

下面是用 SQL 实现的抢红包程序的一部分，请补全空缺处的代码。

```
CREATE PROCEDURE ScrambleRed (IN BatchNo VARCHAR(20),   --红包批号
                             IN RecvrNo VARCHAR(20) ) --接收红包者 ID
BEGIN
    --是否已抢过此批红包
    if exists( SELECT * FROM Red
        WHERE BatchID = BatchNo AND ReceiverID = RecvrNo) then
            return -1;
    end if;
    --读取此批派发红包中未领取的红包记录 ID
DECLARE NonRecvedNo VARCHAR(30);
DECLARE NonRecvedRed CURSOR FOR
        SELECT ID
        FROM Red
        WHERE BatchID = BatchNo AND ReceiverID IS NULL;
    --打开游标
OPEN NonRecvedRed;
FETCH NonRecvedRed INTO NonRecvedNo;
while not error
    --抢红包事务
    BEGIN TRANSACTION;
    //写入红包记录
    UPDATE Red SET ReceiverID = RecvrNo
    WHERE ID = NonRecvedNo AND _____(a)_____ ;
    //执行状态判定
    if <修改的记录数> = 1 then
```

```
        COMMIT;
        _____(b)_____ ;
        return 1;
    else
        ROLLBACK;
    end if;
        _____(c)_____ ;
end while;
--关闭游标
CLOSE NonRecvedRed;
return 0;
END
```

试题五分析

本题考查事务并发控制及事务编程。

此类题目要求考生熟练掌握事务基本概念、事务并发控制实现原理和技术，以及事务程序的编写。

【问题1】

根据题目描述，抢红包操作是将抢红包人的 ID 写入到红包记录的 ReceiverID 字段。多人抢同一红包即为对同一数据项的读写操作。

（1）分析给定的调度执行序列：

$$a_1 = R_1(X), a_2 = R_2(X), W_1(b_1, X), W_2(b_2, X), a_3 = R_3(X)$$

中，$a_1 = R_1(X), a_2 = R_2(X)$表示抢红包的第一、第二人读取数据项 X，X 当前值为空值，两人均可写入自己的 ID 值；而后的 $W_1(b_1, X), W_2(b_2, X)$表示第一、第二人先后将自己的 ID 值写入 X 项，第一人写入的值会被随后第二人的写入值所覆盖，X 的当前值为第二人 ID；$a_3 = R_3(X)$表示第三人读取 X 项的值，X 的当前值非空（即第二人的 ID），根据题目描述的规则"变量 a 为空值时才会执行 W(b, X)操作"，第三人不能再写入自己的 ID 值。序列执行结束时，X 项的值为第二人得 ID，故抢到红包的为第二人。

（2）引入锁指令后的调度执行序列：

$$SLock_1(X), a_1 = R_1(X), SLock_2(X), a_2 = R_2(X), XLock_1(X)\cdots$$

中，执行完指令 $SLock_1(X), a_1 = R_1(X), SLock_2(X), a_2 = R_2(X)$后，数据项 X 上有事务 T_1（第一人的抢红包事务）和事务 T_2（第二人的抢红包事务）分别加的共享锁；随后的指令 $XLock_1(X)$为事务 T_1 再对数据项加独占锁，此时数据项 X 上已有事务 T_2 所加的共享锁。根据锁冲突规则，$XLock_1(X)$指令加锁失败，事务 T_1 处于等待状态，等待事务 T_2 释放 X 上的共享锁；根据事务的程序逻辑，稍后事务 T_2 也会运行 $XLock_2(X)$指令申请对 X 数据项加独占锁，同样的，事务 T_2 会等待事务 T_1 释放 X 上的共享锁，T_1、T_2 两个事务相互等待对方释放锁，陷入死锁状态。

（3）为了保证系统第一个响应的抢红包人为最终抢到红包的人，抢红包事务可以在读取数据项 X 之前执行 XLock (X)直接加独占锁，此后的抢红包事务对 X 项加锁，只能等待第一人的事务 T_1 执行结束，此时数据项已写入第一人的 ID 值，后续事务读到非空值，无法再写入自己的 ID。

直接使用 XLock (X)后的指令序列为：$XLock_1(X)$, $a_1 = R_1(X)$, $W_1(b_1, X)$, $UnLock_1(X)$, $XLock_2(X)$, $a_2 = R_2(X)$, $UnLock_2(X)$, $XLock_3(X)$, $a_3 = R_3(X)$, $UnLock_3(X)$

【问题 2】

本问题是用存储过程编写的抢红包事务程序。用户通过调用该存储过程完成抢红包操作。因此，存储过程先查询该用户是否已抢过此批次的红包；然后以游标的方式读取到此批次当前所有未抢的红包（可能是多个），以事务的方式对游标中的当前记录写入用户 ID。由于多人同时抢红包，游标所查询到的未抢红包，可能在写入用户 ID 时，已经被其他人写入，故写入程序应该添加条件"ReceiverID 值为空"，即（a）处应填入"ReceiverID IS NULL"。如果出现两个及以上用户同时对同一条记录写入，此时会由 DBMS 进行并发控制，保证第一个响应的用户写入不被覆盖。

根据抢红包规则，一个用户只能抢到一批红包中的一个，因此成功抢到红包后（成功更新一条红包记录），应该退出程序，不能进入下一轮循环再去抢下一个红包。程序中使用了游标，在退出程序前应该关闭游标，因此（b）处应该填写关闭游标的指令"CLOSE NonRecvedRed"。

游标操作循环体中的最后一条指令应该是推进游标指针，故（c）处应填写"FETCH NonRecvedRed INTO NonRecvedNo"。

参考答案

【问题 1】

（1）第 2 人。

对同一数据项的写入，先写的会被后写的值所覆盖。

（2）会产生死锁。

在执行序列 $SLock_1(X)$, $a_1 = R_1(X)$, $SLock_2(X)$, $a_2 = R_2(X)$, $XLock_1(X)$…中，$XLock_1(X)$ 指令会因为当前 X 上已经有 $SLock_2(X)$所加的锁，因锁冲突而等待第 2 人释放锁，而随后会有 $XLock_2(X)$指令等待第 1 人释放指令 $SLock_1(X)$所加的锁，相互等待形成死锁。

（3）执行序列：

$XLock_1(X)$, $a_1 = R_1(X)$, $W_1(b_1, X)$, $UnLock_1(X)$, $XLock_2(X)$, $a_2 = R_2(X)$, $UnLock_2(X)$, $XLock_3(X)$, $a_3 = R_3(X)$, $UnLock_3(X)$ 注：答案不唯一

【问题 2】

（a）ReceiverID IS NULL

（b）CLOSE NonRecvedRed

（c）FETCH NonRecvedRed INTO NonRecvedNo